U0270343

Innovative
Design

创新设计丛书
上海交通大学设计学院总策划

香雪兰资源评价、种质创新
与生长调控研究

唐东芹

著

上海交通大学出版社
SHANGHAI JIAO TONG UNIVERSITY PRESS

内容提要

    香雪兰(*Freesia spp.*)又名小苍兰,是鸢尾科香雪兰属多年生球茎花卉,它以花色素雅、花香馥郁、花序柔美等优点而成为世界著名香花型切花和重要的盆栽花卉,在国内外花卉市场上深受人们的喜爱。本书是作者近十五年来在香雪兰方面的阶段性研究成果汇集,既有资源评价、繁育系统、花朵衰老机理、采后生理等理论研究,也有杂交育种、基质栽培、生长调控等面向生产实践的技术开发研究。因此,本书既可为风景园林领域内的专业人士提供研究参考,同时也为球根花卉爱好人士在生长调控、切花保鲜等方面提供实践指导。

图书在版编目(CIP)数据

香雪兰资源评价、种质创新与生长调控研究/唐东芹著. —上海:上海交通大学出版社,2019

ISBN 978 - 7 - 313 - 22555 - 9

Ⅰ.①香…　Ⅱ.①唐…　Ⅲ.①香雪兰−种质资源−研究　Ⅳ.①S682.202.4

中国版本图书馆 CIP 数据核字(2019)第 263386 号

香雪兰资源评价、种质创新与生长调控研究

XIANGXUELAN ZIYUAN PINGJIA、ZHONGZHI CHUANGXIN YU SHENGZHANG TIAOKONG YANJIU

著　　者:	唐东芹		
出版发行:	上海交通大学出版社	地　　址:	上海市番禺路 951 号
邮政编码:	200030	电　　话:	021 - 64071208
印　　制:	当纳利(上海)信息技术有限公司	经　　销:	全国新华书店
开　　本:	710mm×1000mm　1/16	印　　张:	17
字　　数:	263 千字		
版　　次:	2019 年 12 月第 1 版	印　　次:	2019 年 12 月第 1 次印刷
书　　号:	ISBN 978 - 7 - 313 - 22555 - 9		
定　　价:	78.00 元		

序　言

　　香雪兰(*Freesia spp.*)又名小苍兰、洋晚香玉,为鸢尾科香雪兰属多年生球茎花卉,原种生长在南非开普省的河流边缘干燥沙质平原上。目前国内外广泛栽植应用的香雪兰主要是指现代园艺杂交品种(*F. hybrida*),它以花色素雅、玲珑清秀、花香馥郁、花序柔美摇曳等优点而成为世界著名香花型切花和重要的盆栽花卉,同时还可用于提取精油,在国内外花卉市场上深受人们的喜爱。近年来其产量和销量迅速增长,仅在荷兰,每年的切花产量都超过5亿支,在国际花卉市场上的地位越来越重要。

　　上海地区从20世纪70年代末开始引进香雪兰种球用于鲜切花生产,实践中发现,引种的种球第一年栽培生长良好,切花质量符合出口标准,但第二年便逐渐开始出现病毒感染导致球茎腐烂、花葶和植株变矮等退化现象,从而失去品种原有的优良性状,严重阻碍了香雪兰产业在我国的发展和推广。针对上述问题,原上海农学院和上海交通大学香雪兰课题组依托学校优越的研究平台和学科交叉优势,在引进香雪兰优良种质资源的基础上,围绕品种适应性、栽培生理、花色和花香等观赏品质分析、品种遗传多样性分析、花朵衰老与切花采后生理、球茎发育等方面开展了系列基础研究,同时,积极致力于种质创新实践,通过30多年的持续研究与实践,取得了长足的研究进展。期间主要承担的香雪兰研究项目如下:1981—1987年的上海市科委和上海市高教局课题"球根花卉小苍兰辐射诱变试验研究"、1987—1990年的上海市高教局课题"小苍兰杂交育种"、1990—1994年的上海市科委"小苍兰良种繁育与工厂化生产研究"、2005—2008年的上海市农委重点攻关项目"'世博会'期间开放的花卉品种选育(小苍兰)"、2009—2011年的国家自然科学基金项目"香雪兰ACS基因克隆及其花朵衰老机理研究"、2014—2017年的上海市农委重点攻关项目"新优球根花卉盆栽资源收集和种质创新"以及面向生产实践的校企产学研项目多项。先后有 20 多名研究生和本科生参与了香雪兰的研究工作，特别感谢舒祯、袁媛、刘亚杰、晏姿、孙忆、丁苏芹、汤楠、常苹、刘天磊、郁晶晶和李玺的辛勤付出。此外，研究过程中还得到了前辈史益敏教授和已故 秦文英 教授的大力支持与指导。在此，一并表示最为诚挚的感谢！

本书是作者 15 年来在香雪兰资源评价与种质创新基础、生长调控、花朵衰老与采后生理等三大方面的阶段性研究成果汇集，希望能抛砖引玉，引起更多学者对香雪兰的关注。本书的研究仅是本领域研究中的沧海一粟，研究方法和研究成果如有不当之处，诚请各位读者不吝批评指正！

2019 年初夏

目 录

第一部分　香雪兰资源评价与种质创新基础

香雪兰(*Freesia spp.*)又名小苍兰、洋晚香玉,为鸢尾科香雪兰属多年生球茎花卉,目前国内外广泛栽植应用的香雪兰主要是指现代园艺杂交品种(*F. hybrida*),它以其花色素雅、玲珑清秀、花香清新馥郁、花序柔美摇曳等突出优点而成为世界著名切花和重要的盆栽花卉。近年来其产量和销量迅速增长,仅在荷兰地区,每年的切花产量都超过5亿支,种球销售量超过2 300万头,在国际花卉市场上的地位也越来越重要,深受人们的喜爱。

香雪兰的育种可以追溯到18世纪中期,最早引入香雪兰原种开展杂交育种工作的是英国、荷兰等少数欧洲国家。香雪兰杂交育种工作的进一步开展是在19世纪末,引进淡红、紫色香雪兰后育成了颜色更加鲜艳的品种。现代香雪兰可能起源于几个种,但是在其遗传背景下,具体是哪些品种颇有争议。早期用到的育种亲本有*F. alba*(白色)、*F. armstrongii*(玫瑰粉色)和*F. leichtlinii*(淡黄色),但香雪兰的后续育种历史则基本不再涉及野生原种。进入20世纪后,育种学家依然不断致力于培育具有各种优良性状的品种,香雪兰园艺品种愈加丰富。我国对香雪兰的研究和育种工作始于20世纪80年代,经过科学家们的努力,已培育出了一些优质品种。如上海交通大学通过辐射育种与杂交育种,获得了'上农金皇后'[①]、'上农红台阁'等一批在本土生长不易退化且有明显杂种优势的新品种;福建农业科学院培育出'曙光'、'香玫'等品种。但我国香雪兰的种质创新工作总体比较落后,同时进口品种的退化又比较严重,导致目前我国香雪兰种球生产一直以来均依赖进口,香雪兰产业的自主发展依然面临巨大挑战。因此,开展香雪兰种质创新的基础研究与实践工作依然任重道远。目前,绝大多数香雪兰品种是杂交后代,长期杂交使得香雪兰成为一种高度杂合的物种,其遗传背景变得相当复杂,而关于研究香雪兰亲缘关系的资料相当匮乏,这使得香雪兰的种质创新工作的推进十分被动和盲目。因此,在收集香雪兰优良资源的基础上,综合分析评价香雪兰种质资源多样性,探讨其遗传背景以及不同亲本材料间的亲缘关系,对香雪兰的种质创新是极为重要的,在此基础上才能有的放矢地开展种质创新。

---

① 根据《国际栽培植物命名法规》,植物品种的一般表述方法是:学名后加单引号,单引号内是品种名。全书同。

第一章

香雪兰的花色表型分析与花色苷组分分析

花色是决定很多园林植物观赏性的重要因素,同时,对于观赏植物而言,花色是鉴定和区分不同品种的一个主要指标。尤其对于香雪兰来说,花是主要的观赏器官,花色是衡量香雪兰观赏性最重要的指标之一,目前香雪兰园艺品种的花色主要集中为白色、红色、紫色、黄色系,且以纯色品种为主流系,但是相关的基础研究却不是很多。在观赏植物的花色表型研究中,花色描述方法通常采用英国皇家园艺协会比色卡(Royal Horticultural Society Color Chart,RHSCC)和 ISCC – NBS(为美国国内色彩研究学会 Inter-Society Color Council 和美国国家标准局 National Bereau of Standards 的首字母缩写)色名表示法为主,其中 RHSCC 是使用最为广泛的一种比色色标,用以花色描述,而花色表型数量化测定则广泛使用 CIELab 系统,在牡丹、菊花、月季、蝴蝶石斛兰、迎红杜鹃、荷花等观赏植物中已经进行了相关研究,证实了其科学性。

研究发现,花朵颜色直接由不同的花色素种类决定,其中影响花色的花色素主要有类胡萝卜素、类黄酮和生物碱三大类。花色苷是类黄酮化合物的主要组成部分,广泛存在于红色、蓝紫色的植物花瓣中。在观赏植物花色研究中,朱满兰对 119 个耐寒睡莲栽培品种的花色苷组成进行研究,找到了影响耐寒睡莲花色呈现的关键花色苷。陶秀花以 12 个风信子品种为材料，研究了其花色苷种类及比例与花色之间的关系。孙卫研究表明，不同色系菊花品种的总花色苷含量差异显著且含量越高花色越深。钟淮钦研究表明，小苍兰花瓣中主要是以类黄酮为母核的一类物质，即类黄酮化合物决定小苍兰的花色。我们前期也初步推定出了几种花色苷组分，但对于不同色系香雪兰花瓣中花色苷成分、含量及其与花色之间的关系却缺少研究，花色苷的结构鉴定也大多为推测，并未精确鉴定。

我们课题组在香雪兰的引种与栽培方面已有 30 多年的研究积累，收集的品种资源数量在国内居于前列。本研究选择了 20 个表现稳定的香雪兰品种为对象，这些品种的花色基本已覆盖香雪兰的主流花色系列。通过色差仪结合比色卡的方式对花色进行描述并命名，进而对其花色表型数据进行聚类分析以探讨品种间的亲缘关系，旨在填补香雪兰花色表型研究的空白，同时为香雪兰品种分类和种质创新过程中花色定义提供科学基础。同时，本章研究还综合选取了 11 个国内外重要的香雪兰商业品种，分析了其花瓣色素种类，在此基础上利用超高效液相色谱-四级杆飞行时间质谱联用仪(UPLC‐Q‐TOF‐MS)对花色苷组分和相对含量进行分析，进而探究其与花色表型变化之间的关系，以期为今后花色改良和新品种培育等提供科学理论依据。

一、材料与方法

(一) 试验材料

1. 花色表型分析

以 20 个香雪兰园艺品种为研究材料，分别包括原上海农学院自育品种和荷兰进口品种各 10 个，其中进口品种购自荷兰 Van den bos 公司(https://www.vandenbos.com)。于 2016 年 10 月下旬定植于上海交通大学闵行校区现代农业工程训练中心标准大棚中。2017 年 3～4 月香雪兰盛花期间，采集花瓣材料进行分析，每个品种采集 5 个花序，从中选取特征典型的小花进行相关测定。

鉴于香雪兰花朵主要观赏部位为中上部，花瓣主要颜色表现也由中上部决定，因此,本研究中仅对其花瓣中上部进行测定。

2. 花色苷含量与成分分析

选择覆盖香雪兰四大色系的 11 个商业品种为实验材料,其中 3 个为上海交通大学农业与生物学院自主培育的新品种,其余品种为进口品种,购自 Van den bos 公司。11 个品种中,白色系含 1 个品种'White River';红色系包括'Red Passion'和'上农红台阁' 2 个品种;黄色系 3 个品种,包括'Tweety'、'Gold River'和'Fragrant Sunburst';蓝紫色系 5 个品种,包括'Pink Passion'、'Castor'、'Lovely Lavender'、'上农淡雪青'和'上农紫玫瑰'。除'上农红台阁'是重瓣以外,其余均为单瓣品种。

于 2018 年 3～4 月花期,采集 5 株以上的盛花期花瓣(中上部),混合均匀分成若干份,立即用液氮速冻,放置于−80℃冰箱储存,用于花色苷总含量测定及组分分析。

(二) 试验方法

1. 花色表型分析

根据 RHSCC 比色卡的规定,颜色测量必须在室内进行,光源为从北部天空照进窗户的光。因此,我们将从田间采集的香雪兰花序材料马上送回实验室,在室内稳定光源下进行测定。所有样品面积均能够为比色卡所覆盖,符合该方法对测定材料面积的要求。

将采集的鲜样材料按品种分别摆放,每个品种选择 5 个开花良好的花序,再分别选择每个花序中盛开的 2～3 朵,取其完整花瓣,每个花瓣测量 5 次。用 3 nh 通用色差仪 SC‐10(深圳市三恩时科技有限公司,中国)以光源 $C^*/2°$ 为条件,按 CIELab 表色系统测定花色。

测定时将花瓣正面朝上,平放在干净的白纸上,再将集光口分别对准花瓣中上部的中心位置进行测量,最终选取多次测量的平均值代表该样品的花色。明度值 L^*、红度值 a^* 和黄度值 b^* 直接由色差仪测得,彩度 C^* 和色相角 $h°$ 根据公式计算: $C^* = \sqrt{a^{*2} + b^{*2}}$, $h° = \tan^{-1} \dfrac{b^*}{a^*} \dfrac{180}{\pi}$, C^* 值表示到 L^* 轴的垂直距离,距离越大,彩度越大。

2. 花色苷含量与成分分析

首先对 11 个品种进行花色素类型定性:取盛花期花瓣 0.2 g,分别放入研钵中,向研钵中分别加入石油醚、10%盐酸、30%氨水各 10 mL,研磨,观察反应液的颜色并记录。

采用 pH 示差法测定总花色苷含量,提取液的配制参考孙卫的方法略微改动。花色苷含量计算公式如下:

$$C = \frac{AB}{\varepsilon} \times M \times n \times \frac{v}{m} \times 100$$

式中:C 为花色苷的浓度(mg/100 g);$AB = (A_{520\,nm}\text{pH}1.0 - A_{520\,nm}\text{pH}4.5) - (A_{700\,nm}\text{pH}1.0 - A_{700\,nm}\text{pH}4.5)$,ApH1.0,ApH4.5 分别为溶液在 pH1.0 和 pH4.5 时于 520 nm 处的吸光值;ε 为矢车菊素-3-葡萄糖苷的摩尔消光系数(26 900);M 为矢车菊素-3-葡萄糖苷的相对分子质量,其值为 449;n 为稀释因子;V 为提取液总体积(mL);m 为样品重量(g)。

花色苷组分分析采用 UPLC-Q-TOF-MS,仪器为上海沃特世科技有限公司生产。UPLC 分析条件:柱温 45℃,流速 0.4 mL/min,进样体积 3 μL;流动相 A 液:0.1%的甲酸溶液($V_{甲酸}:V_{水}=0.1:99.9$);流动相 B 液:含 0.1%甲酸乙腈($V_{甲酸}:V_{乙腈}=0.1:99.9$)。梯度洗脱程序:0 min,95%A,5%B;3 min,80%A,20%B;10 min,0%A,100%B;12 min,0%A,100%B;15 min,5%A,95%B;19 min,5%A,95%B。质谱分析条件:电喷雾电离,正离子检测模式,扫描范围为 50~1 000 m/z;扫描时间 0.2 s;毛细管电压 2 000 V,锥孔电压 40 V,雾化气温度 450℃,雾化气流量 900 L/h,锥孔反吹气 50 L/h,离子源温度 115℃。

标准样采用了花色苷混合标准品 European Pharmacopoeia Reference Standard,购自法国的 EDQM 公司,包括矢车菊素 3-O-葡萄糖苷、矮牵牛素 3-O-葡萄糖苷、飞燕草素 3-O-葡萄糖苷、锦葵色素 3-O-葡萄糖苷、芍药素 3-O-葡萄糖苷等 20 个花色苷成分。

(三) 数据分析

使用软件 Microsoft Office Excel 2003、Origin 对数据进行整理、分析、制图,计算出彩度 C^* 和色相角 h,通过 IBM SPSS Statistics 19 软件,对由色差仪获得的数据以"最远邻元素分析法"进行系统聚类。再进一步使用 Origin 8.5 软件对 20 个品种及不同色系的 L^*、a^*、b^* 值进行相关性分析并作图。花色苷相对含量根据 UPLC - Q - TOF - MS 数据通过标准曲线法进行计算,并换算为相对含量比例。通过线性回归方程对花色表型定量指标和总花色苷含量进行相关性分析。

二、结果与分析

(一) 香雪兰 20 个品种花色测定及其描述

选取盛花期的香雪兰花朵,采用 RHSCC 比色卡对其进行比色,初步将 20 个供试香雪兰品种分为 4 个色系(附图 1):Ⅰ:白色系,包括'White River'、'Versailles'和'上农乳香'3 个品种;Ⅱ:黄色系,包括'上农黄金'、'Summer Beach'、'上农金皇后'和'Gold River'4 个品种;Ⅲ:红色系,包括'上农橙红'、'Mandarine'、'上农红台阁'、'上农大红'、'Red River'、'Red Passion'和'上农绯桃'7 个品种;Ⅳ:紫色-紫红色系,包括'上农紫玫瑰'、'上农淡雪青'、'上农紫雪青'、'Ancona'、'Castor'和'Pink Passion'6 个品种。

CIELab 颜色体系是观赏植物领域更为常用的颜色体系,其中,L^* 表示明暗变化程度,a^* 表示红绿色变化(正值至负值)程度,b^* 表示黄蓝色变化(正值至负值)程度,C^* 描述色彩的鲜艳程度(值越大,颜色越深),h 是对红、橙、黄、绿、青、蓝、紫 7 种颜色色调的描述。对 20 个香雪兰品种的花瓣进行 CIELab 系统测定,结果如表 1-1 所示。所有测试品种的颜色在 CIELab 表色系统中分布广泛,5 个参数值的分布范围分别如下:L^* 值(表示亮度)的范围为 $38.17\sim89.73$,a^* 值的范围为 $-0.55\sim59.94$,b^* 值的范围为 $-28.55\sim82.13$,C^* 值的范围为 $6.85\sim83.99$,h° 值的范围为 $-88.01\sim89.46$。可见,香雪兰品种花色明暗和花色鲜艳程度存在明显差异,同时,红绿变化、黄蓝变化也比较丰富,其花色丰富性可见一斑。

表 1-1 20 个香雪兰品种花瓣的花色参数

Table 1-1 Petal color parameters of 20 *Freesia hybrida* cultivars

序号 No.	品种 Cultivars	花色 Color	RHSCC No.	CIELab				
				L^*	a^*	b^*	C^*	h^o
1	上农橙红	Orange	RHS28A	57.60	33.42	48.50	58.90	55.43
2	上农大红	Dark Pink Red	RHS52A	46.82	41.75	13.93	44.02	18.45
3	上农淡雪青	Light Violet	RHS76B	55.21	32.27	−21.35	38.69	−33.49
4	上农绯桃	Dark Pink	RHSN57C	59.57	34.18	−10.78	35.84	−17.51
5	上农红台阁	Red	RHS41A	39.10	27.74	34.45	44.23	51.15
6	上农黄金	Yellow	RHS12A	77.86	17.59	82.13	83.99	77.91
7	上农金皇后	Light Yellow	RHE8C	83.85	1.486	41.20	41.22	87.93
8	上农乳香	White	RHS155C	88.71	−0.55	15.74	15.75	−88.01
9	上农紫玫瑰	Pink Purple	RHS N74A	43.00	25.29	−27.83	57.47	−28.96
10	上农紫雪青	Blue Violet	RHS93B	75.17	11.49	−7.38	13.66	−32.72
11	Ancona	Dark Violet	RHS N88D	62.11	21.17	−22.21	30.68	−49.37
12	Castor	Dark Blue Violet	RHS94C	54.00	23.40	−25.26	11.84	−47.19
13	Gold River	Yellow	RHS12A	83.60	4.66	53.56	53.76	88.03
14	Mandarine	Red	RHS45A	40.02	21.11	31.63	38.03	56.28
15	Pink passion	Dark Pink	RHS61C	38.84	59.94	−28.55	66.39	−25.47
16	Red passion	Red	RHS45A	50.34	22.84	44.82	50.30	62.99
17	Red River	Red	RHS52A	38.17	45.86	29.30	54.42	32.57
18	Summer Beach	Yellow	RHS20A	81.54	9.174	70.80	71.39	82.62
19	White River	White	RHS N999D	89.70	−0.32	7.10	7.11	−87.42
20	Versailles	White	RHS155D	89.73	0.06	6.85	6.85	89.46

(二) 香雪兰品种花色表型数量聚类分析

对 20 个香雪兰品种花色的 L^*、a^*、b^* 值进行聚类分析,在分类距离约为 5.5 处绘制跳变线,据此可将所有品种分为 4 个色系类群(图 1-1):第Ⅰ类包括白色系(White)3 个品种,第Ⅱ类包括黄色系(Light Yellow)4 个品种,第Ⅲ类包括红色系(Dark Pink Red,Red)6 个品种,第Ⅳ类则包含紫色系(Dark Blue Violet,Pink Purple)6 个品种,各个色系的参数值分布范围如表 1-2 所示。聚类的分组结果与基于 RHSCC 比色卡的分类结果基本吻合。

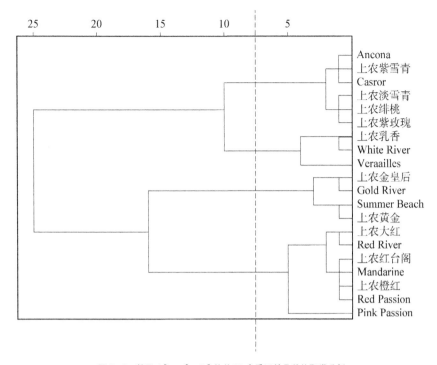

图 1-1　基于 L^*、a^*、b^* 值的 20 个香雪兰品种的聚类分析

Fig. 1-1　The cluster analysis of 20 *Freesia hybrida* cultivars based on the L^*、a^*、b^*

（三）CIELab 颜色体系对 RHSCC 色名表示法所划分色系的评价

利用 CIELab 体系分析香雪兰 4 个不同色系品种间的花色参数分布范围,结果如表 1-2 所示。在 RHSCC 描述的基础上进一步对香雪兰各品种的花色进行分类和评价。

表 1-2　香雪兰各色系花色表型 L^*、a^*、b^* 值分布范围

Table 1-2　The distribution range of flower color L^*、a^*、b^* parameters of each color group of *Freesia hybrida*

序号	色系	样本		CIELab 系统				
		数量	百分比/%	L^*	a^*	b^*	C^*	h^0
1	白色	3	14.29	88.71～89.73	−0.55～0.06	6.85～15.74	6.85～15.75	−88.01～89.46
2	黄色	4	19.05	77.86～83.85	1.49～17.59	41.20～82.13	41.22～83.99	77.91～87.93
3	红色	7	33.33	38.17～59.57	21.11～45.86	−1.78～48.50	38.03～58.90	−17.51～62.99
4	紫色	6	33.33	38.84～75.17	11.49～59.94	−28.55～−7.38	11.84～66.39	−47.19～−25.47

比较香雪兰 CIELab 颜色系统参数(即 L^*、a^*、b^* 值),发现其各个色系的特征非常明显(图 1-2),能很好地将不同色系区分开,具体表现为以下 4 个方面:一是 L^* 值由高到低分别是白色系、黄色系、红色系或紫色系,其中红色系和紫色系的大部分是重合的,分布范围也较大,白色系分布最为集中;二是 a^* 值的分布特点与 L^* 值相反,最高的为紫色系,同时也是分布跨度最大的,白色系最低,也最为集中;三是紫色系的 b^* 值分布在负值范围,其他色系除'上农绯桃'外均在正值范围;黄色系的 b^* 值最高,也是分布最为广泛的色系;四是红色系的 L^* 值分布与紫色系有重合,但是 b^* 值远高于紫色系,a^* 值低于紫色系。

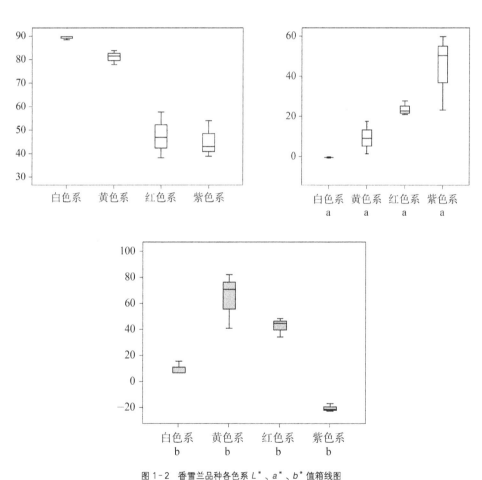

图 1-2　香雪兰品种各色系 L^*、a^*、b^* 值箱线图

Fig. 1-2　The box plot of different color groups of *Freesia hybrida* according to L^*、a^*、b^*

（四）香雪兰品种表型参数分布特点

1. L^*、a^*、b^*值分布

测定表明，香雪兰花色表型参数分布广泛，在a^*、b^*色相坐标上，香雪兰主要集中分布在Ⅰ、Ⅱ象限，红色系品种主要分布在第一象限，紫色系品种集中在第二象限，部分黄色系和白色系品种有分布在第Ⅳ象限的趋势，而第三象限没有分布，即没有蓝绿色系，如图1-3所示。

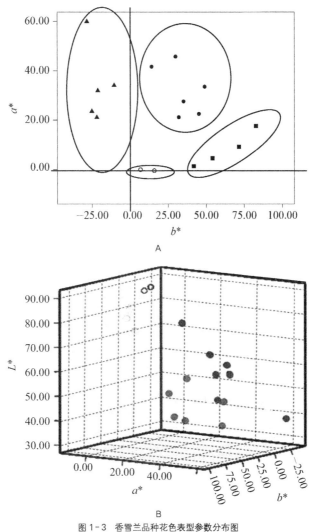

A

B

图1-3 香雪兰品种花色表型参数分布图

Fig. 1-3 *Flower color parameter distribution of Freesia hybrida cultivars*

2. 香雪兰不同色系 L^* 值与 C^* 值的关系

香雪兰不同色系品种之间的明度 L^* 与彩度 C^* 之间的关系不同,根据 20 个测试的品种 L^* 值与 C^* 值在二维坐标的分布,可将其分为 2 个类群(图 1-4)。

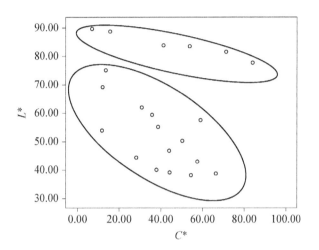

图 1-4　香雪兰品种 L^* 值与 C^* 值二维散点图

Fig. 1-4　The scatterplot according to L^* and C^* among *Freesia hybrida* cultivars

两个类群的 L^* 值都随 C^* 值的增大而减少,但是第一类群的斜率明显低于第二类群,第一类群包括白色系和黄色系,对其 L^* 值和 C^* 值进行线性回归拟合性检验,发现其 L^* 值和 C^* 值的线性回归拟合水平显著(图 1-5A), $R^2 = 0.975$,第二类群包括红色系和紫色系,同样对其 L^* 值和 C^* 值进行线性回归拟合性检验,发现其线性回归拟合水平不显著(图 1-5B), $R^2 = 0.418$。

(五) 香雪兰花色素类型定性

根据特征颜色反应,发现不同品种的花瓣色素提取液呈现出不同的颜色(表 1-3)。在石油醚测试中,11 个供试品种均表现为无色,表明香雪兰花瓣中不含或含极低量胡萝卜素。盐酸反应中,'Red Passion'、'上农红台阁'、'Lovely Lavender'、'Pink Passion'、'Castor'、'上农紫玫瑰'、'上农淡雪青'7 个品种显示出粉红色、橙红色,初步说明这些品种中含有花色苷且含量可能存在差异,而'White

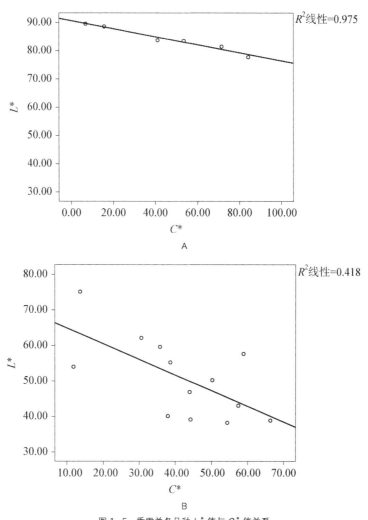

图 1-5 香雪兰各品种 L^* 值与 C^* 值关系

Fig. 1-5 Relationships between L^* and C^* among *Freesia hybrida* cultivars

注: A—白色系、黄色系品种 L^* 值与 C^* 值关系;B—红色系、紫色系 L^* 值与 C^* 值关系。

Note: A—Relationship between L^* and C^* among *Freesia hybrida* cultivars in white and yellow group; B—Relationship between L^* and C^* among *Freesia hybrida* cultivars in red and purple group.

River'、'Fragrant Sunburst'、'Gold River'、'Tweety'4 个品种表现为无色,说明其花瓣中不含花色苷或含极低量花色苷。氨水反应中,11 个香雪兰品种均表现出不同程度的黄色、锈黄色,说明 11 个香雪兰品种花瓣中均含有黄酮类化合物且含量可能存在差异。

表 1-3　香雪兰 11 个品种花瓣花色素类型测试

表 1-3　香雪兰 11 个品种花瓣花色素类型测试
Table 1-3　Test of pigment types in petals of *Freesia hybrida*

品种 Cultivar	石油醚 Petroleum	10%盐酸 10%HCL	30%氨水 30%NH$_3$·H$_2$O	色素类型 Pigment type
Red Passion	无色	橙红色	橙黄色	花色苷和黄酮
上农红台阁	无色	红色	黄绿色	花色苷和黄酮
Fragrant Sunburst	无色	黄色	黄色	黄酮
Gold River	无色	黄色	黄色	黄酮
Tweety	无色	黄色	黄色	黄酮
Lovely Lavender	无色	粉色	黄色	花色苷和黄酮
Pink Passion	无色	粉色	黄色	黄酮
Castor	无色	粉色	黄色	花色苷和黄酮
上农紫玫瑰	无色	淡粉色	黄色	花色苷和黄酮
上农淡雪青	无色	橙红色	黄色	花色苷和黄酮
White River	无色	无色	淡黄色	黄酮

（六）香雪兰花色苷总含量分析

测定表明,供试 11 个品种中,'Tweety'、'Gold River'、'Fragrant Sunburst'和'White River'4 个品种的花瓣中未检测到花色苷,其他 7 个品种的花瓣中均检测到花色苷,且含量存在明显差异(图 1-6)。其中,'Red Passion'花瓣中总花色苷含量最高,高达 240.63 μg/gFW,其次为'上农紫玫瑰',为 238.64 μg/gFW。'Lovely Lavender'总花色苷含量最低,为 58.10 μg/gFW,'Red Passion'花瓣中总花色苷含量是'Lovely Lavender'的近 4 倍。

（七）香雪兰花色苷组分分析

根据花青苷的紫外可见吸收特征,在 520 nm 处检测出 10 种花色素苷物质(表1-4),各花色素苷的结构由 UPLC-Q-TOF-MS 分析进一步确定。通过花色苷混合标准品鉴定出了 5 种花色苷组分(组分 4、5、8、9、10),分别为飞燕草素-3-O-葡萄糖苷、矢车菊素-3-O-葡萄糖苷、矮牵牛素-3-O-葡萄糖苷、芍药素-3-O-葡萄糖苷、锦葵素-3-O-葡萄糖苷。

此外,结合文献中保留时间、质谱数据比对推定了另 5 种花色苷组分(组分 1、2、3、6、7),具体推定结果如下:

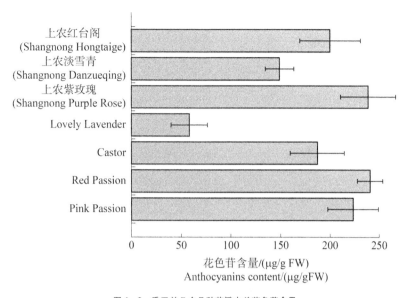

图 1-6 香雪兰 7 个品种花瓣中总花色苷含量

Fig. 1-6 Total anthocyanins content in the petals of seven cultivars of *Freesia hybrida*

组分 1 质谱分析可得分子离子 m/z627[M]和碎片离子 303 m/z [Y_0]$^+$。m/z303 是飞燕草苷元的特征质荷比,因此推定该花色苷苷元为飞燕草苷元;组分 2 质谱分析可得分子离子 m/z611[M]和碎片离子 287 m/z [Y_0]$^+$。m/z287 是矢车菊素苷元的特征质荷比,因此推定该花色苷苷元为矢车菊素苷元;组分 3 质谱分析可得分子离子 m/z625[M]和碎片离子 317 m/z [Y_0]$^+$。m/z317 是矮牵牛素苷元的特征质荷比,因此推定该花色苷苷元为矮牵牛素苷元;组分 6 质谱分析可得分子离子 m/z641[M]和碎片离子 301 m/z [Y_0]$^+$。m/z301 是芍药素苷元的特征质荷比,因此推定该花色苷苷元为芍药素苷元;组分 7 质谱分析可得分子离子 m/z655[M]和碎片离子 331 m/z [Y_0]$^+$。m/z301 是锦葵素苷元的特征质荷比,因此推定该花色苷苷元为锦葵素苷元。这 5 个花色苷物质的分子离子和碎片离子相对分子质量都相差 324,对应两个葡萄糖苷的相对分子质量,因无法确定糖苷所在位置,分别推定为飞燕草-二葡萄糖苷(Delphinidin-diglucoside)、矢车菊素-二葡萄糖苷(Cyanidin-diglucoside)、矮牵牛素-二葡萄糖苷(Petunidin-diglucoside)、芍药素-二葡萄糖苷(Peonidin-diglucoside)、锦葵素-二葡萄糖苷

（Malvidin-diglucoside）。

表 1-4　香雪兰 11 个品种花瓣中花色苷的光谱及质谱特征
Table 1-4　Spectrum and UPLC-MS properties of anthocyanins in petals of eleven cultivars of *Freesia hybrida*

组分 component	保留时间 RT/min	分子离子/(m/z) [M]⁺ 或[M+H]⁺	碎片离子/(m/z) Fragments [Y₀]⁺ 或[Y₀+H]⁺	化合物的结构 Tentative identification	参考文献 References
1	4.25	627	303	飞燕草-二葡萄糖苷 (Delphinidin-diglucoside)	Wu et al.，2005
2	4.70	611	287	矢车菊素-二葡萄糖苷 (Cyanidin-diglucoside)	Wu et al.，2005
3	4.94	641	479 317	矮牵牛素-二葡萄糖苷 (Petunidin-diglucoside)	Wu et al.，2005
4	4.97	465	303	飞燕草素-3-O-葡萄糖苷 (Delphinidin-3-O-glucoside)	混标鉴定
5	5.44	449	287	矢车菊素-3-O-葡萄糖苷 (Cyanidin-3-O-glucoside)	混标鉴定
6	5.45	625	301	芍药素-二葡萄糖苷 (Peonidin-diglucoside)	Wu et al.，2005
7	5.62	655	331	锦葵素-二葡萄糖苷 (Malvidin-diglucoside)	Wu et al.，2005
8	5.78	479	317	矮牵牛素-3-O-葡萄糖苷 (Petunidin-3-O-glucoside)	混标鉴定
9	6.28	463	301	芍药素-3-O-葡萄糖苷 (Peonidin-3-O-glucoside)	混标鉴定
10	6.53	493	331	锦葵素-3-O-葡萄糖苷 (Malvidin-3-O-glucoside)	混标鉴定

注：M—糖苷分子；[M]⁺—糖苷分子离子；[M+H]⁺—糖苷分子加氢；Y₀—苷元；[Y₀]⁺—苷元分子离子；[Y₀+H]⁺—苷元分子加氢。
Note: M—Glycoside molecular; [M]⁺—Glycoside molecular ion; [M+H]⁺—Glycoside molecular ion add hydrogen; Y₀—Aglycone; [Y₀]⁺—Aglycone molecular ion; [Y₀+H]⁺—Aglycone molecular ion add hydrogen.

（八）香雪兰花色苷组分相对含量分析

　　7 个含花色苷的香雪兰品种的花色苷组成如表 1-5 所示。白色系品种‘White River’和黄色系品种‘Tweety’、‘Gold River’和‘Fragrant Sunburst’花瓣中并未检测出花色苷，其他品种香雪兰花瓣中含有 2 至 8 种花色苷组分，没有一个品种同时含有 10 种花色苷。在紫色系品种中，‘Pink Passion’、‘Castor’、‘上农紫玫瑰’、‘上农淡雪青’花瓣中含有 7、6、5、2 种花色苷，且全部含有矮牵牛素类。在‘Pink Passion’、‘Castor’、‘上农淡雪青’花瓣中，矮牵牛素-二葡萄糖苷（Petunidin-

diglucoside)为主要成分,分别占总花色苷比例为 42.3%、48.3%、57.87%,但是'上农紫玫瑰'花瓣中主要成分是锦葵素-二葡萄糖苷(Malvidin-diglucoside),占总花色苷比例50%以上,其后是矮牵牛素-二葡萄糖苷(Petunidin-diglucoside),占总花色苷的 26.6%。红色系品种中,'Red Passion'花瓣主要成分是飞燕草素-二葡萄糖苷(Delphinidin-diglucoside),占总花色苷比例为 37.6%;'上农红台阁'花瓣中花色苷主要成分是矮牵牛素-3-O-葡萄糖苷(Petunidin-3-O-glucoside),含量占总花色苷比例50%以上。

表 1-5　香雪兰 11 个品种花瓣中各花色苷所占比例
Table 1-5　Distribution of anthocyanin components in petals of eleven cultivars of *Freesia hybrida*

品种 cultivar	各花色苷所占比例/% Distribution of anthocyanin components/%									
	1	2	3	4	5	6	7	8	9	10
Red Passion	37.6	16.9	6.0	8.9	13.5	—		15.0	1.0	1.0
上农红台阁	—		35.2	9.2				52.4	1.0	2.2
Lovely Lavender	97.4	—	—	2.6	—	—		—		—
Pink Passion	22.0	8.6	42.3	3.6		5.0		6.6		12.1
Castor	15.2	L	48.3	—		0.15	21.0			15.4
上农淡雪青	—	—	57.87	—			42.13			
上农紫玫瑰	11.8	0.3	26.6	—		L	61.4			

注: 表中"1～10"表示表 1-4 中推定的 10 种花色苷组分,"—"表示不含有此种花色苷;L 表示该组分含量低于可检测到的最低值。
Note: The numbers "1～10" in this table represent the nine anthocyanins in Table 1-4, "—" represents not containing the anthocyanin. "L" indicates that the component content is below the lowest detectable value.

(九) 香雪兰花色表型与花色苷的相关分析

根据花色表型测定数据结合花色素组成分析结果,除不含有花色苷的 4 个白色、黄色品种外,选择不同色系的 7 个香雪兰品种为研究对象,分析 L^*、a^*、b^*、C^*、h^o 值与总花色苷含量(TA)的相关性,如表 1-6 所示。总花色苷与明度 L^* 呈极显著负相关($P < 0.01$),相关系数为 -0.914。同时,总花色苷含量与红绿属性 a^* 值、彩度 C^* 值呈极显著正相关($P < 0.01$),其相关系数分别为 0.762、0.921。

表 1-6 花色表型与总花色苷含量的相关性($n=21$)

Table 1-6 Correlation coefficient between flower color and total anthocyanin content ($n=21$)

总花色苷含量 Total Anthocyanin Content	CIELab	相关系数 Correlation coefficient
	L^*	-0.914^{**}
	a^*	0.762^{**}
TA	b^*	0.140
	C^*	0.921^{**}
	h^o	0.393

注：$**$为$P<0.01$。

Note：$**$ means $P<0.01$.

以花瓣总花色苷含量（TA）为自变量，分别以L^*、a^*、C^*值为因变量，采用线性回归分析法得到3条关系式（$n=21$），如表 1-7 所示。关系式（Ⅰ）表明，随着总花色苷含量的提高，亮度随之降低；关系式（Ⅱ）表明，随着总花色苷含量的增加，花色的红色程度会提高。关系式（Ⅲ）表明，随着总花色苷含量的提高，花瓣的彩度提高。

表 1-7 L^*、a^*、C^*与总花色苷含量间的关系

Table 1-7 The relationship between L^*、a^*、C^* and total anthocyanin content

花色与总花色苷含量 Flower color and TA	回归方程 Regression equation	R^2	关系式序号 No.
L^*与TA	$L^*=81.884-1.998TA$	0.826	Ⅰ
a^*与TA	$a^*=1.794TA+6.214$	0.559	Ⅱ
C^*与TA	$C^*=2.437TA+4.476$	0.841	Ⅲ

三、讨论

花色表型数量化测定技术日趋成熟，在菊花、紫斑牡丹、蝴蝶石斛兰等观赏植物中均已经有报道，而在香雪兰中尚未见对花色表型的数量化研究。该研究通过目测法与 RHSCC 比色对香雪兰花色进行初步的描述与分类，再进一步使用仪器测色法进行其花色数量化的分析，首次系统描述了香雪兰4个主流色系品种的花色表型特征，初步确定了香雪兰4色系的L^*、a^*、b^*值以及C^*值、h^o值的分布

范围,相关结果对于今后香雪兰品种亲缘关系判断和鉴定、分类等提供了一个更加直观便捷的辅助手段。在出现未知品种时,可以根据花色表型数据初步判断花色类别,在同色系品种中寻找表型数据最为接近的品种,从而减小鉴定范围。杂交品种亲缘关系不明确时,可以从表型数据搜寻接近的品种,初步判断亲缘关系。同时根据各个色系表现出的共性与特性,今后可以选择代表性强的品种,对不同色系的品种进行花色苷组分及含量研究,进而可为深入开展花色形成机理的研究提供新思路。

香雪兰花色丰富,花色表型值分布广泛,除蓝绿色区间外几乎各个色空间都有分布,可能是因为不同品种中的花色素种类和含量不同所致。分析香雪兰 L^* 值与 C^* 值的变化规律,发现其明度与彩度呈显著负相关关系,而且在白、黄色系香雪兰品种中的线性关系要明显强于红、紫色系,这与菊花的研究结果一致。产生这种差异的原因可能是由于不同类群的色素种类不同。根据白新祥等对菊花的花色研究结果表明,白色系花朵中不含有花色素苷,仅含有黄酮类化合物,黄色花也以黄酮类化合物居多,花色素苷含量少,而红色花和紫色花含有更多类型的花色素苷。这可能是造成不同色系间明度与彩度关系差异的原因之一。也有可能是总花青素苷含量不同所致,如在对蝴蝶石斛兰的研究中发现,总花青素苷含量会影响花色的明度。

类黄酮是形成花朵丰富花色的决定性色素群,其中类黄酮使花朵呈现白色至黄色等颜色,类胡萝卜素使花朵呈现黄色、红色,花色苷使花朵呈现粉色至蓝紫色等不同花色。结合前人研究和我们的研究结果,发现在香雪兰花朵中可能不存在或仅有少量类胡萝卜素,其花色的呈现主要是由类黄酮化合物决定。本章我们选择了 11 个常见香雪兰品种,首先进行定性实验,发现红色系、紫红色系、蓝紫色等 7 个品种中含有花色苷,而 4 个白色系、黄色系品种则不含或含有极少量花色苷,这与不同花色非洲紫罗兰、菊花中的花色素定性结果是一致的。因此,进一步利用液质联用技术,我们对其花色苷成分及含量进行了分析,分别鉴定和推定了 5 种花色苷成分,共计 10 种成分,其中 6 个花色苷物质的紫外可见光谱、质谱特征与已报道的花色苷物质能很好地对应,而有 4 个花色苷物质则是首次在香雪兰中报道。10 个组分中涉及了六大类花色苷中的 5 种:飞燕草素、矢车菊素、矮牵牛素、芍药素和锦葵素,可见香雪兰花色苷组分的丰富性。同时,本研究所有测试品种中,除了前期我们报道的'上农紫玫瑰'的花色苷种类外,其他品种的花色苷种类均为首次报道,可见本研究取得了实质性的进展。'Fragrant Sunburst'、'Gold River'、'Tweety'、'White River'4个品种中未鉴定出花色苷种类,这与前面定性实验结果也是一致的。此外,在不同的出峰时间出现了与上述推断出的5个花色苷物质质谱信息相同的花色苷组分,考虑到二糖的种类及糖苷和花色苷元连接的具体方式不同,后续还需要进一步分离纯化和核磁共振分析加以精确鉴定。

花色苷含量及种类与花色的变化密切相关。本研究中,'Red Passion'花色苷总含量最高,其次依次为'上农紫玫瑰'、'Pink Passion'、'上农红台阁'和'Castor',其他品种花瓣中总花色苷含量较低。相应地,'Red Passion'、'上农紫玫瑰'、'Pink Passion'、'上农红台阁'、'Castor'等品种的花色相对于其余品种表现为更深。同一色系不同品种的香雪兰不仅总花色苷含量上存在差异,含有花色苷种类也不尽相同,如蓝紫色系的'Pink Passion'、'Castor'、'上农紫玫瑰'分别有7、6、5个组分,'Lovely Lavender'和'上农淡雪青'分别含有2种组分,但花色苷种类及主要的花色苷物质都不同,所以花色也存在不同程度的差异。

通过分析花色表型与总花色苷含量之间的关系,发现明度L^*与总花色苷含量呈极显著负相关,与红绿属性a^*、彩度C^*呈极显著正相关,这与张杨青慧对菊花的花色表型与总花色苷含量之间的相关性分析结果相同。随总花色苷含量的增加,花瓣明度降低,花色的红色程度加深,鲜艳程度提高,这与李崇辉等对蝴蝶型石斛的研究结果一致。除了总花色苷与L^*、a^*、C^*之间,其余花色表型指标与总花色苷含量之间相关系数并不高。

矢车菊素呈现紫红色,飞燕草素呈现蓝紫色,矮牵牛素和锦葵素呈现蓝紫色或紫红色,在本研究中,蓝紫色系的'上农紫玫瑰'、'Pink Passion'、'Lovely Lavender'、'Castor'、'上农淡雪青'品种中含有飞燕草素、矮牵牛素、锦葵素,因此花瓣呈现紫色,而'上农紫玫瑰'、'Pink Passion'花瓣中还含有矢车菊素,所以花瓣呈现一定程度的紫红色。红色系中的'上农红台阁'和'Red Passion'花瓣中都含有矢车菊素、飞燕草素、锦葵色素,花色呈现深红色,原因可能是由于花瓣中黄酮和黄酮醇(Flavone)作为助色素的作用,其含量影响了花色的呈现,也有可能受到细胞内 pH 值、金属离子的螯合作用、花瓣表皮细胞的形状和花瓣细胞中色素种类、含量和分布等多种因素的影响。因此后续还需要对黄酮类色素的组分结构进行分离和鉴定,从而更全面地探究香雪兰不同品种花色差异及花色形成的机制,并为今后定向改良花色种质创新提供科学依据。

第二章

香雪兰育种亲本的花香成分分析与评价

花香是香雪兰重要的观赏性状,多数香雪兰栽培品种具有浓郁怡人的甜香气味。但国内外关于香雪兰花香方面的研究还比较欠缺,系统分析与评价不同育种亲本的花香物质成分将有利于合理利用香雪兰丰富的种质资源,并为今后开展以花香为目标的种质创新实践提供科学基础。

花香中的化学成分可归为四大类:萜类化合物、芳香族化合物、脂肪族化合物和含氮含硫化合物。其中,萜类化合物被认为是花香的主要成分,且发现花香中的萜类化合物主要为单萜和倍半萜,一般不含多萜类。萜类化合物可分为含氧型和不含氧型两大类,其中,不含氧的萜烯类多数不具有浓郁的香气,如 β-蒎烯、水芹烯、月桂烯等;含氧的萜烯类衍生物包括醇、醛、酮、醚、酸、酚、酯等类种类型,这些成分大多具有浓郁芳香气味,如芳樟醇、香茅醇、薄荷醇、香茅醛、柠檬醛等。香雪兰花香馥郁,是广受人们喜爱的切花和盆栽花卉,也是构建芳香园林的优良材料。国内外学者已初步发现香雪兰香气的主要成分为醇类、酯类和萜烯类化合物,且以含氧的单萜芳樟醇和不含氧的萜烯为其主要成分。但目前的研究仅停留在少数几个品种,鉴定的花香成分较少,获得的信息非常有限,不能满足后续定向育种和深入研究的要求。

本章研究以 24 个香雪兰种质资源为材料,采用顶空固相微萃取法(HS-SPME)结合气相色谱-质谱(GC - MS)技术,对其挥发成分的类型、构成成分及相对含量进行系统研究,从而较为全面地确定影响香雪兰花香中的主要成分,并评价筛选出香气成分丰富、花香怡人的优良品种,为日后指导花香育种实践奠定基础。

一、材料与方法

(一) 实验材料

试验材料包括香雪兰(*Freesia hybrida*)24 个种质(表 2 - 1 和附图 2),种植于上海交通大学现代农业工程训练中心标准管棚中,常规栽培管理。24 个种质中,包括 3 个白色品种、3 个紫色品种、3 个紫红色品种、4 个红色品种、2 个橙黄色品种、6 个黄色系品种、1 个自交后代种质和 2 个杂交后代种质。其中,重瓣品种有 5个,其余均为单瓣种质。13 个品种为荷兰进口,其余为自育种质。

表 2 - 1 供试香雪兰种质一览表
Table 2 - 1 List of tested *freesia hybrida* germplasms

序号 No.	种质名称 Germplasms	花色 Flower color	瓣型 Petal type	种质来源 Provider	时间 Time
1	Ancona	紫色	重瓣	荷兰 Van den bos 公司	2017
2	Calvados	橙黄	单瓣	荷兰 Van den bos 公司	2017
3	Gold River	黄色	单瓣	荷兰 Van den bos 公司	2017
4	Pink Passion	紫红	单瓣	荷兰 Van den bos 公司	2017
5	Red Passion	深红	单瓣	荷兰 Van den bos 公司	2017
6	Summer Beach	黄色	重瓣	荷兰 Van den bos 公司	2017
7	Versailles	白色	重瓣	荷兰 Van den bos 公司	2017
8	Castor	深紫	单瓣	荷兰 Van den bos 公司	2018
9	Soleil	深黄	重瓣	荷兰 Van den bos 公司	2018
10	White River	白色	单瓣	荷兰 Van den bos 公司	2019
11	Fragrant Sunburst	黄色	单瓣	荷兰 Van den bos 公司	2019
12	Lovely Lavender	淡紫	单瓣	荷兰 Van den bos 公司	2019
13	Snoozy	紫红	单瓣	荷兰 Van den bos 公司	2019
14	上农橙黄	橙黄	单瓣	上海交大农生院	2017
15	上农红台阁	深红	重瓣	上海交大农生院	2017

序号 No.	种质名称 Germplasms	花色 Flower color	瓣型 Petal type	种质来源 Provider	时间 Time
16	上农乳香	白色	单瓣	上海交大农生院	2017
17	上农绯桃	桃红	单瓣	上海交大农生院	2017
18	上农紫玫瑰	紫红	单瓣	上海交大农生院	2017
19	上农金皇后	淡黄	单瓣	上海交大农生院	2018
20	上农大红	红色	单瓣	上海交大农生院	2019
21	上农黄金	黄色	单瓣	上海交大农生院	2019
22	上农绯桃自交	桃红	单瓣	上海交大农生院	2018
23	上农大红×Red Passion	红色	单瓣	上海交大农生院	2018
24	上农黄金×上农紫玫瑰	橙黄	单瓣	上海交大农生院	2018

为研究不同花朵发育阶段香雪兰花香成分的释放规律，选取香雪兰自育园艺品种'上农金皇后'为试验材料，参照 Spikman 提出的九级分级标准，选择了其中四个代表性的发育阶段作为研究对象（图 2-1），分别如下所示。

1 级：绿色蕾。花蕾小，紧实，颜色未见或稍显；

2 级：显色蕾。花蕾呈蓬松状，花苞显现出该种质特有的颜色；

3 级：盛开花。花瓣完全开展，花色完全展现；

4 级：衰败花。花瓣失水明显，花冠下垂，花粉成熟散落。

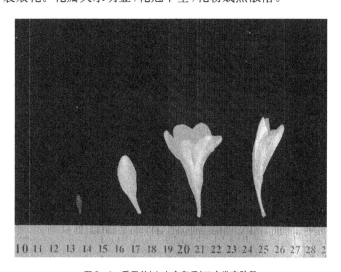

图 2-1 香雪兰'上农金皇后'四个发育阶段
Fig. 2-1 Flowers of *Freesia hybrida* 'Shangnong Gold Queen' at four developmental stages

(二) 实验方法

SPME萃取：①先将SPME萃取头于气相色谱仪进样口老化，老化温度为250℃，老化时间为120 min。②称取1 g盛花期的香雪兰花瓣的混合样品装入20 mL进样瓶中，用铝箔封口，塑料盖密封。③将85 μm CAR/PDMS萃取纤维头插入进样瓶顶空部分，推出萃取纤维至花朵上方0.5 cm处，于25℃室温下顶空吸附30 min。④抽回纤维头，取下手柄，然后将纤维头插入GC进样口，解吸5 min，进行GC-MS分析。⑤用空白进样瓶作为对照。

GC-MS分析：仪器为美国安捷伦公司7890B-5977B气相色谱-质谱联用仪。其色谱柱为HP-5MS(30 mm×0.25 mm×0.25 μm)；进样温度为250℃；分流比条件为无分流；载气是氦气(99.99%)；流量为1.0 ml/min；柱温为50℃保持2 min，以5℃/min升至150℃，再以15℃/min升至250℃，保持3 min。接口温度：250℃；离子源温度：230℃；四级杆温度：150℃；电离方式：电子冲击EI，电子能量70 eV，灯丝延迟时间180 s；扫描方式：全扫描；质量范围为30～600 amu；NIST 2011谱库。

(三) 数据分析

经气相色谱分离，不同香气组分形成各自的色谱峰，经计算机谱库检索(NIST 2011)各组分质谱及资料分析，再结合查阅资料进一步人工解析，确认最终的挥发成分。据总离子流各色谱峰的平均峰面积，计算各组分的相对释放量，其中，相对百分含量低于0.05的物质不做统计。

二、结果与分析

(一) 不同花朵发育阶段香雪兰花香主要成分分析

取香雪兰'上农金皇后'绿色蕾、显色蕾、盛开花以及衰败花四个时期的花瓣为材料进行GC-MS分析，其质谱总离子图如图2-2所示。

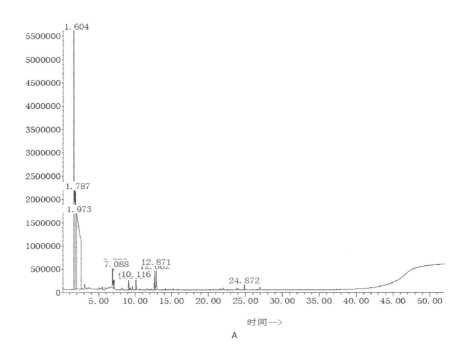

A

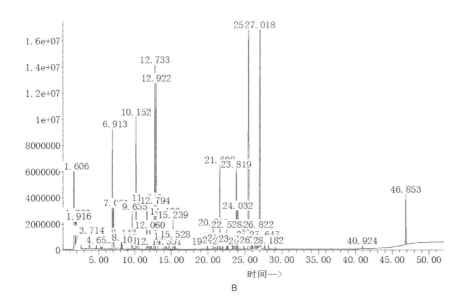

B

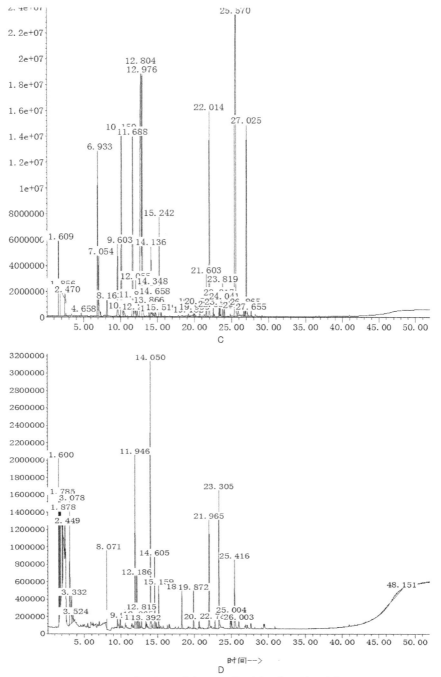

图 2 - 2　香雪兰'上农金皇后'不同花朵发育时期的总离子流谱图

Fig. 2 - 2　Total ions chromatogram of the essential aroma from the four flower developmental stages of *Freesia hybrida* 'Shangnong Gold Queen'

　　注：A—绿色蕾（the green bud period）；B—显色蕾（the bud with full color）；C—盛开花（the full blossoming flower）；D—衰败花（the wilted flower）。

检测到以上四个时期的花香主要成分列入表2-2。结果发现，'上农金皇后'绿色蕾、显色蕾、盛开花以及衰败花四个时期的花香成分差异很大，尤其是决定其花香品质的醇类和萜烯类化合物。将四个时期的醇类和萜烯类化合物相对含量进行汇总比较，如图2-3所示。

表2-2 香雪兰'上农金皇后'花香主要化学成分和相对含量
Table 2-2 The chemical component and the relative content of the essential aroma from 'Shangnong Gold Queen'

时期 Period	序号 NO.	种类（数量） Category(Amount)	化合物名称 Compound	相对含量/% Relative content/%
绿色蕾	1	醇 (2)	桉树醇	8.18
	2		3-戊醇	2.91
	3	萜烯 (3)	(＋)-α-蒎烯	5.97
	4		d-柠檬烯	4.58
	5		桧烯	2.86
显色蕾	1	醇 (6)	α-松油醇	14.96
	2		桉树醇	11.53
	3		乙醇	0.62
	4		芳樟醇	0.27
	5		(－)-4-萜品醇	0.19
	6		(2R,5R)-2-甲基-5-丙烷-2-基双环[3.1.0]己烷-2-醇	0.13
	7	萜烯 (25)	α-芹子烯	15.50
	8		d-柠檬烯	14.10
	9		桧烯	7.72
	10		(－)-α-蒎烯	5.75
	11		(－)-Alpha-蒎烯	3.81
	12		β-elemene	3.16
	13		β-月桂烯	2.49
	14		(－)-α-侧柏烯	2.46
	15	萜烯 (25)	β-蒎烯	1.87
	16		β-石竹烯	1.67
	17		萜品油烯	1.62
	18		γ-萜品烯	1.56
	19		(－)-α-荜澄茄油烯	1.01
	20		(＋)-β-芹子烯	0.91
	21		(2S,4R,7R,8R)-3,3,7,11-四甲基三环[6.3.0.02.4]十一碳-1(11)-烯	0.83
	22		佛术烯	0.80

时期 Period	序号 NO.	种类（数量） Category(Amount)	化合物名称 Compound	相对含量/% Relative content/%
	23		2-异丙烯基-4a,8-二甲基-1,2,3,4,4a,5,6,7-八氢萘	0.66
	24		1-甲基-2-异丙基苯	0.66
	25		(1S,8aR)-1-异丙基-4,7-二甲基-1,2,3,5,6,8a-六氢萘	0.53
	26		2,2-二甲基-3-亚甲基二环[2.2.1]庚烷	0.35
	27	萜烯 (25)	β-榄香烯	0.29
	28		1,3,3,4,4a,7-六氢-1,6-二甲基-4-(1-甲基乙基)-石脑油	0.25
	29		马兜铃烯	0.22
	30		1,6-Cyclodecadiene,1-methyl-5-methylene-8-(1-methylethyl)-,(1E,6E,8S)-	0.16
	31		3,7-二甲基-1,3,6-辛三烯	0.14
	32	醛 (1)	2-甲氧基-苯并呋喃-3-甲醛	0.15
	33	醚 (2)	1,3,3-三甲基-2-氧杂双环[2.2.2]辛-5-烯	0.31
	34		茶香螺烷	0.17
盛开花	1		α-松油醇	21.70
	2		桉树醇	11.18
	3	醇 (5)	芳樟醇	6.17
	4		(—)-4-萜品醇	0.39
	5		(2R,5R)-2-甲基-5-丙烷-2-基双环[3.1.0]己烷-2-醇	0.23
	6		d-柠檬烯	18.03
	7		β-月桂烯	8.34
	8		桧烯	7.84
	9		α-芹子烯	5.67
	10		(+)-α-蒎烯	4.80
	11		萜品油烯	2.70
	12		β-蒎烯	2.18
	13	萜烯 (24)	(—)-α-侧柏烯	1.74
	14		γ-萜品烯	1.67
	15		(—)-α-蒎烯	1.08
	16		β-elemene	0.81
	17		(Z)-3,7-二甲基-1,3,6-十八烷三烯	0.65
	18		莰烯	0.50
	19		(2S,4R,7R,8R)-3,3,7,11-四甲基三环[6.3.0.02.4]十一碳-1(11)-烯	0.49
	20		1-甲基-2-异丙基苯	0.45

时期 Period	序号 NO.	种类（数量） Category（Amount）	化合物名称 Compound	相对含量/% Relative content/%
	21		β-石竹烯	0.38
	22		（一）-α-荜澄茄油烯	0.31
	23		（3E）-3,7-二甲基辛-1,3,6-三烯	0.29
	24		（＋）-β-芹子烯	0.28
	25	萜烯 (24)	（1S，5S，6R）-2,6-二甲基-6-（4-甲基-3-戊烯-1-基）双环[3.1.1]庚-2-烯	0.21
	26		佛术烯	0.19
	27		对伞花烃	0.17
	28		（1S，8aR）-1-异丙基-4,7-二甲基-1,2,3,5,6,8a-六氢萘	0.16
	29		4-异丙烯基甲苯	0.12
	30	酯(1)	乙基-2-（5-甲基-5-乙烯基四氢呋喃-2-烯）丙基-2-烯碳酸酯	0.12
	31	醚(1)	1,3,3-三甲基-2-氧杂双环[2.2.2]辛-5-烯	0.20
衰败花	1		甲醇	7.38
	2		4-萜烯醇	6.77
	3		芳樟醇	5.25
	4	醇 (8)	α-松油醇	4.12
	5		甘油缩甲醛	2.24
	6		水合桧烯	1.70
	7		桉树醇	0.95
	8		丙二醇甲醚	0.38
	9		γ-萜品烯	13.46
	10		1-甲基-2-异丙基苯	4.25
	11	萜烯 (6)	萜品油烯	2.08
	12		桧烯	0.48
	13		d-柠檬烯	0.42
	14		（一）-α-荜澄茄油烯	0.34
	15		丙氨酸乙酯	4.26
	16	酯 (3)	γ-己内酯	0.91
	17		丙酸甲酯	0.32
	18		3,5,5-三甲基-3-环己烯-1-酮	1.97
	19	酮 (4)	2,6,6-三甲基-环己烯-1,4-二酮	0.92
	20		3,5,5-三甲基-4-甲基-3-环己烯-1-酮	0.61
	21		异佛尔酮	0.46
	22	醚(1)	1,3,3-三甲基-2-氧杂双环[2.2.2]辛-5-烯	3.39

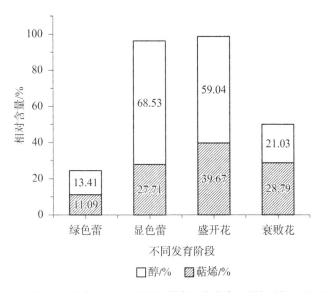

图 2-3 香雪兰'上农金皇后'不同发育阶段花香主要挥发成分及其相对含量统计分析
Fig. 2-3 Assorted statistics of main volatile compounds and their relative contents in flower aroma from *Freesia hybrida* 'Shangnong Gold Queen' at different flower developmental stages

分析表明,'上农金皇后'在绿色蕾时期醇类和萜烯类化合物的种类数分别为 2 种和 3 种,相对含量分别为 11.09% 和 13.41%,占总体含量的 24.5%,相对含量最高的是桉树醇(8.18%),可见,此时期的花中不仅花香成分种类少而且含量也低,其他物质占绝大部分。到了显色蕾时期,醇类和萜烯类化合物种类数分别为 6 种和 25 种,相对含量分别为 27.71% 和 68.53%,占总体含量的 96.24%,相对含量最多的为 α-芹子烯(15.50%)和 α-松油醇(14.96%);与绿蕾期相比,不仅种类丰富了许多,而且含量也大大增加。到了盛开花期,醇类和萜烯类化合物种类分别为 5 种和 24 种,相对含量分别为 39.67% 和 59.04%,总占比高达 98.71%,其中含量最多的为 α-松油醇(21.70%)和 d-柠檬烯(18.03%);香气物质的种类与上一时期相当,但醇类和萜烯的含量达到峰值。在衰败花中,醇类和萜烯类化合物分别为 8 种和 6 种,相对含量分别为 28.79% 和 21.03%,总和为 49.82%,含量最多的为 γ-萜品烯(13.46%)和甲醇(7.38%)。相较于显色蕾和盛花期,衰败花的香气成分种类大幅减少,仅 22 种,醇类和萜烯类的相对含量也下降了近一半。

由此可见,香雪兰'上农金皇后'花瓣中的花香成分与其花朵的发育进程密切相关。绿色蕾时期花香物质仅检测到 5 种,萜烯和醇类物质种类数和相对含量在此时期也最少,花朵发育到显色蕾时期,花香物质种类数(34 种)和相对含量都急剧增加,到盛开花时期其花香物质数量趋于稳定且相对含量则达到最高值,而当花朵衰老时,花香物质的种类和相对含量则出现大幅下降。可见,香雪兰'上农金皇后'花香品质在盛开期是最好的,据此结果,确定后续比较各种质之间的花香成分时均用盛开期花瓣为材料。

(二) 香雪兰不同种质盛花期的花香主要成分分析

1. 香雪兰 24 个种质的花香具体成分与含量分析

以 24 个香雪兰种质的盛开花为材料,进行其花香成分测定分析。根据 GC-MS 方法测定的质谱成分信息,并参考相关文献,确定各种质中的花香成分及相对含量,具体结果分析如下。

'Gold River':相对含量大于 0.05% 的花香成分有 20 种,其中萜烯类 15 种,总相对含量为 22.67%,醇类虽只有 2 种,但总含量却高达 73.44%,而酯类、醛类和醚类均只有一种,且含量很低,均在 0.25% 以下。相对含量最多为芳樟醇 73.17%,其次为(Z)-3,7-二甲基-1,3,6-十八烷三烯(13.49%),此外,高于 1% 的有 β-月桂烯(2.70%)、(3E)-3,7-二甲基辛-1,3,6-三烯(1.40%)、α-芹子烯(1.04%)和 d-柠檬烯(1.03%),其余 14 种成分均不足 1%,具体成分信息如表 2-3 所示。

表 2-3 'Gold River'花香主要化学成分和相对含量
Table 2-3 The chemical component and the relative content of the essential aroma from 'Gold River'

序号 NO.	种类(数量) Category(Amount)	成分 Compound	分子式 Molecular formula	相对含量/% Relative content/%
1	醇 (2)	芳樟醇	$C_{10}H_{18}O$	73.17
2		α-松油醇	$C_{10}H_{18}O$	0.27
3	萜烯 (15)	(Z)-3,7-二甲基-1,3,6-十八烷三烯	$C_{10}H_{16}$	13.49
4		β-月桂烯	$C_{10}H_{16}$	2.70
5		(3E)-3,7-二甲基辛-1,3,6-三烯	$C_{10}H_{16}$	1.40
6		α-芹子烯	$C_{15}H_{24}$	1.04
7		d-柠檬烯	$C_{10}H_{16}$	1.03
8		别罗勒烯	$C_{10}H_{16}$	0.65

序号 NO.	种类（数量）Category(Amount)	成分 Compound	分子式 Molecular formula	相对含量/% Relative content/%
9		萜品油烯	$C_{10}H_{16}$	0.59
10		(—)-α-蒎烯	$C_{15}H_{24}$	0.48
11		4-莔烯	$C_{10}H_{16}$	0.30
12	萜烯 (15)	(3E,5E)-2,6-二甲基-1,3,5,7-辛四烯	$C_{10}H_{14}$	0.23
13		γ-萜品烯	$C_{10}H_{16}$	0.20
14		(—)-α-蒎烯	$C_{10}H_{16}$	0.15
15		β-石竹烯	$C_{15}H_{24}$	0.14
16		β-榄香烯	$C_{15}H_{24}$	0.14
17		P-伞花烃	$C_{10}H_{14}$	0.14
18	酯 (1)	乙基-2-(5-甲基-5-乙烯基四氢呋喃-2-烯)丙基-2-烯碳酸酯	$C_{10}H_8N_4O_2S$	0.21
19	醛 (1)	2-甲氧基-苯并呋喃-3-甲醛	$C_{10}H_8O_3$	0.18
20	醚 (1)	4-戊氧基-丁-1-烯	$C_9H_{18}O$	0.23

'Pink Passion'：相对含量大于 0.05％的（以下略）花香成分有 22 种，其中，6 种醇类共占 65.56％，13 种萜烯类共占 29.55％。含量最高的是芳樟醇，占 47.48％，其次为 α-松油醇（15.51％）和 d-柠檬烯（13.08％），其他高于 1％的物质还有 β-月桂烯、3,7-二甲基-1,3,6-辛三烯、γ-萜品烯、萜品油烯和(—)-α-蒎烯，分别占 7.22％、2.85％、1.54％、1.43％和 1.06％。余下的 14 种成分均不足 1％，具体成分信息如表 2-4 所示，以下各种质的具体成分列表略。

表 2-4 'Pink Passion'花香主要成分和相对含量
Table 2-4 The main components and their relative content of the essential aroma from 'Pink Passion'

序号 NO.	种类（数量）Category(Amount)	成分 Compound	分子式 Molecular formula	相对含量/% Relative content/%
1		芳樟醇	$C_{10}H_{18}O$	47.48
2		α-松油醇	$C_{10}H_{18}O$	15.51
3	醇 (6)	桉树醇	$C_{10}H_{16}$	0.97
4		乙醇	$C_{10}H_{16}$	0.88
5		(—)-4-萜品醇	$C_{10}H_{16}$	0.59
6		2,2,6-三甲基-6-乙烯基四氢-2H-呋喃-3-醇	$C_{10}H_{16}$	0.12

序号 NO.	种类（数量）Category(Amount)	成分 Compound	分子式 Molecular formula	相对含量/% Relative content/%
7		d-柠檬烯	$C_{10}H_{16}$	13.08
8		β-月桂烯	$C_{10}H_{16}$	7.22
9		3,7-二甲基-1,3,6-辛三烯	$C_{10}H_{16}$	2.85
10		γ-萜品烯	$C_{10}H_{16}$	1.54
11		萜品油烯	$C_{10}H_{16}$	1.43
12		(一)-α-蒎烯	$C_{10}H_{16}$	1.06
13	萜烯 (13)	(3E)-3,7-二甲基辛-1,3,6-三烯	$C_{10}H_{16}$	0.63
14		桧烯	$C_{10}H_{16}$	0.50
15		1-甲基-2-异丙基苯	$C_{10}H_{14}$	0.39
16		3-异丙基-6-亚甲基-1-环己烯	$C_{10}H_{16}$	0.34
17		(一)-α-侧柏烯	$C_{10}H_{16}$	0.27
18		4-异丙烯基甲苯	$C_{10}H_{12}$	0.16
19		别罗勒烯	$C_{10}H_{16}$	0.08
20	酯 (2)	乙基-2-(5-甲基-5-乙烯基四氢呋喃-2-烯)丙基-2-烯碳酸酯	$C_{10}H_8N_4O_2S$	1.08
21		乙酸乙酯	$C_4H_8O_2$	0.23
22	醚 (1)	3-甲基-2-(3-甲基-2-丁烯基)呋喃	$C_{10}H_{14}O$	0.09

'Ancona'：共检测到 11 种花香成分，其中醇类 3 种，占比高达 88.36%，而 6 种萜烯类则仅占 6.90%。单体物质中，相对含量最多为芳樟醇 88.00%，是所有种质中该成分含量最高的种质，其次为 β-月桂烯(2.82%)和(Z)-3,7-二甲基-1,3,6-十八烷三烯(2.15%)，其余 8 种成分均不足 1%。

'Calvados'：共检测到 31 种花香成分，其中 6 种醇类共占 38.75%，21 种萜烯类共占 53.22%。单体物质中，相对含量最多的物质是 3,7-二甲基-1,3,6-辛三烯，占 40.67%，其次为芳樟醇(36.38%)。高于 1% 的物质还有乙醛(4.49%)、α-芹子烯(3.41%)、(3E)-3,7-二甲基辛-1,3,6-三烯(3.07%)、乙醇(1.34%)、β-月桂烯(1.21%)和别罗勒烯(1.07%)。其余 23 种成分均不足 1%。

'Red Passion'：仅检测到 6 种物质，相对含量均大于 2.4%，醇类物质仅一种(芳樟醇)，但含量却高达 50.84%，萜烯类共 4 种，总含量占 21.69%。其他 5 个成分和相对含量分别如下：(Z)-3,7-二甲基-1,3,6-十八烷三烯(12.93%)、β-月桂烯(3.27％)、d-柠檬烯(2.84％)和(3E)-3,7-二甲基辛-1,3,6-三烯(2.65％),3-甲基-2-(3-甲基-2-丁烯基)呋喃2.44％。

'Summer Beach':共检测到23种花香成分,6种醇类共占71.32％,13种萜烯类为24.61％。单体物质中,相对含量最多的为芳樟醇,高达70.44％,其次为3,7-二甲基-1,3,6-辛三烯(18.68％),而β-月桂烯和(3E)-3,7-二甲基辛-1,3,6-三烯的含量也高于1％,分别为2.05％和1.42％,其余19种成分均不足1％。

'Versailles':共检测到30种花香成分,其中,3种醇类共占48.34％,25种萜烯类共占48.64％。单体物质中,相对含量最多的为芳樟醇,占37.44％,其次为3,7-二甲基-1,3,6-辛三烯(17.90％),α-松油醇、(一)-α-蒎烯和d-柠檬烯的含量也较高,分别为9.14％、7.51％和6.47％。此外,还有7种成分的相对含量高于1％,分别如下:β-月桂烯4.09％、莎草烯2.16％、桉树醇1.77％、(一)-α-蒎烯1.68％、桧烯1.59％、γ-芹子烯1.32％、(3E)-3,7-二甲基辛-1,3,6-三烯1.26％。其余18种成分均不足1％。

'Castor':共检测到13种花香成分,醇类物质仅一种(芳樟醇),但含量却高达75.38％,萜烯类有10种,总共占22.67％。相对含量第二高的是α-芹子烯,占5.87％,而3,7-二甲基-1,3,6-辛三烯、β-月桂烯和乙基-2-(5-甲基-5-乙烯基四氢呋喃-2-烯)丙基-2-烯碳酸酯等3种相对含量也高于1％,分别为3.90％、1.74％和1.45％。其余8种成分则均不足1％。

'Soleil':共检测到17种花香成分,其中,2种醇类共占1.67％,13种萜烯类共占86.16％。相对含量最多的为(+)-α-蒎烯和莰烯,分别为28.78％和20.41％,其次为d-柠檬烯(13.68％)和β-蒎烯7.89％,高于1％的还有:(一)-α-蒎烯(4.57％)、α-芹子烯(4.02％)、桧烯(1.22％)、β-月桂烯(1.20％)和(一)-α-荜澄茄油烯(1.04％),其余8种成分均不足1％。

'White River':共检测到36种花香成分,其中9种醇类成分共占69.62％,而23种萜烯类成分仅占23.75％。芳樟醇相对含量最多,高达67.74％,其次为3,7-二甲基-1,3,6-辛三烯9.03％、(一)-α-蒎烯,占7.86％,此外,β-二氢紫罗兰酮和β-月桂烯也略高于1％,而绝大多数成分(31种)均不足1％。

'Fragrant Sunburst':共检测到29种花香成分,其中醇类物质有8种,占比

81.21%，萜烯类有 16 种,但占比仅 11.85%。芳樟醇含量最高,达 73.17%,其他物质则远低于该物质(均小于 4%),高于 1% 的有:β-月桂烯(3.86%)、α-松油醇(2.85%)、环丁醇(2.77%)、d-柠檬烯(2.59%)、(Z)-3,7-二甲基-1,3,6-十八烷三烯(1.75%)、甲醚(1.67%)和紫苏烯(1.32%)。其余 21 种成分均不足 1%。

'Lovely Lavender':共检测到 29 种花香成分,7 种醇类成分共占比 49.87%,与 18 种萜烯类成分相当(46.19%)。相对含量最多的为 α-松油醇,为 32.84%,其次为 d-柠檬烯(16.95%),高于 5% 的还有桉树醇(9.31%)、β-月桂烯(8.40%)和芳樟醇(6.73%)。此外,桧烯、(一)-α-蒎烯、萜品油烯、水芹烯、β-蒎烯和 γ-萜品烯等 6 种成分相对含量也超过 1%,分别为 4.60%、4.53%、3.27%、2.67%、1.42% 和 1.31%,而其余 18 种成分均不足 1%。

'Snoozy':检测到的成分种类最多,达 40 种,其中,醇类 11 种,共占比 55.46%,萜烯类 15 种,占比 17.67%。芳樟醇含量最高,为 25.69%,其次为橙花醇和紫苏烯,分别为 20.09%、10.09%,含量高于 1% 的还有 3-甲基-2-(3-甲基-2-丁烯基)呋喃(8.74%)、(Z)-3,7-二甲基-1,3,6-十八烷三烯(6.09%)、香叶醇(5.02%)、β-月桂烯(3.74%)、柠檬醛(2.90%)、d-柠檬烯(2.78%)、α-松油醇(2.44%)、顺式-柠檬醛(2.37%)、桉树醇(1.10%),其余 28 种成分均不足 1%。

'上农橙黄':共检测到 24 种花香成分,其中,6 种醇类成分共占比 66.82%,16 种萜烯类占 29.81%。相对含量最多的为芳樟醇,达 47.14%,其次为 α-松油醇(15.14%)和 d-柠檬烯(10.28%),含量高于 1% 的还有 β-月桂烯(6.10%)、桉树醇(3.88%)、(一)-α-蒎烯(3.13%)、桧烯(2.57%)、(Z)-3,7-二甲基-1,3,6-十八烷三烯(1.43%)、萜品油烯(1.40%)和 γ-萜品烯(1.16%),其余 14 种成分均不足 1%。

'上农红台阁':共检测到 12 种花香成分,其中,醇类 3 种,但占比高达 75.81%,萜烯类 6 中,占比为 7.79%。相对含量最多的为芳樟醇,达 74.28%,其次为乙基-2-(5-甲基-5-乙烯基四氢呋喃-2-烯)丙基-2-烯碳酸酯(6.71%),含量高于 1% 的还有 β-月桂烯(2.38%)、d-柠檬烯(1.93%)、3,7-二甲基-1,3,6-辛三烯(1.62%)和 β-环柠檬醛(1.46%),其余 6 种成分均不足 1%。

'上农乳香':共检测到 20 种花香成分,其中,醇类 3 种,但占比高达 84.13%,

萜烯类 14 种,占比仅为 10.05%。所有成分中,芳樟醇相对含量远高于其他成分,高达 83.03%,其他成分含量不足 3%,介于 1% 至 3% 之间的有 4 种,分别为 β-月桂烯(2.82%)、α-芹子烯(1.87%)、d-柠檬烯(1.66%)和(Z)-3,7-二甲基-1,3,6-十八烷三烯(1.62%),而其余 15 种成分则均不足 1%。

‘上农绯桃’:相对含量大于 0.05% 的仅 3 种,绝大多数成分为正己烷(96.74%),而对花香嗅闻起作用的物质仅 2 种萜烯类物质,且含量不足 2%,分别为(-)-α-蒎烯(1.88%)和 d-柠檬烯(1.38%)。

‘上农紫玫瑰’:共检测到 13 种花香成分,2 种醇类占比仅 3.94%,绝大多数都是萜烯类物质,共 11 种占比高达 96.06%。其中,相对含量最多的为 α-芹子烯,达 60.54%,其次为(-)-α-蒎烯 10.72%,其余 11 个成分含量均高于 1%,分别为:β-榄香烯(6.91%)、β-石竹烯(4.54%)、(1S, 8aR)-1-异丙基-4,7-二甲基-1,2,3,5,6,8a-六氢萘(2.50%)、(+)-β-芹子烯(2.35%)、佛术烯(2.24%)、乙醇(2.24%)、(2S, 4R, 7R, 8R)-3,3,7,11-四甲基三环[6.3.0.02.4]十一碳-1(11)-烯(2.19%)、(-)-α-荜澄茄油烯(1.72%)、芳樟醇(1.70%)、d-柠檬烯(1.23%)和 2-异丙烯基-4a, 8-二甲基-1,2,3,4,4a, 5,6,7-八氢萘(1.12%)。

‘上农金皇后’:共检测到 31 种花香成分,5 种醇类成分共占比 39.67%,24 种萜烯类占 59.04%。相对含量最多的是 α-松油醇,占 21.70%,其次为 d-柠檬烯(18.03%)和桉树醇(11.18%)。高于 5% 的还有 4 种,包括 β-月桂烯(8.34%)、桧烯(7.84%)、芳樟醇(6.17%)和 α-芹子烯(5.67%)。此外,高于 1% 的有(+)-α-蒎烯(4.80%)、萜品油烯(2.70%)、β-蒎烯(2.18%)、(-)-α-侧柏烯(1.74%)、γ-萜品烯(1.67%)和(-)-α-蒎烯(1.08%),其余 18 种成分均不足 1%。

‘上农大红’:共检测到 24 种花香成分,其中,醇类有 7 种,共占比 69.30%,萜烯类有 13 种,占比仅 6.56%。芳樟醇相对含量最高,达 66.92%,远高于其他成分,除此之外,含量高于 1% 的成分仅有 3 种,分别为:乙基-2-(5-甲基-5-乙烯基四氢呋喃-2-烯)丙基-2-烯碳酸酯(3.40%)、3,7-二甲基-1,3,6-辛三烯(1.53%)和 β-月桂烯(1.11%),其余 20 种成分均不足 1%。

‘上农黄金’:共检测到 24 种花香成分,其中,醇类有 7 种,共占比 65.66%,萜烯类 14 种,占 24.43%。芳樟醇相对含量最高,达 64.98%,其次为 Spiro[4.5] decen-(1)(16.88%),还有 2 种成分高于 1%,分别为 3,7-二甲基-1,3,6-辛三烯(2.34%)和β-月桂烯(1.56%),其余 20 种成分均不足 1%。

'上农绯桃自交后代':共检测到 12 种花香成分,4 种醇类共占比 72.40%,6 种萜烯类占比 6.02%。芳樟醇相对含量最高,达 70.82%,远高于其他成分,含量次高的是乙基-2-(5-甲基-5-乙烯基四氢呋喃-2-烯)丙基-2-烯碳酸酯,仅 5.06%,还有 2 种成分高于 1%,分别为β-月桂烯(2.53%)和(Z)-3,7-二甲基-1,3,6-十八烷三烯(1.40%),其余 8 种成分均不足 1%。

'上农大红×Red Passion':共检测到 18 种花香成分,5 种醇类物质占比 17.45%,10 种萜烯类共占 41.80%。各种成分占比都不是很高,相对含量最多的为(一)-α-蒎烯(11.69%),其次为(Z)-3,7-二甲基-1,3,6-十八烷三烯(11.12%)和 d-柠檬烯(8.70%),此外,高于 1%的还有双环[3.1.0]Hex-2-烯,4-甲基-1-(1-甲基乙基)-(2.89%)、莰烯(2.19%)、α-罗勒烯(2.06%)、(1S)-(一)-β-蒎烯(1.20%)和双戊烯(1.10%),其余 10 种成分均不足 1%。

'上农黄金×上农紫玫瑰':共检测到 18 种花香成分,其中,4 种醇类物质总占比 67.46%,10 种萜烯类仅占 13.26%。相对含量最多的为芳樟醇,达 67.29%,远高于其他成分,含量次高的是 d-柠檬烯,仅 3.58%;此外,还有 4 种成分高于 1%,分别为β-月桂烯(2.62%)、乙基-2-(5-甲基-5-乙烯基四氢呋喃-2-烯)丙基-2-烯碳酸酯(2.59%)、(+)-α-蒎烯(2.20%)和 3,7-二甲基-1,3,6-辛三烯(1.64%),其余 12 种成分均不足 1%。

2. 香雪兰 24 个种质中含量最高的三个花香主要成分分析

进一步比较分析各种质中相对含量最高的三个花香成分,结果如表 2-5 所示。

表 2-5 香雪兰 24 个种质中最主要的三种花香化学成分
Table 2-5 Three main chemical components of the aroma in 24 *freesia* germplasms

种质 Germplasm	花香成分/相对含量(%)		
	最高含量/% Maximum content	第二高含量/% The 2nd highest content	第三高含量/% The 3rd highest content
Ancona	芳樟醇/88.00	β-月桂烯/2.82	(Z)-3,7-二甲基-1,3,6-十八烷三烯/2.15

种质 Germplasm	花香成分/相对含量（%）		
	最高含量/% Maximum content	第二高含量/% The 2nd highest content	第三高含量/% The 3rd highest content
Calvados	3,7-二甲基-1,3,6-辛三烯/40.67	芳樟醇/36.38	乙醛/4.49
Gold River	芳樟醇/73.17	(Z)-3,7-二甲基-1,3,6-十八烷三烯/13.49	β-月桂烯/2.70
Pink Passion	芳樟醇/47.48	α-松油醇/15.51	d-柠檬烯/13.08
Red Passion	芳樟醇/50.84	(Z)-3,7-二甲基-1,3,6-十八烷三烯/12.93	β-月桂烯/3.27
Summer Beach	芳樟醇/70.44	3,7-二甲基-1,3,6-辛三烯/18.68	β-月桂烯/2.05
Versailles	芳樟醇/37.44	3,7-二甲基-1,3,6-辛三烯/17.90	α-松油醇/9.14
Castor	芳樟醇/75.38	α-芹子烯/5.87	3,7-二甲基-1,3,6-辛三烯/3.90
Soleil	(+)-α-蒎烯/28.78	茨烯/20.41	d-柠檬烯/13.68
White River	芳樟醇/67.74	3,7-二甲基-1,3,6-辛三烯/9.03	(一)-α-蒎烯/7.86
Fragrant Sunburst	芳樟醇/73.17	3,7-二甲基-1,3,6-辛三烯/9.03	β-月桂烯/3.86
Lovely Lavender	α-松油醇/32.84	d-柠檬烯/16.95	桉树醇/9.31
Snoozy	芳樟醇/25.69	橙花醇/20.09	紫苏烯/10.09
上农橙黄	芳樟醇/47.14	α-松油醇/15.14	d-柠檬烯/10.28
上农红台阁	芳樟醇/74.28	乙基-2-(5-甲基-5-乙烯基四氢呋喃-2-烯)丙基-2-烯碳酸酯/6.71	β-月桂烯/2.38
上农乳香	芳樟醇/83.03	β-月桂烯/2.82	α-芹子烯/1.87
上农绯桃	正己烷/96.74	(一)-α-蒎烯/1.88	d-柠檬烯/1.38
上农紫玫瑰	α-芹子烯/60.54	(一)-α-蒎烯/10.72	β-榄香烯/6.91
上农金皇后	α-松油醇/21.70	d-柠檬烯/18.03	桉树醇/11.18
上农大红	芳樟醇/66.92	乙基-2-(5-甲基-5-乙烯基四氢呋喃-2-烯)丙基-2-烯碳酸酯/3.40	3,7-二甲基-1,3,6-辛三烯/1.53
上农黄金	芳樟醇/64.98	Spiro[4.5]decen-(1)/16.88	3,7-二甲基-1,3,6-辛三烯/2.34
上农绯桃自交	芳樟醇/70.82	乙基-2-(5-甲基-5-乙烯基四氢呋喃-2-烯)丙基-2-烯碳酸酯/5.06	β-月桂烯/2.53
上农大红×Red Passion	(一)-α-蒎烯/11.69	(Z)-3,7-二甲基-1,3,6-十八烷三烯/11.12	d-柠檬烯/8.70
上农黄金×上农紫玫瑰	芳樟醇/67.29	d-柠檬烯/3.58	β-月桂烯/2.62

在所有香雪兰种质中，有 17 个种质中检测到最主要的成分均为芳樟醇，含量变化幅度为 25.69%～88%，包括'Ancona'、'Gold River'、'Pink Passion'、'Red

'Passion'、'Summer Beach'、'Versailles'、'Castor'、'White River'、'Fragrant Sunburst'、'Snoozy'、'上农橙黄'、'上农红台阁'、'上农乳香'、'上农大红'、'上农黄金'、'上农黄金×上农紫玫瑰'和'上农绯桃自交后代',其中有 7 个种质的芳樟醇高于 70％,以'Ancona'为最高(88％)(表 2-5)。'Lovely Lavender'和'上农金皇后'中最高的也是醇类,但不是芳樟醇,而是 α-松油醇。而其余 5 个种质含量最高的香气成分则多为萜烯类,具体如下:'Soleil'和'上农大红×Red Passion'2 个种质为 α-蒎烯,'Calvados'为 3,7-二甲基-1,3,6-辛三烯,'上农紫玫瑰'为 α-芹子烯,而'上农绯桃'的最主要成分则是对花香气味没有明显作用的正己烷。

从相对含量第二高和第三高的花香成分来看,24 个种质中多数为萜烯类,涉及的种类比较多而分散,种质之间的差异比较大。同时,相对于第一高的成分而言,相对含量要低很多,第二高、第三高的含量变化幅度分别为 1.88％~36.38％和 1.38％~13.68％,且绝大多数在 20％及 10％以下。可见,单从相对含量来看,第一主要成分对花香的形成是有决定性优势的,而且芳樟醇的作用最为关键。

比较前三花香主要成分组合,我们发现部分种质之间是完全一样的,包括:'Gold River'、'Summer Beach'和'Fragrant Sunburst'一样,为芳樟醇、(Z)-3,7-二甲基-1,3,6-十八烷三烯和 β-月桂烯;'Pink Passion'和'上农橙黄'一样,为'芳樟醇、α-松油醇和 d-柠檬烯;'Lovely Lavender'和'上农金皇后'一样,为 α-松油醇、d-柠檬烯和桉树醇;还有'上农红台阁'和'上农大红×Red Passion'也是相同,为(—)-α-蒎烯、(Z)-3,7-二甲基-1,3,6-十八烷三烯和 d-柠檬烯。可见,这些种质之间的花香感官气味是基本一样的。

按不同色系比较各种质之间的前三花香主要成分,结果如下:

2 个白色种质'Versailles'和'上农乳香',第一成分均为芳樟醇,其相对含量最高,但含量相差却很大,分别为 37.44％和 83.03％。除芳樟醇外,'Versailles'中还含有较高的 3,7-二甲基-1,3,6-辛三烯和 α-松油醇等单萜类物质,且'Versailles'的香气成分种类比'上农乳香'多 10 种。

紫色系 3 个品种中,'Ancona'和'Castor'中芳樟醇在所有成分占比均具有绝对优势,相对含量分别为 88.00％和 75.38％。而'Lovely Lavender'含量最多的则为 α-松油醇,且相对含量仅 32.84％,其他还含有较大量的 d-柠檬烯(16.95％)和桉树醇(9.31%)。紫红色系种质中,'Pink Passion'和'Snoozy'的单萜类物质占绝大部分,其中芳樟醇占比最高,分别为47.48%和25.69%,此外,还有较大量的α-松油醇、d-柠檬烯、橙花醇、紫苏烯等单萜类化合物,总体上醇类物质的种类和含量都是较多的。而'上农紫玫瑰'中则倍半萜类物质占绝大部分,其中含量最多的为α-芹子烯,高达60.54%,此外,含量较高的还有β-榄香烯和(一)-α-蒎烯等倍半萜烯类物质,且烯类物质的种类和含量较多,与上述2个种质存在较大差异。'上农紫玫瑰'花香中萜烯类含量占绝对优势,而醇类含量非常低,从而影响了其花香品质。将其'上农紫玫瑰'与'上农黄金'杂交,检测杂交后代花香成分,发现其花香品质得到了改善,杂交种质中醇类代替萜烯类成分主要成分,占比为67.46%(绝大多数为芳樟醇,67.29%),远高于萜烯类的13.26%,同时,花香物质总数也由13种丰富到了18种。

黄色系4个品种中,'Gold River'、'Summer Beach'和'Fragrant Sunburst'花香中相对含量最高的均为芳樟醇,且都高达70%以上,花香成分均以醇为主;而'上农金皇后'相对含量最高的是α-松油醇,占比也是不很高,仅为21.70%,含量较高的还有d-柠檬烯(18.03%)和桉树醇(11.18%),总体上萜烯类相对含量比醇类略多。橙黄色2个品种中,'Calvados'相对含量最高的为3,7-二甲基-1,3,6-辛三烯,其次为芳樟醇,两者均为单萜类物质且含量相当,总占比超过77%;而'上农橙黄'相对含量最高的前三个成分也均为单萜类物质,分别为芳樟醇、α-松油醇和d-柠檬烯,总占比达72.56%。由此可见,'Calvados'和'上农橙黄'中单萜类物质都占绝大部分,对花香贡献最大。

4个红色品种中,'Red Passion'、'上农红台阁'和'上农大红'中相对含量最高的均为芳樟醇,分别为50.84%、74.28%和66.92%,后两者含量第二高的成分还是含氧的酯类且花香物质数明显多于前者,可见'上农红台阁'和'上农大红'的花香品质优于'Red Passion'。而同色系的'上农绯桃'花香中含量最高的是正己烷,相对含量高达96.74%,仅含有少量的(一)-α-蒎烯和d-柠檬烯。正己烷为萜烯和醇类花香物质的合成前体,可能由于该品种中缺失下游花香物质相关合成酶基因或基因表达微弱,导致其含有前体物质正己烷的积累,而影响其花香成分的合成。这很好地解释'上农绯桃'花香很淡的原因,可见该种质在长期栽培过程中其花香的优良性状正在逐渐丧失,需要进一步改良。检测还发现,'上农桃红'自交种质中的花香成分和含量均得到了较大程度的改善,花香物质总数也由原来的 3 种丰富到 14 种,且醇类化合物大大增加,其相对含量占比达到了 72.40%(其中芳樟醇占 70.82%),萜烯类化合物也有 6.02%。可见,'上农绯桃'经过自交,其花香品质得到了很大的改善,今后可以通过自交再改善退化种质的花香品质。

'Red Passion'花香也不丰富,其花香品质有待改善。将其与花香成分更为丰富的'上农大红'杂交,我们发现,杂交后代的花香品质也有了很大的改善:花香物质大大增加,达到了 18 种;萜烯类成为主要花香成分,总占比为 41.80%,而醇类仅占比 17.45%,与父母本差异明显。

3. 香雪兰花香主要成分种类的统计分析

以 24 个香雪兰种质的盛开花为材料,共检测出挥发成分 183 种,主要包括萜烯类、醇类、酯类、醛类、酮类、醚类、酚类等 7 类化合物,对其种类进行汇总分析如表 2-6 所示。

表 2-6　香雪兰 24 个种质花香的主要挥发性成分种类数

Table 2-6　Number of main volatile compounds in flower aroma of 24 *Freesia* germplasms

种质 Germplasms	醇类 Alcohols	萜烯类 Terpenes	酯类 Esters	醛类 Aldehydes	酮类 Ketones	醚类 Ethers	酚类 Phenols	合计 Total
Ancona	3	6	1	/	/	1	/	11
Calvados	6	21	1	1	/	2	/	31
Gold River	2	15	1	1	/	1	/	20
Pink Passion	6	13	2	/	/	1	/	22
Red Passion	1	4	/	/	/	1	/	6
Summer Beach	6	13	1	/	1	2	/	23
Versailles	3	25	1	/	/	1	/	30
Castor	1	10	1	/	/	1	/	13
Soleil	2	13	1	/	/	1	/	17
White River	9	23	/	/	3	1	/	36
Fragrant Sunburst	8	16	1	/	1	3	/	29
Lovely Lavender	7	18	/	/	1	3	/	29
Snoozy	11	15	5	2	1	4	2	40
上农橙黄	6	16	1	/	/	1	/	24
上农红台阁	3	6	1	/	1	/	/	12

种质 Germplasms	醇类 Alcohols	萜烯类 Terpenes	酯类 Esters	醛类 Aldehydes	酮类 Ketones	醚类 Ethers	酚类 Phenols	合计 Total
上农乳香	3	14	2	/	/	1	/	20
上农绯桃	/	2	/	/	/	/	/	2
上农紫玫瑰	2	11	/	/	/	/	/	13
上农金皇后	5	24	1	/	/	1	/	31
上农大红	7	13	2	/	1	/	1	24
上农黄金	7	14	1	/	1	1	/	24
上农绯桃自交	4	6	1	/	/	1	/	12
上农大红×Red Passion	5	10	/	/	1	2	/	18
上农黄金×上农紫玫瑰	4	10	1	/	3	/	/	18

注："/"指未检测到。

Note："/" mean "Not detected"。

　　24 个香雪兰种质香气成分的分布差异较大,萜烯类化合物是检测出种类最多的成分之一,而且是唯一一类 24 个种质均有的成分,分别含有 4～25 种萜烯类化合物不等。其中'Versailles'检测出 25 种萜烯类化合物,居首位。而'上农绯桃'中萜烯类化合物最少,仅 2 种。醇类化合物也是检测出较多的挥发物质之一,除'上农绯桃'未检测到外,其余 23 个香雪兰种质均检测出醇类化合物的存在,分别含有 1～11 种醇类不等。其次是醚类和酯类化合物,除在'上农红台阁'、'上农绯桃'、'上农紫玫瑰'、'上农大红'以及'上农黄金×上农紫玫瑰'5 个种质中没有检测到醚类化合物外,其余 19 个种质中分别含有 1～4 种醚类化合物不等;而酯类化合物,除在'Red Passion'、'White River'、'Lovely Lavender'、'上农绯桃'、'上农紫玫瑰'以及'上农大红×Red Passion'6 个种质中没有检测到之外,其余 18 个种质中分别含有 1～5 种酯类化合物不等。酮类化合物只在 10 个种质中检测到,而醛类和酚类在香雪兰很少,分别在 4 个和 2 个种质中发现有这 2 类化合物。

　　由表 2-6 可见,各种质花香成分种类数差异较大,2～40 种不等,30 种成分以上的种质有 5 种,而少于 10 种的仅有 2 个种质。其中,'Snoozy'的主要花香成分最多,高达 40 种,其次为'White River',其主要花香成分有 36 种,含 30 种及 30 种以上成分的种质还有'Calvados'、'Versailles'和'上农金皇后'。大部分种质含有 11～29 种花香成分,其中,'Fragrant Sunburst'、'Lovely Lavender'、'上农橙黄'、

‘上农大红’和‘上农黄金’相对较多,而‘Ancona’、‘上农绯桃自交后代’、‘上农紫玫瑰’和‘Castor’相对少一些,含11~13个成分。最少的为‘Red Passion’和‘上农绯桃’2个种质,分别只检测到6种和2种花香成分。

按不同花色色系,我们进一步比较了19个香雪兰品种中的花香主要成分种类数(图2-4),结果表明:白色系品种中的花香成分为20~36种,紫色系为11~29种,紫红色系为13~40种,红色系为2~24种,橙黄色系为24~31种,黄色系为17~31种。可见,在所有品种中,黄色系、橙黄色系以及白色系品种的花香主要成分比较丰富,且同一色系内各品种的种类数差异不是很大;紫色系和紫红色系虽然有花香成分较多的种质,如‘Lovely Lavender’和‘Snoozy’,但其余品种的花香成分数则明显偏少;总体来看,红色系的花香成分种类是最少的,尤其是‘上农绯桃’。

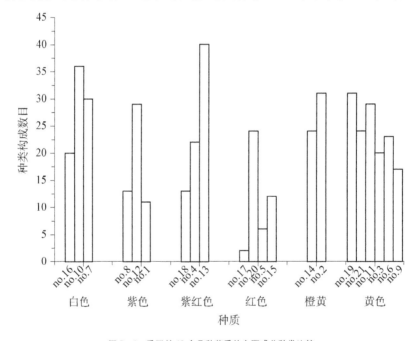

图2-4 香雪兰19个品种花香的主要成分种类比较

Fig. 2-4 Comparision of main volatile compounds in flower aroma from 19 *freesia* cultivars

从瓣型来看,在5个重瓣种质中,检测到的花香成分为11~30种不等。其中,白色品种‘Versailles’的主要花香成分最多,有30种;黄色品种‘Summer Beach’和‘Soleil’的主要花香成分有23种和17种;而紫色品种‘Ancona’和红色品种‘上农红台阁'的主要花香成分最少,仅分别检测到 11 种和 12 种。在 19 个单瓣种质中,检测到的花香成分为 2～40 种不等,多数在 11～29 之间。重瓣种质的主要花香成分种类与单瓣种质的差异没有明显规律性,这表明香雪兰的主要花香成分种类与瓣型关系不大。

从种质的来源来看,除进口种质'Snoozy'成分种类数目较多和自育种质'上农绯桃'成分种类较少外,其余种质之间的差别不大,大部分处于 15～35 左右。由此可见,进口种质和自育种质在花香成分种类数目上差别不大,在今后育种中可互相作为父母本进行配置组合加以使用。

从杂交种质与亲本比较来看,'上农大红×Red Passion'、'上农黄金×上农紫玫瑰'相对于亲本来说,两个杂交种质的花香成分种类均介于两个亲本种质花香成分种类数目之间,这说明优劣种质杂交可以改善劣质种质的花香成分种类丰富度。'上农绯桃'由于种质发生明显退化,其花香品质很差,仅检测 3 种主要成分,比较'上农绯桃'及其自交后代的花香成分发现,经过自交可以较大幅度提高其花香成分种类数目,花香感官品质也明显改善。可见,自交可以有助于退化种质的花香品质改良。

4. 香雪兰花香主要成分的相对含量分析

根据 GC-MS 的质谱成分信息,按大类统计分析 24 个香雪兰种质中花香主要成分的相对含量。结果发现,除'上农绯桃'外,醇类和萜烯类化合物在香雪兰花香主要成分中所占的相对含量远高于其他 5 类化合物(表 2-7)。

表 2-7 香雪兰 24 个种质花香的主要挥发性成分和其相对含量分类统计(%)
Table 2-7 Assorted statistics of main volatile compounds and their relative contents in flower aroma of 24 *freesia* germplasms(%)

编号 NO.	种质 Germplasm	醇类 Alcohols	萜烯类 Terpenes	酯类 Esters	醛类 Aldehydes	酮类 Ketones	醚类 Ethers	酚类 Phenols
1	Ancona	88.36	6.90	0.28	/	/	0.13	/
2	Calvados	38.75	53.22	0.52	4.49	/	0.49	/
3	Gold River	73.44	22.67	0.21	0.18	/	0.23	/
4	Pink Passion	65.56	29.55	1.32	/	/	0.09	/
5	Red Passion	50.84	21.69	/	/	/	2.44	/
6	Summer Beach	71.32	24.61	0.94	/	0.07	0.45	/

编号 NO.	种质 Germplasm	醇类 Alcohols	萜烯类 Terpenes	酯类 Esters	醛类 Aldehydes	酮类 Ketones	醚类 Ethers	酚类 Phenols
7	Versailles	48.34	48.64	0.15	/	/	0.10	/
8	Castor	75.38	15.17	1.45	/	/	0.26	/
9	Soleil	1.67	86.16	0.57	/	/	1.11	/
10	White River	69.62	23.75	/	/	1.14	0.05	/
11	Fragrant Sunburst	81.21	11.85	0.19	/	0.05	3.04	/
12	Lovely Lavender	49.87	46.19	/	/	0.06	0.71	/
13	Snoozy	55.46	17.67	0.58	5.27	0.12	19.31	0.20
14	上农橙黄	66.82	29.81	1.20	/	/	0.08	/
15	上农红台阁	75.81	7.79	6.71	1.46	0.38	/	/
16	上农乳香	84.13	10.50	0.80	/	/	/	/
17	上农绯桃	/	3.26	/	/	/	/	/
18	上农紫玫瑰	3.94	96.06	/	/	/	/	/
19	上农金皇后	39.67	59.04	0.12	/	/	0.20	/
20	上农大红	69.30	6.56	3.54	/	0.09	/	0.08
21	上农黄金	65.66	24.43	0.65	/	0.12	0.05	/
22	上农绯桃自交	72.40	6.02	5.06	/	/	0.35	/
23	上农大红×Red Passion	17.45	41.80	/	/	0.86	0.89	/
24	上农黄金×上农紫玫瑰	68.80	13.26	2.59	/	1.33	/	/

注:"/"指未检测到。
Note: "/" means "Not detected".

在 24 个香雪兰种质花香主要成分中,大部分醇类化合物相对含量最高,少数萜烯类化合物相对含量最高(图 2-5)。醇类化合物相对含量高于 65% 的种质有 14 个,包括'Ancona'、'Gold River'、'Pink Passion'、'Summer Beach'、'Castor'、'White River'、'Fragrant Sunburst'、'上农橙黄'、'上农红台阁'、'上农乳香'、'上农大红'、'上农黄金'、'上农绯桃自交后代'和'上农黄金×上农紫玫瑰'。此外,在'Red Passion'、'Lovely Lavender'和'Snoozy'3 个种质中,醇类化合物的相对含量也高于其他成分。萜烯类化合物在'Calvados'、'Versailles'、'Soleil'、'上农紫玫瑰'、'上农金皇后'、'上农大红×Red Passion'6 个种质中的相对含量高于其他成分,均在 50% 以上。24 个种质中仅'上农绯桃'未检测到醇类化合物,且萜烯类化合物相对含量也是最少(仅 3.26%),其香气成分中绝大部分为烷烃,因此'上农绯桃'并不香,这与感官嗅闻结果是一致的。

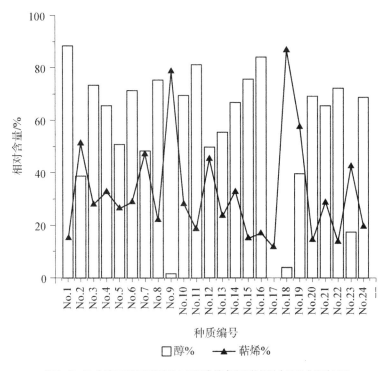

图 2 - 5　24 个香雪兰种质花香的主要挥发性成分和其相对含量分类统计(％)

Fig. 2 - 5　Assorted statistics of main volatile compounds and their relative contents in flower aroma of 24 *freesia* germplasms (％)

　　综上所述,香雪兰花香成分丰富,种类多样,不同种质间的挥发成分与含量均存在明显的差异。根据测定结果,可以发现,醇类和萜烯类化合物在香雪兰花香成分中不仅种类数最多,而且总含量占比也远远高于其他 5 类花香主要化合物,可见醇类和萜烯类化合物是香雪兰花香中的最重要的两类物质,是香雪兰花香品质形成的决定因素。

三、讨论

　　通过对 24 个香雪兰种兰花香成分的测定,我们共鉴定了 183 种物质,这是迄今为止在本物种中测定种质最为全面、鉴定花香成分数量最多的研究。从含量与分布来看,香雪兰的主要花香成分包括芳樟醇、α-芹子烯、α-松油醇、蒎烯、d-柠檬烯、(Z)-3,7-二甲基-1,3,6-十八烷三烯、3,7-二甲基-1,3,6-辛三烯、橙花醇、桉树醇、紫苏烯和β-月桂烯等物质,其中芳樟醇是大多数种质含量最高的物质。本章研究结果大大丰富了对香雪兰花香的认识,为后续开发利用其花香物质和种质创新均提供了良好的科学基础。

多种植物开花过程中香气成分的研究成果表明:随着植物花朵的开放和衰老,植物花香释放会发生变化,如玉簪花的香气释放于盛花期达到顶峰,而后随着花朵的衰老开始下降。我们的研究结果也证实了这一观点:不同花期的'上农金皇后'花瓣中,花香种类和相对含量均呈现先上升后下降的趋势,盛开花期达到最大,是花香最为浓郁、赏析和提取精油的最佳时期。

研究表明,花卉的香气成分容易受到品种的影响,同一物种不同品种间的差异在其他植物中已有报道。如:张莹等发现两种大花蕙兰香气成分中除了含量最高的化合物为共有成分外,其他香气成分的组成和含量也存在明显差异;甘秀海等对山茶属花香的研究结果也证实了这一观点。总的来说,醇类和萜烯类化合物是构成香雪兰花香的主要成分,但香雪兰不同品种释放的香气成分种类和相对含量均存在很大差异,这与前人的研究结果基本吻合。导致这些差异的原因可能是不同品种存在不同的花香调节模式以及香气成分的生物合成途径和积累模式。因此,对香雪兰花香成分进行系统的分析,进一步通过分子生物学等手段更加深入地解析香雪兰花香成分生物合成的调控机制,是今后一个重要研究方向。

芳樟醇香气柔和,作为香料广泛应用于香水、家用清洁护理产品中,同时也可用作食用香精以及工业生产中的重要中间体,且兼具医疗保健作用。已证实,芳樟醇是很多花卉中的主要挥发性花香成分,如百合、蜡梅、山茶、栀子花、茉莉等。本研究发现,芳樟醇是大部分香雪兰种质中花香成分的最主要成分,是香雪兰花香气的主要来源,这与任雪冬和林榕燕等对香雪兰花香成分的研究结果较为一致。因此,进一步开发利用香雪兰花中的芳樟醇极具价值。芳樟醇具有甜香气味,这与有高释放量芳樟醇的17个香雪兰种质花香气的感官评价也是一致的,如'Ancona'香气浓郁,而不含芳樟醇的'上农绯桃'则基本没有甜香味。基于这一点,'Ancona'、'Castor'和'上农乳香'是最值得推荐的种质资源,其芳樟醇含量均高于75%,是今后基于改良花香目标的优良育种亲本,也是开发香雪兰花中芳樟醇的重要种质资源。然而,我们同时也发现,有少数香雪兰种质的花香成分中含量最高的并不是芳樟醇甚至不含芳樟醇,说明不同种质之间还是存在差异的,这个结果充实了香雪兰现有文献的有限记录,为后续进一步研究拓宽了思路。

除芳樟醇外,还有一些物质影响花的芳香气味。如松油醇具有树木的气味且具有持久的紫丁香香气;月桂烯,具有能令人愉悦的甜香脂气味,是三色堇、油茶花、水仙花等植物的主要香气成分;柠檬烯则具有令人愉悦的新鲜橙子的香气。我们在以上 24 个香雪兰种质中也检测到这些物质的存在,在前三个主要花香成分中共有 15 个种质中发现有这 3 种成分存在,分别有 6 个、8 个和 8 个种质中检测到松油醇、月桂烯和柠檬烯,尤其松油醇更是在‘Lovely Lavender’和‘上农金皇后’2 个品种花香成分中占比最高,而月桂烯和柠檬烯则仅出现在第二、三主要成分中。同时出现 2 种上述物质中的有 5 个种质,且松油醇和柠檬烯共同出现的种质就有 4 种,两者含量均较高(>10%)而且基本呈正比。

有趣的是,我们还发现部分种质之间前三花香主要成分完全一样,包括:‘Gold River’、‘Summer Beach’和‘Fragrant Sunburst’;‘Pink Passion’和‘上农橙黄’;‘Lovely Lavender’和‘上农金皇后’;还有‘上农红台阁’和‘上农大红×Red Passion’。可见,这些种质之间的花香气味基本是一样的,在种质创新时配置杂交组合应尽量错开。

引起人嗅觉感觉最小刺激的物质浓度(或稀释倍数)称为人的嗅觉阈值,植物的香气容易受到嗅感阈值低而含量高的化合物主导,因此,相对含量高的挥发性物质对香气的影响并不一定就高。有研究表明,嗅觉阈值从小到大的排列顺序为芳樟醇<月桂烯<柠檬烯,分别为 0.001 mg/L、0.10 mg/L、0.20 mg/L,可见,芳樟醇的嗅感阈值较低。在大部分所测香雪兰种质中,芳樟醇的相对含量均远高于嗅感阈值较高的月桂烯、柠檬烯等其他花香挥发物质。所以,大多数香雪兰的花香气味基本一致,相对比较单调。当然,芳樟醇的含量在不同种质之间的含量存在一定差异,同时,其他主要成分的组合也大多不同,也在一定程度上影响着香雪兰的花香气味差异。而以其他香气挥发物质为主要成分的种质资源,如‘Lovely Lavender’和‘上农金皇后’,更是今后丰富其花香气味的宝贵亲本。因此,在今后的育种过程中,可以尽可能选择香气类型丰富的种质加以利用,或者通过提高嗅觉

阈值高的化合物的释放量,达到改良香雪兰花香品质的目标。

通过花香成分分析,我们还发现一些特殊种质,可用于后续研究和种质创新。如:'上农紫玫瑰'花香成分中倍半萜含量高达 94.84%,醇类和单萜烯含量很低,与其他种质差别较大,可以用来研究倍半萜合成途径和育种;以其他醇类而非芳樟醇为主的'Lovely Lavender'和'上农金皇后'是可资利用的丰富花香类型的亲本材料;而'上农绯桃'虽然花香品质很差,但在研究其花香形成机理方面可以作为一个对照加以应用。此外,自交和杂交种质均表现出比亲本更优良的花香品质,说明今后改良花香品质可以通过自交和杂交的方式来进行。

综合来看,有 12 个香雪兰种质香气品质佳,其花香成分构成丰富且芳樟醇相对含量高,包括'Gold River'、'Pink Passion'、'Summer Beach'、'White River'、'Versailles'、'Fragrant Sunburst'、'Snoozy'、'上农橙黄'、'上农乳香'、'上农大红'、'上农黄金'和'上农黄金×上农紫玫瑰'等。此外,'Lovely Lavender'和'上农金皇后'因含有不同的醇类物质,可用于丰富香雪兰的花香类型。这些种质可以进一步加大开发利用力度,并且可以作为后续种质创新的优良亲本材料。

第三章

基于 RAPD 分子标记技术的香雪兰种质资源评价

由于植物的形态特征容易受到环境的影响,在植物种质资源的评价方面存在较大的局限性,而 DNA 所反映的信息不受环境及生长发育影响,准确性高、稳定性好,故在植物遗传关系和种质资源评价研究方面越来越受到重视和应用。随机扩增多态性 DNA(Random Amplified Polymorphism DNA,RAPD),是一种基于聚合酶链式反应(Polymerase Chain Reaction,PCR)的分子标记,具有易操作、DNA 使用量少、不需要提前了解 DNA 序列、所揭示的多态性高等优点而得到广泛使用。该方法目前也已在部分球根花卉中得到应用,如百合、唐菖蒲、水仙、仙客来等。我们以来源于国内外的常见香雪兰品种为材料,利用 RAPD 分子标记技术进行了分析研究,进而通过聚类分析探究香雪兰种质资源之间的亲缘关系,旨在为香雪兰品种分类鉴定、推广应用、新品种选育等提供科学依据。

一、材料和方法

(一) 试验材料

植物材料为 21 个国内外香雪兰栽培品种(表 3-1),取其幼嫩花苞为试材。于

2016 年 4 月份采集足够数量幼嫩花苞置于−80℃保存。RAPD 随机引物、DL5 000 DNA Marker 和 Premix Taq(Loading dye mix)均由上海生工生物工程技术有限公司提供,琼脂糖购于 TaKaRa 公司。PCR 扩增仪为 TCT5 型号基因扩增仪(上海领成生物科技有限公司)。

表 3-1　香雪兰 21 个品种一览表
Table 3-1　21 cultivars of *Freesia hybrida*

序号 No.	品种名称 Name	花色 Color	瓣型 Petal type	品种来源 Provider
1	上农乳香 Shangnong Ruxiang	白色	单瓣	上海交通大学
2	上农宫粉 Shangnong Kongfen	桃红	单瓣	上海交通大学
3	上农红台阁 Shangnong Hongtaige	大红	重瓣	上海交通大学
4	上农紫雪青 Shangnong Zixueqing	紫色	单瓣	上海交通大学
5	上农紫玫瑰 Shangnong Purple Rose	玫红	单瓣	上海交通大学
6	上农橙黄 Shangnong Orange	橙黄	单瓣	上海交通大学
7	上农鹅黄 Shangnong Erhuang	淡黄	单瓣	上海交通大学
8	上农金皇后 Shangnong Gold Queen	淡黄	单瓣	上海交通大学
9	上农黄金 Shangnong Huangjin	深黄	单瓣	上海交通大学
10	上农大红 Shangnong Dahong	大红	单瓣	上海交通大学
11	Summer Beach	黄色	重瓣	上海鲜花港公司
12	Mandarine	大红	单瓣	上海鲜花港公司
13	Argenta	白色	单瓣	上海鲜花港公司
14	Soleil	黄色	重瓣	荷兰 Van den bos 公司
15	Pink Passion	玫红	单瓣	荷兰 Van den bos 公司
16	Castor	紫色	单瓣	荷兰 Van den bos 公司
17	White River	白色	单瓣	荷兰 Van den bos 公司
18	Versailles	白色	重瓣	荷兰 Van den bos 公司
19	Gold River	黄色	单瓣	荷兰 Van den bos 公司
20	Calvados	橘黄	单瓣	荷兰 Van den bos 公司
21	Red Passion	大红	单瓣	荷兰 Van den bos 公司

(二) 香雪兰基因组 DNA 的提取

采用改良的 CTAB(Cetyltrimethylammonium Ammonium Bromide)法进行香雪兰 DNA 的提取,取幼嫩花苞于液氮中迅速研磨,提取的 DNA 经干燥后溶于适量的去离子水中,并用 Rnase 水解 DNA 中的 RNA。用 NanoDrop2 000 超微量分光光度计测定 DNA 的纯度和浓度,取 5 μL 用 1‰琼脂糖凝胶 120 V 电泳观察条带情况,最后将 DNA 浓度调至 100 ng/μL,作为 RAPD 反应的模板,于−20℃储存。

(三) PCR 扩增反应

试验共筛选 82 条随机引物,PCR 总反应体系为 25 μL,具体组成如表 3 - 2 所列,其中 Primer、Premix Taq、dd 水购于上海生工生物工程有限公司。利用温度梯度 PCR 仪检测所使用的最适宜退火温度。

表 3 - 2 PCR 反应体系
Table 3 - 2 The volume of PCR reaction

成分 Component	浓度 Concentration	用量(μL) Volume
模板 DNA	100 ng/μL	2.0
Primer	10 uM/μL	2.0
Premix Taq		12.5
dd 水		8.5
总体系		25.0

RAPD - PCR 程序最佳反应参数如下:先 94℃预变性 5 min,94℃变性 30 s,适宜退火温度退火 30 s,72℃延伸 2 min,34 个循环,72℃延伸 3 min,PCR 产物放置在 4℃保存。

(四) 扩增产物的电泳分离

PCR 扩增产物用 1‰的琼脂糖凝胶电泳分离,用 DL5 000DNA Marker 作为 DNA 的标准分子量。在 1×TAE 的电泳缓冲液中进行水平板电泳,电泳条件为 120 V 稳压,30 min。EB 染胶后再 UVP 凝胶成像系统(Transilluminator White/UV, UVP, inc., USA)紫外光下拍照。从 82 条随机引物里选出多态性最丰富的引物,对全部的模板 DNA 进行 PCR 扩增,选择多态性丰富的条带进行统计分析。

(五) 数据分析

分析 RAPD 扩增图谱上的条带,电泳迁移率相同的条带即认为在该位点上具有同源性。同样位点，看得到扩增条带的则记为"1"，未出现条带的则记为"0"，将条带信息转变成由"0"和"1"建立的数据矩阵，应用聚类软件 NTSYS2.10 进行数据分析，得出香雪兰的遗传距离和遗传相似系数，使用非加权组平均法（unweighted pair-group method with arithmetic means，UPGMA）构建系统聚类图。

二、结果与分析

（一）香雪兰扩增片段的多态性分析

从 82 条随机引物中筛选出 PCR 产物稳定的引物 15 个，对 21 个香雪兰品种 DNA 进行扩增，最终引物序列及部分 PCR 结果见图 3-1 和表 3-3。15 个随机引物共获得扩增带总数量为 145 条，多态性条带总数量为 92 条，每个引物扩增条带数量平均为 6.13。多态性的条带占所有条带数量的 63.45%。其中扩增条带数量最多的是 8 号引物，总共 18 条，多态率高达 100%，其次为引物 H3，多态率为 77.8%，扩增条带数最少的引物 12 号和 10 号，都只有 7 条，多态率都仅为 28.6%。

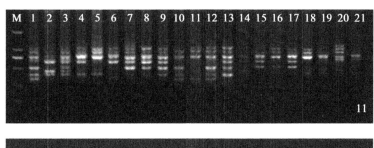

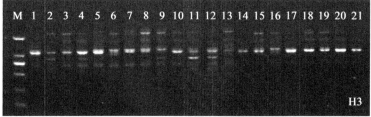

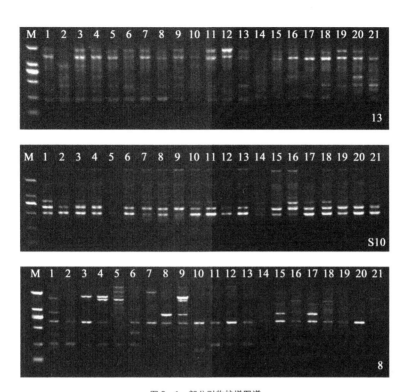

图 3－1 部分引物扩增图谱

Fig. 3－1 The amplification maps of some primers

表 3－3 部分引物扩增结果

Table 3－3 The amplification results of parts primers

引物编号 Primer	碱基序列 Sequence of Primer	扩增条带数/个 Total band Number	多态性条带数/个 Polymorphic band Number	多态率/% Percentage of Polymorphic band(%)
1	CTGCTGGGAC	8	5	62.5
4	TGGACCGGTG	11	6	54.5
8	TGGCACAGTG	18	18	100.0
10	CCAAGCTGCC	12	8	66.7
11	ACTGCCCGAC	12	9	75.0
12	TGCGCTCCTC	7	2	28.6
13	GTCTCGTCGG	10	7	70.0
22	TGCCGAGCTG	10	7	70.0
24	AATCGGGCTA	8	5	62.5
48	GTGTGCCCCA	9	4	44.4
68	TGGACCGGTA	5	3	60.0
303	TGGCGCAGTG	10	5	50.0

引物编号 Primer	碱基序列 Sequence of Primer	扩增条带数/个 Total band Number	多态性条带数/个 Polymorphic band Number	多态率/% Percentage of Polymorphic band(%)
1019	GGCAGTTCTC	9	4	44.4
H3	TGTGTGTGAC	9	7	77.8
s10	GGTGACGCAG	7	2	28.6

（二）香雪兰种质资源亲缘关系的分析

应用聚类软件 NTSYS2.10 对 13 条随机引物扩增所得条带统计，应用 SAHN 计算，按照 UPGMA 方法进行聚类分析，再用树状图（Tree Plot）功能绘出聚类分析图（图 3-2）。从树状图中可以看出 21 个香雪兰种质资源的分类情况，相似系数为 0.81 时，21 个香雪兰品种可以聚为 2 个大类群。

第一类群包括 8 个香雪兰自育品种，相似系数为 0.86 时，这一类群又被分成两个亚类群：第一亚类群主要为白色、黄色系的香雪兰品种，包括'上农乳香'、'上农鹅黄'、'上农黄金'、'上农金皇后'；第二亚类群主要为红色系和紫色系品种，包括'上农宫粉'、'上农紫玫瑰'、'上农紫雪青'、'上农大红'。第二类群香雪兰包括所有进口品种和 2 个自育品种，这一类群又分为 2 类：其中进口品种 Argenta 自聚为一类，即第一亚类；第二亚类为其他所有进口品种和 2 个自育品种。相似系数为 0.84 时，第二亚类又分为两个类群，第 1 类主要为黄色和白色系品种，包括 6 个进口品种和 1 个自育品种，第 2 类主要为红色和紫色系品种，包括 4 个进口品种和 1 个自育品种。其中，第 1 类又可分为 2 个亚类群，第 1 亚类群包括'White River'、'Versailles'、'Summer Beach'和'Soleil'；第 2 亚类包括'上农橙黄'、'Gold River'、'Calvados'。第 2 类在相似系数为 0.88 处也分为 2 个亚类群，其中第 1 亚类群为'上农红台阁'一个品种，第 2 亚类群为'Red River'、'Pink Passion'、'Castor'和'Red Passion'。

由表 3-4 可以得，21 个香雪兰品种的遗传距离在 0.05～0.24 之间，平均遗传距离是 0.085。第一类主要为国内自育品种，遗传距离为 0.05～0.16 之间。第二类主要为国外进口品种，其遗传距离为 0.05～0.24 之间，说明进口品种亲缘关系的差异性要大于国内品种。其中'Red Passion'与'上农乳香'、'Soleil'与'上农大红'、'Gold River'与'上农紫雪青'的遗传距离值最大,均为 0.24,说明它们之间亲缘关系较远;而'上农紫玫瑰'和'上农紫雪青'的遗传距离最小,仅有 0.05,说明二者亲缘关系非常密切。综上可以得出,21 个香雪兰种质间的亲缘关系存在一定差异,但差异性并不大。

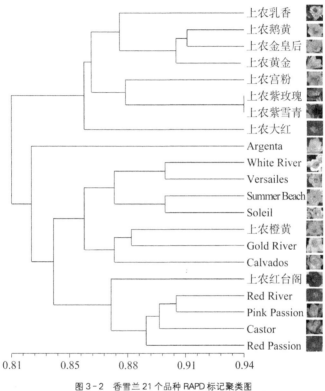

图 3 - 2　香雪兰 21 个品种 RAPD 标记聚类图
Fig. 3 - 2　Dendrogram of 21 cultivars of *freesia* based on RAPD markers

三、讨论

自十九世纪末起,香雪兰新品种的培育工作逐渐受到园艺工作者的重视,国内外的培育者相继创造了新的园艺品种,如不同倍体数、重瓣花等新型品种,Goldblatt 对香雪兰栽培历史进行过详细的探究,他提到,现代香雪兰品种与野生原

表 3 - 4　香雪兰 21 个品种 RAPD 标记的遗传相似系数
Table 3 - 4　Genetic similarity of 21 cultivars of *freesia* by RAPD

	1	2	3	4	5	6	7	8	9	10	11	12	13	14	15	16	17	18	19	20	21
1	0																				
2	0.18	0																			
3	0.17	0.12	0																		
4	0.16	0.13	0.09	0																	
5	0.14	0.16	0.18	0.15	0																
6	0.17	0.15	0.14	0.12	0.1	0															
7	0.20	0.15	0.13	0.11	0.14	0.08	0														
8	0.21	0.17	0.13	0.15	0.15	0.12	0.09	0													
9	0.16	0.17	0.14	0.08	0.13	0.1	0.07	0.08	0												
10	0.13	0.18	0.14	0.15	0.14	0.15	0.15	0.16	0.17	0											
11	0.13	0.17	0.15	0.14	0.1	0.11	0.14	0.15	0.13	0.08	0										
12	0.11	0.16	0.17	0.17	0.1	0.13	0.13	0.16	0.14	0.11	0.04	0									
13	0.18	0.14	0.12	0.11	0.11	0.11	0.08	0.09	0.08	0.16	0.12	0.13	0								
14	0.12	0.17	0.17	0.16	0.17	0.18	0.17	0.16	0.16	0.14	0.17	0.18	0.18	0							
15	0.16	0.18	0.15	0.12	0.16	0.14	0.12	0.14	0.11	0.14	0.16	0.17	0.14	0.11	0						
16	0.11	0.18	0.16	0.16	0.11	0.14	0.14	0.16	0.14	0.11	0.1	0.11	0.15	0.11	0.14	0					
17	0.08	0.18	0.14	0.15	0.13	0.14	0.14	0.15	0.15	0.1	0.11	0.1	0.14	0.12	0.12	0.08	0				
18	0.11	0.16	0.14	0.17	0.08	0.15	0.16	0.13	0.16	0.12	0.11	0.12	0.14	0.14	0.16	0.07	0.07	0			
19	0.18	0.13	0.12	0.12	0.17	0.14	0.13	0.14	0.14	0.18	0.19	0.19	0.14	0.13	0.11	0.14	0.13	0.14	0		
20	0.18	0.15	0.1	0.11	0.21	0.15	0.14	0.14	0.14	0.18	0.19	0.2	0.14	0.13	0.12	0.15	0.15	0.16	0.09	0	
21	0.15	0.18	0.13	0.12	0.19	0.14	0.13	0.14	0.14	0.19	0.21	0.21	0.17	0.11	0.13	0.15	0.17	0.16	0.12	0.12	0

种几乎没有关联性,当前市场上以切花四倍体香雪兰品种居多,但也不乏一些二倍、三倍体品系混淆其中,这导致了现有品种遗传背景变得更为复杂,给香雪兰种质资源的分类和遗传关系的研究造成了更多困难。

利用 RAPD 分子标记对 21 个香雪兰品种进行聚类发现,所有品种被分为两大类群,第一大类群全部是国内自育品种,且类群中的白色、黄色、红色、紫色系品种各自聚成一小类,与周凌瑜对香雪兰 ISSR(inter-simple sequence repeats)分析的结果一致。但本研究中白色系和黄色系品种又聚为一类,表明两者亲缘关系较近,与陈诗林对香雪兰可溶性蛋白分析亲缘关系所得出的结论一致,而周凌瑜得出红色系和黄色系品种关系较近,原因可能是因为标记方法不同而导致结果有所差异。第二大类群包含了所有进口品种和 2 个自育品种,除'Argenta'自聚为一类外,其他黄白色系品种聚为一类,与陈诗林结论类似。其中,'Summer Beach'和'Soleil'为黄色重瓣品种聚为一小类后与 2 个白色品种'White River'和'Versailles'再聚在一起,说明这 4 个品种相对而言亲缘关系更近;而另 3 个橙黄-黄色单瓣品种'上农橙黄'、'Gold River'和'Calvados'聚成另一类。'Mandarine'与'Pink Passion'亲缘关系近而先聚为一类,而后再与'Castor'和'Red Passion'聚为一类,说明它们亲缘关系也是比较近,在较远的遗传距离上,'上农红台阁'又和前 4 个品种聚在一起,说明这些品种可能与'上农红台阁'的亲本'Red Lion'有着较近的亲缘关系。

综上,利用 RAPD 分子标记技术可以分析育种材料之间的亲缘关系和种内遗传分化情况,对选择适宜的育种亲本有一定指导价值,今后可以结合形态特征目标性状,达到提高育种效率的目的。

第四章

基于 SSR 分子标记的香雪兰育种亲本的亲缘关系分析

DNA 分子标记具有较高的可靠性和高效性,为开展物种的亲缘关系鉴定、种质资源鉴定、遗传图谱构建等研究提供了更为便捷、高效的方法。近年来,测序技术的飞速发展,由于转录组测序技术具有快速、高效和高通量等特点,为开展植物的基因组学和遗传等研究提供了便捷,利用转录组测序数据开发的 SSR 标记(simple sequence repeats)提供的信息更全面,可以提高遗传多样性分析等研究的准确性,并且具有 EST - SSR 标记的优点,因此比传统的 SSR 标记开发更为廉价和高效。

为了解各品种间的亲缘关系和遗传背景,有必要采用分子标记对香雪兰育种亲本进行详细的鉴定和分析,从而为香雪兰优良亲本的保存和利用、分子标记辅助选择、育种策略的实施等提供理论依据和参考。本研究通过分析香雪兰转录组测序数据,发掘 SSR 位点,开发新的 SSR 引物,旨在发掘一批高效的 SSR 标记,为香雪兰的遗传多样性分析、分子标记辅助育种、遗传图谱构建等提供新的标记资源。

一、材料与方法

(一) 植物材料、DNA 提取与引物设计

供试植物材料为 16 个国内外香雪兰品种(表 4 - 1),包括 4 个本单位自育品种和 12 个进口品种(荷兰 Van den bos 公司),其中 3 个品种为重瓣,其余为单瓣品种。所有材料均种植于上海交通大学农业与生物学院农业工程训练中心标准管棚中,常规栽培管理。

表 4 - 1　供试香雪兰品种一览表
Table 4 - 1　Introduction of tested *freesia* cultivars

序号 No.	品种 Cultivars	花色 Flower color	瓣型 Petal type	品种来源 Provider
1	上农乳香	白色	单瓣	上海交大农生院
2	上农红台阁	红色	重瓣	上海交大农生院
3	上农紫玫瑰	紫红色	单瓣	上海交大农生院
4	上农金皇后	淡黄色	单瓣	上海交大农生院
5	Soleil	黄色	重瓣	荷兰 Van den bos 公司
6	Pink Passion	玫红色	单瓣	荷兰 Van den bos 公司
7	Castor	紫色	单瓣	荷兰 Van den bos 公司
8	Versailles	白色	重瓣	荷兰 Van den bos 公司
9	Gold River	黄色	单瓣	荷兰 Van den bos 公司
10	Calvados	橙黄色	单瓣	荷兰 Van den bos 公司
11	Red Passion	红色	单瓣	荷兰 Van den bos 公司
12	Grumpy	紫色	单瓣	荷兰 Van den bos 公司
13	Lovely lavender	淡紫色	单瓣	荷兰 Van den bos 公司
14	Snoozy	粉红色	单瓣	荷兰 Van den bos 公司
15	Fragrant Sunburst	黄色	单瓣	荷兰 Van den bos 公司
16	Tweety	黄色	单瓣	荷兰 Van den bos 公司

DNA 的提取:以 16 个香雪兰品种的幼嫩花苞为材料,于 2016 年 3～4 月将样品采集后立即放入 -80℃冰箱中保存待用。将样品用液氮研磨成粉末状后,采用天根 DNA 提取试剂盒提取 DNA,最后将 DNA 浓度稀释至 100 ng/μL 用于 SSR 及其产物的检测。

从前期已获得的香雪兰转录组数据库中随机选取 150 对引物,送上海生工生物工程有限公司合成。

(二) 多态性扩增及检测

采用合成的引物进行 PCR 扩增,观察其扩增条带是否单一,条带大小是否与预计相符;筛选出条带清晰、多态性高的引物进行 16 个品种遗传多样性研究。

PCR 反应扩增体系如下:

DNA (100 ng/μL)	1 μL
Primer(10 μM/L)	0.5 μL
PreMix(含 DNTP、Buffer、Tag 酶)	5 μL
ddH2O	up to 10 μL

PCR 反应程序:

95℃	5 min	
95℃	30 s	
最佳 Tm	30 s	35 cycles
72℃	30 s	
72℃	5 min	

反应结束后,在 180 V 条件下,经 6% 的变性聚丙烯酰胺凝胶电泳扩增产物,扩增时间 2 个小时,电泳中用 DL500 Marker。电泳结束后利用银染检测,干燥后扫描记录结果。

(三) 数据统计与分析

采用人工读带的方法对电泳结果进行观察统计,在相同迁移位置上有条带则记为"1",无条带则记为"0",统计稳定且易于区分的条带,忽略杂带和弱带,将条带信息转变成由"0"和"1"建立的 SSR 引物扩增结果的数据库,应用 NTSYS2.10 软件对结果进行聚类分析,得出香雪兰的遗传距离和遗传相似系数。

二、结果与分析

（一）引物筛选

通过检测，从所有共 150 对引物中共筛选出了 25 对与预期长度一致、条带清晰、多态性高的引物（表 4 - 2）。

表 4 - 2　扩增引物序列
Table 4 - 2　Sequence of amplification primers

编号 No.	正向引物 5′ - 3′ Forward primer 5′ - 3′	反向引物 5′ - 3′ Reverse primer 5′ - 3′	扩增长度（bp） Amplified fragment length
FH - 1	GCTTTCACAGGAAATCAATCATC	TTCAGTCTGATGTAGCGGTGATA	117
FH - 2	GAGTCTGAGTCCATTCACATTCA	AAAATCCCCACTATTTCTCCAAG	126
FH - 3	CACATGGAGAAAGAAAAGATTGC	CATACATACGCACACATAGGCAC	119
FH - 4	GTGGCATCCTGACGAACTG	TCCTTTTATTAGGAGGGGCAAC	119
FH - 5	TCCATAAGCATCATCTACCACG	AGAAAAGATTGCTGAGATGCAAG	132
FH - 6	ACTGGCTTCCTGATAATTGGAAC	GGAGCCATAACCCTAGGTTCTTC	106
FH - 7	CTGCCGTGTATGCCAGTATG	CACTCATTTGGGACCTCTCCT	126
FH - 8	GGAGTCGATTAGGGAGAGAGGTA	GAGAGCTCCCTTATCCCACTGT	105
FH - 9	GATACCGATCCCGACGAAT	CAGCTCCTCCTTCCACAACTACT	130
FH - 10	TGATACAGTGCAACATCTTCAGC	CATAAATGAAACAAGCTACGGCT	158
FH - 11	CTAGCTCGATTCTGCGGTG	GGAGAAAGCAGTGTAGGTTACGA	150
FH - 12	AAAATGGCTTTCTGCACAGTTT	TCTCTCCAATAACAACAGCAACA	154
FH - 13	ACTACATTCTGCTGCCTCTTTTG	TCTTGCAATTAAAAACTTCCGAG	103
FH - 14	GGTAAACATCACAACCATCCATT	CAAAAATAGATCCTGCTTGCTTG	106
FH - 15	GCATAATGTCACAAAGGAGGAAG	AAGATGGACAAATTCTTCTGCAA	99
FH - 16	TGATTGCAAAGTAGTACCCATGA	GAGAGAAGATGACTTTTGACGGA	159
FH - 17	AGTGATCTCGTGTTTTGTCTGCT	AGGCACAGTATGAATCTGAGGAA	123
FH - 18	TTCAAGAATCGAAAACACACAAA	ACTACGAATCCAAGAACAGCAAC	136
FH - 19	TGGTTCTTCTGATTTTGGACATT	ATCGAGCTCAACCCACAAAT	129
FH - 20	ATAGCAGAGGGATAGAATCGGAG	CTCGTCGTCATCATTCTCAAAGT	119
FH - 21	TTCATCAACCTCAGCTCTTCTTC	CTGCTGTGATTGCTGTTCAGATT	140
FH - 22	TTTAATGGAAATATCCACATCGC	AAGAACACCTGAAGCATTCAAAA	126
FH - 23	TCAGTTCATTGTTCACCGTATTG	CGAAGAAGGAGAGCTTCATCATA	156
FH - 24	GTGTTCCCTCCTTCAACTTTTC	GGCAGAAGCAAAATGTTTCATAC	117
FH - 25	TGTGTTCGTCTTTTCTCTCTTCA	TCGCTGAATGGAAAGTAGAGATT	108

用筛选出的 25 对引物对 16 个香雪兰品种进行 PCR 扩增(图 4-1),共扩增出多态性条带 106 条,平均每个引物扩增出 4.24 条多态性条带,对获得的结果进行统计分析,绘制 0/1 二维矩阵,使用 NTSYS 软件计算 16 个香雪兰品种之间的遗传相似性系数和遗传距离指数,结果表明,测定品种间的遗传相似性系数在 0.65~0.87 之间。

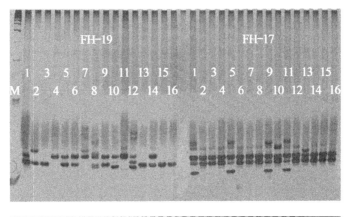

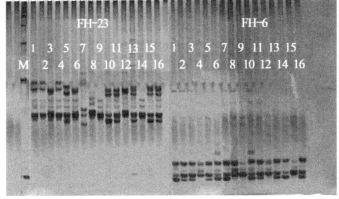

图 4-1　部分引物扩增结果

Fig. 4-1　Amplification results of partial primers

(二) 聚类分析

16 个香雪兰品种在 0.66 左右被分成两大类群(图 4-2)。第一类包括 5 个品种,除'Versailles'为进口品种外,其余为上海交大的自育品种;其中'上农乳香'和'上农金皇后'的差异微小,最早聚为一小类,说明两者亲缘关系很近,推测这两个品种可能存在共同的亲本。而其他三个品种在它们聚类后分别在较远的遗传距离下再逐一聚在一起。

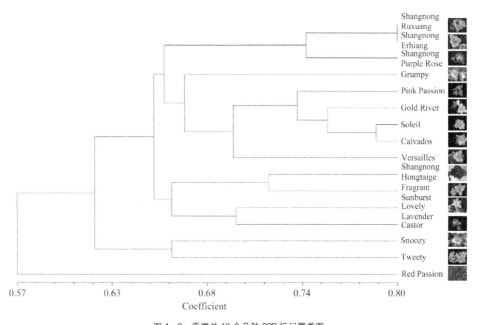

图 4-2　香雪兰 16 个品种 SSR 标记聚类图
Fig. 4-2　Cluster analysis of SSR molecular markers of 16 *freesia* varieties

第二类包括 11 个国外引进的品种。在 0.67 附近又可分为两个亚类群，第 1 亚类为红-紫红-紫色系单瓣品种，其中'Pink Passion'和'Red Passion'最早聚在一起，然后再分别与'Lovely lavender'和'Castor'聚成一小类；而株型较矮、花朵较大、开花时间早于其他品种的'Grumpy'和'Snoozy'单独聚在一起，在较远遗传距离下再与前一小类聚在一起。而第 2 亚类包括 5 个橙黄-黄色系的品种，其中'Gold River'和'Calvados'最早聚在一起，然后与'Soleil'聚为一小类后再分别与'Fragrant Sunburst'、'Tweety'在较远遗传距离下聚在一起。

三、讨论

植物育种工作的基础是亲本材料的选择，遗传基础狭窄导致难以培育出突破性品种。因此,对于香雪兰育种工作来说,分析和比较材料间亲缘关系的远近具有重要的指导意义。SSR标记已被广泛应用于植物DNA指纹图谱绘制、品种鉴定等,但迄今为止,尚没有SSR标记用于香雪兰品种鉴定的报道及应用。本研究首次应用根据转录组测序开发的SSR引物,初步实现了对供试16个香雪兰栽培品种的亲缘关系分析,发现大部分品种亲缘关系相近,这说明SSR技术可以用于香雪兰栽培品种的亲缘关系判定,结果实用性高。香雪兰经过长期反复的杂交及筛选,大部分园艺品种或多或少都拥有共同的原始亲本,这可能是香雪兰品种间亲缘关系近的主要原因。因此,在今后育种过程中应注重拓展亲本遗传基础,尽量引入一些新的材料,尤其是种间资源和野生资源。

根据聚类结果,可以发现,SSR标记与香雪兰品种的花色、花期、株高等表型特征有一定程度的关联,如在第二亚类中,SSR标记可以将不同花色的品种进行聚类与区分,表明SSR技术对于香雪兰育种亲本选配上有参考价值。基于SSR分子标记的聚类结果,总体上可以认为,黄色系与白色系香雪兰品种亲缘关系较近,这一结论与陈诗林等的研究结果一致,而黄色系-白色系品种与红色系-紫红色品种的亲缘关系相对较远。品种与品种之间,红色系-紫红色系'Pink Passion'和'Red Passion'以及'Grumpy'和'Snoozy'、黄色系-白色系的'Gold River'和'Calvados'以及'上农乳香'和'上农金皇后'等两两之间的亲缘关系较近。

当然,本研究中开发的引物还是有限的,对香雪兰亲本材料的亲缘关系分析并不全面,因此,今后可以进一步开发更多的、更有效的SSR引物,使SSR技术更有效地应用于香雪兰育种,如提高所用标记在全基因组的覆盖度,增加SSR标记数量,将能更全面地分析材料的遗传多样性,也将能提高标记与品种特性的相关性。同时,除开发更多的SSR引物外,今后也应注重多种标记联合使用,如结合RAPD、ISSR、SNP等。

第五章

香雪兰开花特性与繁育系统研究

　　繁育系统通常代表直接影响后代遗传组成的所有有性特征。主要包括花部综合特征、花各性器官的寿命、花开放式样、自交亲和程度和交配系统,它们结合传粉者和传粉行为是影响生殖后代遗传组成和适合度的主要因素,其中交配系统是核心。植物为了适应各种各样的生态环境,形成了多样的繁育系统类型,其中杂交指数法是检测显花植物繁育系统最准确和快速简便的方法。繁育系统在决定植物的进化路线和表征变异上起重要作用,是种群有性生殖的纽带,并成为当今进化生物学研究中最为活跃的领域之一。

　　香雪兰是鸢尾科(Iridaceae)香雪兰属(*Freesia*)的多年生球茎花卉,通常指现代园艺品种(*F. hybrida*),其花色丰富且花香浓郁,深受世人喜爱。对香雪兰花部特征和繁育系统的研究,能够了解其对生态环境的适应性,对保护和利用其丰富的品种资源有重要意义;更有助于深入了解香雪兰的个体发育特点,而且可以为杂交育种等工作提供可靠的依据,对开展种质创新工作,提高种子产量及质量方面均有重要意义。目前,国内外对于香雪兰的研究主要集中在繁殖与栽培技术、组织培养、休眠生理、花期调控、切花保鲜等方面,而对于繁育系统的研究尚未见报道。国内对不同植物的繁育系统研究报道较多,包括百子莲、夏蜡梅、细叶百合、鸢尾等观赏植物,为这些植物的保护和利用提供了良好的理论基础。本研究通过对香雪兰群体进行定点观测,并运用授粉特性分析、杂交指数估算、人工控制授粉试验等方法对其花部特征和繁育特性进行研究,旨在增进对香雪兰生物学特性方面的认识,为实现香雪兰种质资源的保护、利用和种质创新提供重要科学依据。

一、材料和方法

(一) 植物材料

供试的香雪兰园艺品种(*F. hybrida*)'Gold River'约 200 株(附图 3),种植于上海交通大学农业工程训练中心标准管棚,进行常规水肥管理。试验时选择天气晴朗的上午,对生长良好、无病虫害的植株进行观察和取样。

(二) 花粉活力检测

花粉活力采用三种方法检测,分别是 0.5% TTC 染色法、碘-碘化钾染色法、联苯胺 α-萘酚染色法。采集 1 级阶段(附图 3)的新鲜花粉进行试验,每个处理方式重复 3 次。

观察时在光学显微镜下(Olympus CX31)统计着色花粉数,并计算花粉活力的百分率,每张样片随机选取 3 个视野,每个视野花粉数不少于 50 粒。

(三) 柱头可授性测定

柱头可授性测定采用联苯胺-过氧化氢法,用光学显微镜(Olympus CX31)观察并拍照。柱头可授性很强用"＋＋"表示,柱头具可授性用"＋"表示,部分柱头具可授性用"＋－"表示,柱头不具可授性用"－"表示。

(四) 杂交指数(OCI)的估算

随机选取盛开的 10 朵花,按照 Dafni 等的标准评判繁育系统类型。具体方法是:

(1) 花序或花朵直径<1.0 mm 记为 0;1.0～2.0 mm 记为 1;2.1～6.0 mm 记为 2;直径>6.0 mm 记为 3。

（2）柱头可授期与花药开裂时间的间隔：雄蕊先熟记为 1；同时或雌蕊先熟记为 0。

（3）花药与柱头的空间位置：空间分离记为 1；同一高度记为 0。

OCI 为上述三指标之和，根据所得数值判断繁育系统类型（表 5-1）。

表 5-1　OCI 指数与繁育系统的关系
Table 5-1　The relationship of the OCI with the reproduction FHstem

杂交指数（OCD）数值范围 Ranges of out crossing index	植物的繁育系统 Breeding FHstem of plant
0	闭花受精 Cleistogamy
1	专性自交 Obligate autogamy
2	兼性自交 Facultative autogamy
3	兼性异交 Facultative xenogamy
≥4	专性异交 Obligate xenogamy

（五）花粉-胚珠比（P/O）

选取花药尚未开裂的 10 个花蕾，取单花的全部花药，60℃ 条件下用 1 mol·L^{-1}HCl 溶液水解 1 小时。去除药壁，制成 5 mL 花粉粒悬浮液。用移液枪吸取 5 μL 于显微镜下观察统计花粉数量，重复取样观察 10 次，取其平均值记为 x，则单花花粉数量等于 $1\,000x$。

解剖镜下用解剖针划开子房心皮，观测并记录其胚珠数，重复 10 次。按 Cruden 的标准评判香雪兰繁育系统类型（表 5-2）。计算公式为：P/O＝雄花花粉总数／胚珠数。

表 5-2　P/O 比与繁育系统的关系
Table 5-2　The relationship of the P/O ratios with the reproduction FHstem

P/O 比的数值范围 Ranges of P/O ratio	植物的繁育系统 Breeding FHstem of plant
2.7～5.4	闭花受精 Cleistogamy
18.1～39.0	专性自交 Obligate autogamy
31.9～396.0	兼性自交 Facultative autogamy
244.7～2 588.0	兼性异交 Facultative xenogamy
2 108.0～195 525.0	专性异交 Obligate xenogamy

（六）传粉方式检测

选择即将开放的植株检测传粉方式：

（1）用硫酸纸袋套住尚未开放的花蕾，检测是否具备自花授粉能力；

（2）给未开放的花蕾去雄并套袋，检测其是否可以进行无融合生殖；

（3）提前给花蕾套袋，翌日上午人工对其进行自花授粉，检验自花授粉的亲和性；

（4）提前给花蕾去雄并套袋，翌日上午人工对其进行异花授粉；

（5）以自然授粉作为对照，每组处理20朵花，授粉后20d统计坐果率。

（七）花粉萌发进程的荧光观察

盛花期天气晴朗的上午进行授粉，FAA固定液（甲醇、冰醋酸、70％乙醇，体积比为1∶1∶18）配好后，分别将授粉后2h、4h、18h、30h、48h、72h、96h的香雪兰雌蕊和子房固定24h，再转入70％的酒精中，4℃冰箱中保存备用。

压片前，需将雌蕊用去离子水冲洗至无色，常温条件下放入8mol/L氢氧化钠溶液中软化2h，再用蒸馏水冲洗至无色，用配好的0.1％水溶性苯胺蓝染色1h。在载玻片上纵向剖取一半子房，滴加少量甘油并盖上盖玻片，在荧光干涉显微镜（Olympus BX61）下观察香雪兰花粉管的生长及胚珠的受精情况，确定杂交受精的具体时间。

二、结果与分析

（一）香雪兰花的结构与开花进程

香雪兰为穗状花序，小花从基部到顶部逐步开放；香雪兰小花无梗，花直径2～3cm，每朵花基部有2枚膜质苞片；花被管喇叭形，花被裂片数6，2轮排列，内轮较外轮花被裂片略短而狭，外轮花被裂片卵圆形或椭圆形；雄蕊数3，着生于花被管上，长2.5～3cm；花柱数1，柱头6裂，雄蕊低于雌蕊2mm左右；蒴果近卵圆形室背开裂，子房三室，直径约3mm。

香雪兰单花的发育阶段参照Spikman的方法进行划分，本试验选择其中的6

个阶段进行观察测定(附图 4)。各阶段对应的花朵状态如下:

3 级(1 d):瓣状被片叶绿素颜色消失,花药未散粉,雌蕊柱头未张开;

2 级(0.5~1 d):花蕾开始开放,花药开始散粉,雌蕊柱头微微张开;

1 级(1 d):花蕾大部分开放,花药的散粉量增大,柱头分泌少量黏液;

0 级(1~2 d):花蕾完全开放,花药开始萎蔫,柱头黏液增多;

-1 级(1 d):花朵正在萎蔫,花药上残留少量花粉,柱头继续张开,黏液分泌达到最多;

-2 级(1~2 d):花朵已经萎蔫,花粉散尽,柱头开始萎蔫,黏液减少。

香雪兰整个花序的观赏期可达 10 天左右,单花花期 4~5 天,因此从 3 级至-2 级每个阶段持续约 1 d 的时间。

(二) 花粉形态、花粉活力和柱头可授性

多数植物正常的花粉积累淀粉较多,用碘-碘化钾染色后呈蓝色,而发育不良畸形花粉则不积累淀粉或积累淀粉极少,当碘-碘化钾染色时呈黄褐色。经观测,利用碘-碘化钾染色法测定花药刚开裂时的供试香雪兰花粉活力,其花粉粒大部分被染成黄色或黄褐色,少数几粒呈蓝色,测定出的活力仅为 4%,染色效果不佳(附图 5A)。TTC 染色法对香雪兰花粉染色在显微镜观察下均没有变红,说明 TTC 法在香雪兰花粉的染色中作用不明显(附图 5B)。因此这两种方法不适合香雪兰花粉的染色。

联苯胺 α-萘酚法测定花粉活力是通过过氧化物酶的 3 种颜色反应(红色、浅红色、黄褐色)来判断,凡被染成玫瑰红色的花粉活力强,淡红色为活力弱,黄褐色代表没有生活力。通过联苯胺 α-萘酚法测定香雪兰花粉活力,结果表明:香雪兰在 3 级阶段花药还未开裂,不能检测生活力;2 级阶段花药开始撒粉,花粉活力可达到 75%,在 1 级阶段花粉活力最强,可达到 85.6%;1 级阶段之后花粉数量逐渐减少,花粉活力也逐渐下降,到-2 级时花粉完全散尽。因此联苯胺 α-萘酚法在三种染色方法中能够较为准确地测定香雪兰花粉生活力(附图 5C),将用于后续研究分析。

观察香雪兰柱头的形态发现,从 3 级到-2 级,柱头的张开程度是由小变大的,

分泌黏液也逐渐增多,说明柱头在这个过程中逐渐成熟。通过联苯胺-过氧化氢法测定柱头可授性结果表明:香雪兰柱头在 3 级、2 级还未成熟,没有可授性;从 1 级开始,柱头开始有可授性并逐渐增强,到－1 级、－2 级达到最强(图 5-1)。

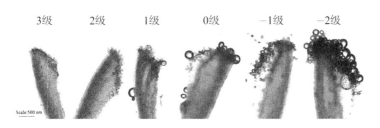

图 5-1　香雪兰柱头可授性变化观察
Fig.5-1　Observation of *freesia* stigma receptivity change

根据表 5-3 可以发现,香雪兰雌雄异熟现象明显,柱头可授期与花药开裂时间不同步,当花粉活力达到最高值时,柱头可授性还较低,可授性的最高期要与花粉活力最高期不同步。

表 5-3　花粉活力和柱头可授性检测
Table 5-3　Test of pollen activity and stigma receptivity

时间 Time	花粉活力 Pollen activity	柱头可授性 Stigma receptivity
3 级	0	—
2 级	75.0%	—
1 级	85.6%	+-
0 级	50.3%	+
－1 级	29.6%	++
－2 级	0	++

(三) 杂交指数(OCI)

香雪兰的花朵直径大于 6 mm, OCI 值记为 3;香雪兰开花时,花药低于柱头,与柱头空间位置分离, OCI 值记为 1;花药开裂时间与柱头可授期不同步, OCI 值记为 1,所以香雪兰的杂交指数 OCI 值等于 5。根据 Dafni 等(1992)的标准,香雪兰的繁育系统为部分自交亲和,异交需要传粉者。

(四) 花粉/胚珠比(P/O)

香雪兰单花平均花粉数约为 43 600 粒,平均胚珠数约为 27 粒。P/O 值为 1 614,即 P/O 值为 244.7~2 588.0,依据 Cruden 的标准,其交配方式是以异交为主、自交为辅,繁育系统为兼性异交(表 5-4)。香雪兰即属于此类型。

表 5-4 香雪兰 OCI 值与 P/O 值观测结果
Table 5-4 The out-crossing index and pollen-ovule ratio of *freesia*

观测项目 Items	观测结果 Target observations	繁育系统类型 Types of breeding FHstems
每花的花粉数目 (Pollen number per flower)	43 600±4 880.8	—
每花的胚珠数目 (Ovule number per flower)	27±3.06	—
花粉-胚珠比 (Pollen-ovule ratio)	1 614.8	兼性异交
花冠直径 (Diameter of corolla)	33.7±5.06(mm)	—
雌雄蕊成熟时间 (Temporal separation)	雌雄异熟,雄蕊先熟	—
雌雄蕊空间位置 (Spatial separation)	位置分离	—
OCI 值 (Out-crossing index)	5	部分自交亲和,异交需要传粉者

(五) 花粉萌发过程的荧光观察

从香雪兰自交授粉后不同时间段的雌蕊荧光显微镜的镜检结果来看,花粉的萌发率较高,在授粉后 4 h 香雪兰的花粉管开始萌发,花粉管停留在柱头表面(附图 6A);在授粉后 18 h,大量的花粉管开始向下伸长,进入花柱上部 1/7 处(附图 6B);授粉后 30 h,花粉管进入花柱的 4/7(附图 6C),当授粉后 48 h,少量花粉管开始进入香雪兰子房和胚珠(附图 6D),授粉后 48~96 h 之间花粉管持续进入子房和胚珠。

(六) 不同传粉方式下坐果率

授粉 20 d 后对香雪兰的子房进行观察,未坐果的子房逐渐干枯和萎蔫,坐果膨大并呈现绿色(附图 7)。对坐果率的统计结果(表 5-5)表明:对香雪兰花蕾进行不去雄套袋的处理后坐果数为 2,其自动自交情况下坐果率为 10%,相对较低;对香雪兰花蕾进行去雄套袋、不授粉处理后其坐果率为 0,说明香雪兰不能进行无融合生殖;对香雪兰花蕾提前套袋,次日上午进行人工自花授粉处理后坐果率为 45%,说明自花授粉部分能结实;对香雪兰花蕾提前去雄,套袋,次日上午进行人工异花授粉的坐果率为 75%,说明依靠传粉媒介且异花授粉成功率较高;对香雪兰花蕾进行不去雄、不套袋处理后坐果率为 30%,说明自然条件下,香雪兰结实率较低。

表 5-5　传粉方式检测
Table 5-5　Test of pollination patterns

处理 Treatment	授粉数 Pollination number	坐果数 Fruit set number	坐果率 Fruit set percentage
自动自交(Autonomous self-pollination)	20	2	10%
无融合生殖(Apomixis)	20	0	0
人工自交(Hand self-pollination)	20	9	45%
人工异交(Hand cross-pollination)	20	15	75%
自然授粉(Open pollination)	20	3	15%

三、讨论

花粉、柱头和传粉媒介组成了植物的传粉系统。大量的花粉、有效的传媒和处于可授期的柱头是有效传粉的前提。单一方法测定并不能客观反映花粉活力,不同种类的植物其花粉活力检验方法存在差异性。利用联苯胺 α-萘酚法、碘-碘化钾法、TTC 染色法对香雪兰花粉活力进行检测,我们发现 TTC 染色法对香雪兰花粉染色在显微镜观察下均没有变红,该方法无法有效检测香雪兰花粉活力,这与许玉凤对鸢尾花粉活力测定的研究结果相一致。碘-碘化钾法测定出的香雪兰花粉活力仅为 4%,从授粉结实情况来看,结果明显低于实际情况,碘-碘化钾法测定花粉活力时应与花粉内的淀粉发生反应使之呈现蓝色,而通过之前检测发现香雪兰花粉形态呈现舟型,萌发沟为远极单沟,猜测是由于香雪兰花粉的特殊形状不易累积淀粉,导致该检测方法的效果不明显。联苯胺 α-萘酚法对香雪兰花粉活力进行检测时,花粉粒呈现黄褐色、淡粉红色、深红三种颜色,能明显区分出花粉有无活力,以上三种方法的检测结果表明联苯胺 α-萘酚法适用于香雪兰的花粉活力检测。香雪兰柱头和花粉活力良好,但两性成熟时间不重叠,即雄蕊先熟,当雄蕊花粉成熟自然散出时,柱头还未发育成熟。所以,如果香雪兰自然传粉成功,很大可能性是依靠传粉媒介从其他花朵携带花粉。此外,香雪兰花朵花的整个过程中花药始终低于柱头且紧贴花柱外侧,减少自花授粉的可能。文献表明,自交不亲和、雌雄异熟和雌雄空间位置分离是避免单花自交,促进异交的重要机制。基于以上结果,我们认为香雪兰的传粉方式是依赖昆虫等媒介的异交为主。

香雪兰花被管喇叭形,花大色艳、花香较浓,在3～4月开花,大量、集中的开花模式有利于吸引昆虫,对香雪兰的异花传粉起促进作用,但在香雪兰开花过程中,我们发现除了少量中华蜜蜂在花朵上短暂停留之外,其他昆虫在花中活动较少。从试验和观察的结果来看,香雪兰自然传粉的结实率极低,这表明香雪兰的有性繁殖过程可能受到很多因素的影响。首先,上述对香雪兰的分析证明其以异交为主,较依赖传粉媒介。香雪兰花丛中传粉媒介总体种类和数量少,或许是由于香雪兰性喜温暖湿润的环境,在上海地区不能露地越冬,早春时节塑料大棚并未完全拆除,阻碍了一部分昆虫的活动。另外,观察到的主要传粉媒介是中华蜜蜂,而中华蜜蜂体型较小,在花朵上停留的时候粘连到的花粉较少,降低了传粉成功的可能。其次,通过对花粉萌发的荧光观察发现,香雪兰授粉后需要48h或更长的时间花粉管才能到达子房和胚珠,若在这期间遭遇阴雨天气可能不利于传粉成功。另外,香雪兰单花花期、花粉寿命、柱头可授期持续时间较短,传粉时柱头对于花粉质量和数量要求较高,选择2级、1级阶段的花粉和−1、−2级的柱头才能最大限度地提高授粉的结实率,昆虫在传粉过程中的盲目性有可能也是导致传粉不成功的原因之一。最后,因为受资源限制和营养竞争,植物可以通过改变结实率来调节资源配置。香雪兰是球茎花卉,球茎的分球繁殖也是其重要的繁殖方式之一,香雪兰的球茎和果实的生长需要竞争营养,授粉后的花序中也可能受资源限制存在着类似的败育现象。综上所述,香雪兰自然传粉结实率低的结果可能受到缺少传粉媒介、天气、传粉质量低、营养竞争等因素的影响。

将香雪兰 P/O 值与标准进行对比后显示香雪兰繁育系统为兼性异交。用观察香雪兰花朵获得的数据进行 OCI 指数估算,结果显示香雪兰繁育系统为部分自交亲和,异交需要传粉者。人工授粉套袋试验结果表明,香雪兰自动自交、自然授粉结实率低,且不能进行无融合生殖;人工自交部分能获得果实,人工异交结实率较高。由以上三种研究方法得出的结果对香雪兰繁育系统的判断结果基本一致,基本可以判断香雪兰属于以异交为主,较依赖传粉媒介,部分自交亲和的混合交配系统。香雪兰主要采用种子和球茎2种方式进行繁殖,是有性和无性繁殖并存的植物。香雪兰的有性生殖容易受到传粉者、环境等因素的影响,在自然条件下结实率较低;通过球茎的分球繁殖可以保持其种群繁衍的能力,可以弥补有性繁殖的弊端。

第六章

香雪兰花粉形态研究

花粉形态特征是由基因控制并在长期进化过程中不断演化而形成的,包含大量的遗传信息,在进化过程中具有保守性、可靠性和稳定性,对研究植物的起源、系统发育、系统分类、品种演化、亲缘关系等都具有重要意义。此外,孢粉学标记分析操作简单,在杂交育种中进行花粉形态观察,可作为分析品种间遗传多样性的指标之一,可见其具有良好的实践指导意义。因其分析方法简便,近几十年来,孢粉学在众多有花植物中得到广泛应用,其中包括不少观赏植物。如通过观察木兰科 4 属 7 种植物、木兰科 16 种含笑属植物、13 个牡丹品种、31 份莲种质间、10 个微型月季品种的花粉形态,均发现不同种质之间具有一定差异,体现了不同分类等级种质间存在不同程度的遗传多样性与遗传分化。在球根花卉方面,对百合的孢粉学研究比较多。如张西丽等对 9 种百合、吴祝华等对 12 个百合野生种和 6 个栽培品种、张彦妮和钱灿对百合属 4 个野生种和 8 个栽培品种、顾欣等对中国西部四省 15 种野生百合等,分别进行了花粉形态观察并分析了种质间的亲缘关系。此外,学者们也先后报道了鸢尾、郁金香、石蒜等其他球根花卉的花粉形态特征,并探讨了其系统学意义。

然而,迄今为止却没有关于香雪兰花粉形态方面的报道。本章研究选用多个香雪兰常见栽培品种,通过观察比较其花粉形态,进而利用孢粉学标记探讨香雪兰品种间的亲缘关系,旨在为香雪兰的种质鉴定、利用杂交育种等手段开展种质创新等工作提供科学依据。

一、材料与方法

(一) 试验材料

以 15 个香雪兰园艺栽培品种作为试验材料开展研究(表 6-1),包括 5 个本单位自育品种和 10 个进口品种(购自荷兰 Van den bos 公司,https://www.vandenbos.com/zh-cn),均为单瓣型品种,其中包括白色系品种 2 个、黄色系品种 4 个、红-紫红色系品种 6 个以及紫色系品种 3 个。所有品种选择健壮种球于 2015 年 10 月定植于上海交通大学农业与生物学院工程训练中心标准大棚中,进行常规水肥管理。2016 年 2~4 月在香雪兰各品种开花期间采集花粉样品进行观测。

表 6-1 供试香雪兰品种一览表
Table 6-1 The *freesia* cultivars used in the study

序号 No.	品种名称 Cultivars	花色 Flower color	亲本 Parents
1	上农乳香	白色	Ballerina
2	上农绯桃	深粉	Rose Marie,上农金皇后
3	上农紫玫瑰	玫红	上农橘红、上农黄金,上农绯桃
4	上农橙红	橙红	上农金皇后,Aurora,Red Lion
5	上农黄金	深黄	Aurora
6	Gold River	黄色	不详
7	Fragrant sunburst	黄色	不详
8	Red River	大红	不详
9	Red Passion	大红	不详
10	Pink Passion	玫红	不详
11	Snoozy	粉红	不详
12	White River	白色	不详
13	Grumpy	紫色	不详
14	Lovely Lavender	淡紫	不详
15	Castor	紫色	不详

（二）试验方法

天气晴朗的上午选择生长健壮，无病虫害的植株采集花粉，装入干燥器中并置4℃条件保存3 d。将制备好的样品轻弹于粘有导电胶的样品台上，用离子溅射仪（E-1045）镀金属膜，在扫描电子显微镜（TESCAN-MIRA/WITEC）下测量花粉的极轴（P）、赤道轴（E）的长度并观察记录花粉的形状、外壁纹饰等。

扫描电镜的试验样品制备与观测照相在上海交通大学分析测试中心完成。

（三）数据统计方法

每个品种观测10~15粒发育良好的花粉并选择有代表性的视野拍照，P、E值测量后取平均值，花粉大小以$P \times E$值表示，花粉形状以P/E表示，其中$P/E \geqslant 2$为超长球形，$1.14 \leqslant P/E < 2$为长球形。针对所有定量数据根据标准差和平均值计算其变异系数$CV(\%)$。

利用SPSS软件对花粉的外壁纹饰类型等定性数据以及极轴长（P）、赤道轴长（E）的平均值、P/E值等定量数据进行标准化转换后，定性数据采用二元数据（有记为1，无或极少记为0）表示，采用组间连接结合欧氏距离法（平方Euclidean）进行聚类分析。

二、结果与分析

（一）香雪兰花粉的外部形态及外壁纹饰特征

用扫描电镜对15个香雪兰品种的花粉形态进行了观察。从外形上看，香雪兰的花粉整体形状为椭球体，所有品种花粉均呈单粒存在且两侧对称，极面观为舟形或心形，赤面观为超长球形或长球形（图6-1）。花粉具萌发孔，且所有品种均为长达两极的单沟，但不同品种萌发孔的开合状态有所不同，萌发孔一开始呈窄长线形，随着花粉成熟程度，逐渐由两头向中间加宽，有些品种沟内有不规则隆起，并且部分品种孔沟内可见小颗粒状突起。从花粉的外壁纹饰来看，所有品种均有小刺状突起，并且绝大多数具有穿孔和圆形斑纹，仅'上农橙红'和'Red Passion'没有明显穿孔，而'Red River'和'Red Passion'则没有圆形斑纹（图6-2）。

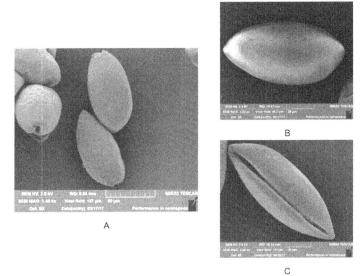

图 6-1 香雪兰花粉外形

Fig. 6-1 Pollen shape of *freesia*

A.花粉极面观;B.花粉赤面观;C.萌发孔

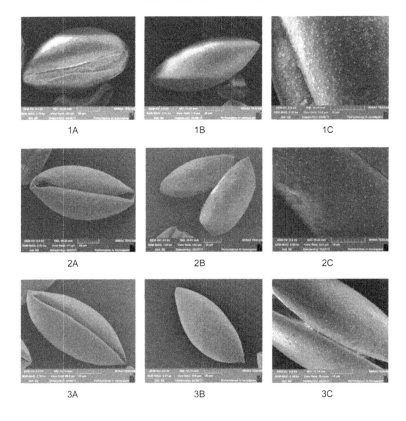

4A   4B   4C

5A   5B   5C

6A   6B   6C

7A   7B   7C

8A   8B   8C

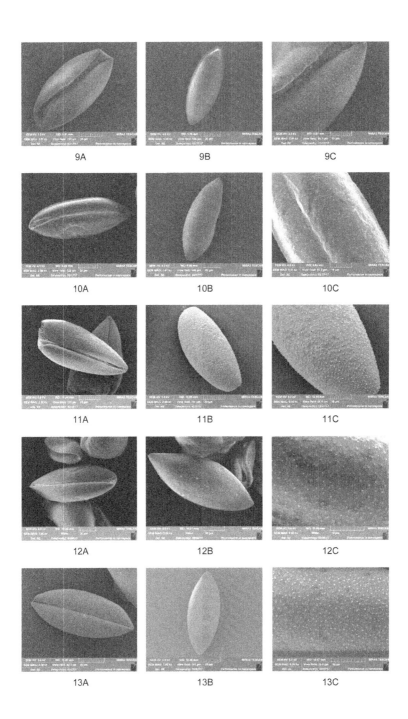

9A   9B   9C

10A   10B   10C

11A   11B   11C

12A   12B   12C

13A   13B   13C

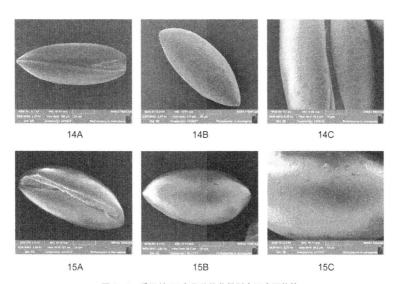

图 6-2 香雪兰 15 个品种的花粉形态及表面纹饰

A. 花粉萌发孔；B. 花粉赤面观；C. 花粉外壁纹饰特征

Fig. 6-2　Pollen morphology and exine ornamentation of 15 *freesia* cultivars

A. Aperture in pollen；B. Pollen shape in equatorial view；C. Pollen exine ornamentation

注：1. 上农乳香　2. 上农绯桃　3. 上农紫玫瑰　4. 上农橙红　5. 上农黄金

6. Gold River　7. Fragrant Sunburst　8. Red River　9. Red Passion　10. Pink Passion

11. Snoozy　12. White River　13. Grumpy　14. Lovely Lavender　15. Castor

　　测定发现，15 个香雪兰品种的极轴长（P 值）为 90～112.6 μm 不等，变异系数为 6.37%，其中只有 4 个品种的 P 值低于 100.0 μm；赤道轴长（E 值）变化范围为 37.0～47.7 μm，变异系数为 6.27%，'Grumpy'最短且为唯一一个 E 值低于 40.0 μm 的品种（表 6-2）。进而计算 P/E 值（表 6-2），按文献划分标准，发现所观测香雪兰的花粉外形绝大部分为超长球形（$P/E \geqslant 2$），仅有'Castor'一个品种为长球形（P/E 为 1.96），其变异系数为 8.65%。比较 15 个香雪兰的花粉大小（$P \times E$）发现，'Grumpy'、'Snoozy'、'Red Passion'体积较小（小于 4 000 μm²），而'Fragrant sunburst'、'上农紫玫瑰'、'上农橙红'的体积较大（大于 4 800.00 μm²），其中'Grumpy'最小（3 761.10 μm²），而'Fragrant sunburst'最大（5 130.59 μm²），两者相差约 36%，从该指标的变异系数来看，是所有数量指标中变化最大的，达到 9.15%。

表 6 - 2　香雪兰的花粉形态特征

Table 6 - 2　The morphological characteristics of *freesia* pollen

序号	品种 Cultivars	极轴长 $P/\mu m$ Length of polar axis	赤道轴长 $E/\mu m$ Length of equatorial axis	P/E	$P \times E$ $/\mu m^2$	穿孔 Hole	斑纹 Fleck	花粉形状 Pollen shape
1	上农乳香	97.1	46.0	2.13	4 465.37	有	有	超长球形
2	上农绯桃	105.6	43.0	2.46	4 541.93	有	有	超长球形
3	上农紫玫瑰	106.8	45.3	2.36	4 841.69	有	有	超长球形
4	上农橙红	101.2	47.7	2.13	4 826.06	极少	有	超长球形
5	上农黄金	103.6	41.3	2.52	4 273.23	有	有	超长球形
6	Gold River	100.3	44.0	2.29	4 411.87	有	有	超长球形
7	Fragrant Sunburst	112.6	45.6	2.48	5 130.59	有	有	超长球形
8	Red River	102.0	41.3	2.48	4 209.84	有	无	超长球形
9	Red Passion	90.7	42.5	2.16	3 851.86	无	无	超长球形
10	Pink Passion	101.5	41.8	2.43	4 242.38	有	有	超长球形
11	Snoozy	93.1	40.6	2.3	3 778.29	有	有	超长球形
12	White River	109.6	42.9	2.56	4 697.90	有	有	超长球形
13	Grumpy	101.6	37	2.75	3 761.10	有	有	超长球形
14	Lovely Lavender	103.8	42.3	2.46	4 386.84	有	有	超长球形
15	Castor	90.0	46.0	1.96	4 144.15	有	有	长球形
最小值 Min.		90.0	37.0	1.96	3 761.10			
最大值 Max.		112.6	47.7	2.75	5 130.59			
平均值 Mean		101.3	43.2	2.36	4 370.87			
标准差 SD		6.46	2.71	0.20	400.79			
变异系数 CV(%)		6.37	6.27	8.65	9.17			

(二) 花粉形态聚类分析

根据以上观测的花粉形态特征进行聚类分析,结果发现,在遗传距离 5 以上的水平,可以将 15 个香雪兰品种分为 5 个类群,除'Fragrant Sunburst'单独成一个类群外,每个类群均含 3～4 个品种(图 6 - 3)。

第一类群包括'上农紫玫瑰'、'上农橙红'、'White River'和'Fragrant Sunburst'4 个品种。花粉形状均为超长球形,花粉表面均有圆形斑纹,此外,除'上农橙红'观察到极少穿孔外,其他品种均有明显穿孔。3 个品种的极轴长在 101.2～112.6 μm 之间,赤道轴长在 42.9～47.7 μm 之间,P/E 在 2.13～2.56 之间,花粉大小范围为

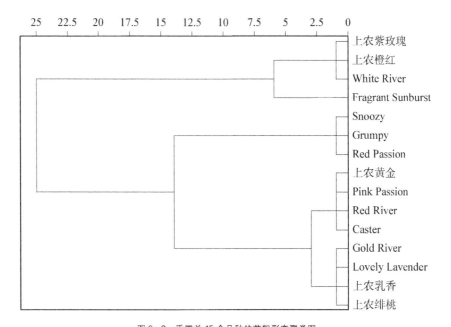

图 6-3　香雪兰 15 个品种的花粉形态聚类图

Fig. 6-3　Pollen morphology clustering map of 15 *freesia* cultivars

4 697.9～5 130.59 μm^2，是所有品种中花粉第二大的一个类群。

第二类群包括'Snoozy'、'Grumpy'、'Red Passion'3 个品种。花粉形状均为超长球形，'Snoozy'和'Grumpy'的花粉表面明显穿孔和圆形斑纹，而'Red Passion'则两者饰纹均无。极轴长在 90.7～101.6 μm 之间，赤道轴长在 37.0～42.5 μm 之间，P/E 在 2.16～2.75 之间，花粉大小范围为 3 761.1～3 851.86 μm^2，是所有品种中花粉最小的一个类群。

第三类群包括'上农黄金'、'Pink Passion'、'Red River'、'Castor'4 个品种，前 3 个品种的花粉形状均为超长球形，而'Castor'为长球形。花粉表面均有穿孔，此外，除'Red River'没有观察到圆形斑纹外，其他品种均有明显圆形斑纹。该类群的极轴长在 90～103.6 μm 之间，赤道轴长在 41.3～46 μm 之间，P/E 在 1.96～2.52 之间，花粉大小范围为 4 144.15～4 273.23 μm^2。

第四类群包括'Gold River'、'Lovely Lavender'、'上农乳香'、'上农绯桃'4 个品种，花粉形状均为超长球形，花粉大小居于前 2 个类群之间而成为第 3 大的类群。同时，它们的花粉表面均有明显穿孔和圆形斑纹。4 个品种的极轴长在

97.1～105.6 μm 之间,赤道轴长在 42.3～46.0 μm 之间,P/E 在 2.13～2.46 之间,花粉大小范围为 4 386.84～4 541.93 μm²。

三、讨论

花粉形态受到基因控制,遗传性状基本稳定且受外界环境条件的影响很小,故孢粉分析已经应用于许多植物的分类和品种亲缘关系分析。作为较高分类依据的科与亚科之间,花粉形态微观特征差异较大,同科不同属的种之间差异相对较小,而品种间的差异更小,共同点多。简单萌发孔在演化水平上是原始的,复合萌发孔在演化水平上是进化的。本章研究首次观测了香雪兰的花粉形态,发现所有品种均具有远极单沟且属于简单萌发孔,与同属于鸢尾科的鸢尾属植物以及其他单子叶球根花卉如石蒜、百合、郁金香等的萌发孔相似,同时,与在分类地位上属于较原始的被子植物木兰科植物也是一致的。而如牡丹、莲、蔷薇属等萌发孔则表现为更复杂的类型,分别为三拟孔沟、三沟花粉兼具部分散沟花粉和三孔沟,这些植物应属于更进化的类型。因此从花粉萌发孔的演化角度来看,包括香雪兰在内的鸢尾科植物在植物类群中应该属于较原始的类群。此外,根据 Erdtman 对花粉大小的划分标准(大粒花粉的极轴平均长度在 50 μm 以上,中粒花粉在 39.0～49.9 μm 之间),而大粒的花粉属于原始的类型。因此,香雪兰属于典型的大粒花粉,在进化上应属于较原始的类群。

花粉由无结构层向穿孔演化发展,再继续演化成条纹状类型,是孢粉学家达成共识的植物花粉表面纹饰进化规律。花粉外壁纹饰的差异可以从条嵴的有无、宽窄以及深浅等指标反映出来,而且也可衡量被子植物进化程度。观察发现,香雪兰花粉均呈单粒存在,因此属于比较原始的类群,但有趣的是,在'Pink Passion'这个品种中发现有部分花粉存在条纹化、网状化的趋势,说明该品种相对其他品种而言比较进化。而观测香雪兰花粉外壁纹饰发现,'上农橙红'和'Red Passion'没有明显穿孔,可以推测这两个品种不如其他 13 个品种进化。从文献来看,香雪兰与同科的鸢尾属植物相比较,两者不仅在花粉外形上存在差异,更在表面纹饰上存在明显差异,鸢尾属植物多数花粉呈现为扁球形并且有网状纹饰,香雪兰花粉的 E 值

及 P/E 值明显大于鸢尾属植物。因此,从这个角度来看,鸢尾属植物可能比香雪兰属植物更为进化。

前人研究认为,越进化的花粉其调节功能越强,并且认为花粉进化程度与 P/E 值存在对应关系,认为(超)长球形(高 P/E 值)花粉较扁球形(低 P/E 值)进化。本试验中的 15 个香雪兰品种花粉粒有超长球形与长球形 2 种类型,极轴长/赤道轴长比值(P/E)变化幅度为 1.96~2.75,从这点上看,香雪兰总体上似乎又属于较进化的类群,这个结论与上述得出香雪兰属于较原始类群正好相反。可见,利用花粉特征分析植物的进化关系需要综合多方面指标来考虑。

有文献指出,市场上以切花四倍体香雪兰品种居多,但也不乏一些二倍、三倍体品系混淆其中,这导致了现有品种遗传背景变得更为复杂,给香雪兰种质资源的分类和遗传关系的研究造成了更多困难。有研究表明,植物的倍性与花粉大小等特征存在一定关系。如庄东红等研究发现,木槿气孔器的长度、宽度和花粉粒的大小与其染色体基数和倍性呈显著正相关;王振江等观察广东桑的花粉形态,也认为花粉大小及结构特征可作为其倍性鉴定的重要标准。本文中测定香雪兰品种花粉粒大小后发现,其范围为 3 761.10~5 130.59 μm^2,总体差异较大,是所有观测数量指标中变异系数最大的一个指标,可见现代香雪兰品种存在较丰富的遗传多样性。进而利用花粉特征进行聚类分析发现,花粉大小在划分大类群时具有明显的作用,在一定程度上意味着花粉大小可能与品种亲缘关系存在较为密切的关系。因此,如花粉粒大小与倍性成正比关系,我们可以在不便计数染色体时,根据成熟花粉粒的大小来估计植物的倍性水平,从而为种质资源的分类和研究提供依据。

上述研究表明,花粉形态在香雪兰不同品种间存在较多的共性,但不同品种间花粉形态特征也具有一定差异,尤其是外壁纹饰、细部特征和萌发器官的差别,体现了不同香雪兰品种间存在一定的遗传多样性和遗传分化,可为品种间亲缘关系及种质鉴定等提供有价值的依据。根据花粉特征推测其进化关系,总体上来看,香雪兰属于较原始的类群。然而,单凭孢粉学的证据推测其进化关系、判定品种间亲缘关系可能会不够全面,要进行更全面的分析只有同时结合形态学、分子生物学、细胞学、遗传学及生物化学等多方面的结果,方可得出相对客观的结论。

第七章

香雪兰杂交育种研究

目前国内应用的香雪兰主要栽培品种多数引自国外,在种植过程中由于地域、气候、土壤等原因退化现象明显,导致其应用推广长期依赖进口,培育适应我国气候条件的新种质资源是解决此问题的根本途径。长期实践研究表明,杂交育种是大多数园艺作物获得丰富的变异类型和新品种的有效途径,也是香雪兰现代品种的主要育种手段。因此,在研究香雪兰品种间杂交可配性的基础上,合理选择育种亲本进行优化组合,进而开展香雪兰杂交育种工作具有积极意义。

本章研究综合前几章对香雪兰若干品种作为育种亲本的评价结果,并结合香雪兰品种的花色、花香及花期等育种目标,有针对性地选择了 10 多个香雪兰品种作为亲本开展杂交育种工作,通过统计杂交组合结果情况、种子质量以及杂交后代的表型特征,评价杂交组合的优劣,选择优良单株,从而为今后开展香雪兰杂交育种实践提供科学指导,同时为培育新品种奠定坚实基础。

一、材料与方法

供试香雪兰亲本材料包括上海交通大学自育品种 6 个及进口品种 6 个(表 7 -

1,附图 8),共计 12 个品种。其中,重瓣品种仅一个,其余 11 个均为单瓣品种;白色系品种 2 个,黄色-橙黄系 3 个,红色系 4 个,紫红-紫色系 3 个。亲本选择主要考虑以下品种特性:生长良好且病虫害少,观赏品质突出如花香丰富、花色艳丽或独特、花粉量大等。

表 7 - 1 供试香雪兰品种一览表
Table 7 - 1 The *freesia* cultivars used for cross breeding

序号 No.	品种名称 Cultivars	花色/RHSCC code Flower color	瓣型 Petal type	品种来源 Provider
1	上农橙黄	橙黄/32A	单瓣	上海交通大学
2	上农大红	红色/53C	单瓣	
3	上农红台阁	红色/47A	重瓣	
4	上农黄金	深黄/14A	单瓣	
5	上农乳香	白色/2D	单瓣	
6	上农紫玫瑰	紫红/70B	单瓣	
7	Castor	深紫色/83B	单瓣	荷兰 Van den bos 公司
8	Gold River	黄色/15B	单瓣	
9	Pink Passion	紫红/71B	单瓣	
10	Red Passion	红色 45A	单瓣	
11	Red River	红色/45A	单瓣	
12	White River	白色/2C	单瓣	

所有亲本材料于 10 月上中旬种植于上海交通大学农业与生物学院工程训练中心。根据前期基于对香雪兰花粉活力与柱头可授性的测定结果,于翌年 3~4 月选择 2 级、1 级阶段的花粉和 −1、−2 级的柱头进行人工授粉,并于 5 月采收所有组合的果实,2016 年、2017 年分别配置了不同组合进行人工授粉杂交,共设计了 38 个组合,每个组合设置若干重复,每个重复都选择每株花序基部的第 1~3 朵小花进行授粉,其余剪除。

种子指标观察与测定:主要统计种子的坐果率(结实率),观察种子的外观形状并测定千粒重。并根据外观大小、饱满程度及色泽将种子划分为不同的等级,分级标准如下:

A 级:种子直径大,饱满,色泽亮丽;

B 级:种子次大,饱满,色泽亮丽;

C 级：种子较小,皱粒达 1/4,色泽暗淡;

D 级：种子小,皱粒达 1/2,色泽暗淡。

二、结果与分析

(一) 杂交组合结实情况和种子质量分析

试验总共进行了 38 个组合,其中 37 组都得到了种子(表 7 - 2)。统计表明:不同组合的坐果率存在一定差异,除'上农大红×上农紫玫瑰'的组合未结实,其余 37 个结实组合的坐果率均比较高,有 21 个组合坐果率达到 100%,50% 及以下的仅有 3 个组合。同时,37 个结实组合的种子数量也有所差异,各组合获得的种子数量为 8~287 粒不等。而在雌雄蕊发育正常的多数品种组合中,作为母本和父本的坐果率区别并不大,如'上农黄金'、'Gold River'、'Red River'和'White River'等。以'Gold River'为例,该品种作为母本和父本分别配置了 6 个组合,共 12 组中坐果率为 100% 的有 8 组,其余 4 组也多在 80% 以上。'White River'等的表现也差不多,说明这些品种作为母本时具有较强的接受能力,而作为父本时具有花粉量大的优势,是非常好的亲本材料,可在今后育种中发挥重要作用。'Pink Passion'作父本时,组合间杂交结实率差异较大,可能与不同母本亲和力不同;在实际的授粉过程中我们发现,'Pink Passion'柱头黏液分泌较少,粘连性不佳,考虑到'White River'的花粉量大且质量较好,因此'Pink Passion'作母本的组合只配置了一种,即'White River×Pink Passion',结果发现该组合坐果率达到 100%,因此,类似'Pink Passion'这种品种若作为母本,需要尽量选择柱头可授性最高期授粉且需要花粉质量较高的父本。有些品种作为母本和父本时发现结实率不同,如'上农紫玫瑰'作为母本时的坐果率较作父本时明显要低。此外,'Castor'的表现也不太理想,坐果率总体相对偏低。亲本中仅用到一个雄蕊瓣化的重瓣品种'上农红台阁',由于其雄蕊基本上败育而丧失授粉能力,因此仅作为母本配置了一个组合,旨在探讨重瓣品种作为母本的可能性,结果发现以之作为母本的组合坐果率高达 100%,充分说明其雌蕊具有良好的接受能力,今后可以作为母本应用到杂交育种工作中。

种子的千粒重是反映种子质量的重要指标,数值越高说明种子越饱满。从表

7-2来看,在结实的37个组合中,大多数种子的千粒重在10~20 g之间,超过20 g的组合有7个,从外观来看,多数种粒较大而饱满,并具亮黑色光泽,种子等级均达到 A、B 级。千粒重最高的是'White River×Pink Passion'的组合,其千粒重达到22.86 g。千粒重低于10 g的组合仅有2个,分别是'Castor×Red Passion'(9.79 g)和'Gold River×上农橙黄'(9.96 g),种粒较小且皱粒比例多,种子等级均为D级,品质欠佳。比较发现,用不同品种作为亲本,获得种子品质存在一定差异,同一个品种作父本时,种子品质会随母本不同而不同,反之亦然,可见杂交时种子品质同时受父本和母本控制。其中有部分品种表现比较突出,如'Gold River'作为母本和'White River'作为父本时收获的种子品质较高,千粒重高且种子多数为优级。相对而言,'Red River'和'Castor'作父本的组合种子千粒重较轻且种子品质较差。

表7-2 香雪兰杂交结实统计
Table 7-2 The seed set traits of *freesia* hybrids

父本 Male parent	母本 Female parent	授粉数 Pollination number	结实数 Fruiting number	坐果率/% Fruit set percentage	种子数/粒 Seed number	千粒重/g Thousand seeds' weight	种子等级 Seed grade
上农紫玫瑰	上农黄金	17	15	88.20	192	14.04	B
上农紫玫瑰	Gold River	26	19	73.10	287	21.18	A
上农紫玫瑰	上农乳香	7	6	85.71	31	10.73	D
上农黄金	上农大红	10	8	80.00	41	14.88	A
上农黄金	White River	5	5	100.00	81	16.05	B
上农黄金	Red Passion	4	4	100.00	25	11.61	C
上农黄金	Gold River	14	14	100.00	242	19.77	B
上农黄金	上农紫玫瑰	7	4	57.14	44	17.27	C
上农大红	上农黄金	2	2	100.00	32	16.53	B
上农大红	Gold River	2	2	100.00	26	22.30	A
上农大红	上农紫玫瑰	3	0	0	0	0	—
上农乳香	Red River	5	5	100.00	29	15.18	C
White River	上农黄金	3	3	100.00	94	17.42	B
White River	Red Passion	12	10	83.30	126	16.95	C
White River	Pink Passion	4	4	100.00	45	22.86	B
White River	Castor	5	5	100.00	47	18.87	B
White River	Calvados	5	5	100.00	22	22.67	A
Red Passion	White River	6	6	100.00	142	15.05	C
Red Passion	Gold River	11	11	100.00	217	21.32	B

父本 Male parent	母本 Female parent	授粉数 Pollination number	结实数 Fruiting number	坐果率/% Fruit set percentage	种子数/粒 Seed number	千粒重/g Thousand seeds' weight	种子等级 Seed grade
Red River	White river	9	9	100.00	189	12.32	C
Red River	上农大红	7	6	85.71	85	12.95	C
Red River	上农红台阁	8	8	100.00	40	11.28	D
Red River	上农乳香	10	10	100.00	26	15.61	A
Pink Passion	上农大红	8	7	87.50	76	15.94	B
Pink Passion	Gold River	5	5	100.00	83	21.01	B
Pink Passion	Castor	4	2	50.00	8	13.83	C
Pink Passion	White River	4	2	50.00	30	16.59	C
Gold River	上农黄金	2	2	100.00	27	14.87	B
Gold River	上农大红	5	5	100.00	94	18.62	B
Gold River	上农橙黄	8	8	100.00	30	9.96	D
Gold River	White River	15	15	100.00	155	15.28	B
Gold River	Red Passion	16	13	81.30	104	13.26	D
Gold River	Castor	3	3	100.00	65	18.82	B
Castor	White River	10	10	100.00	161	15.05	C
Castor	Red Passion	12	8	66.70	50	9.79	D
Castor	Gold River	8	7	87.50	119	21.96	B
Castor	上农大红	5	3	60.00	64	17.99	B
Castor	上农紫玫瑰	5	1	20.00	9	11.11	C

综合各组合的种子品质，我们发现：自育品种中'上农黄金'、'上农大红'的花粉质量较好、柱头可授性较强，可作为杂交组合的优质父母本。进口品种'White River'的花粉质量较好且花粉量较大，是良好的父本材料；'Red Passion'作母本时获得的种子多为C~D级，不太适宜做杂交组合的母本；'Gold River'花粉量大，作父本时，坐果率达77.80%以上，种子质量A~D四个等级都有，说明后代种子品质受母本影响较大；而作母本时，种子均A~B级，说明它是优良母本之一。'Castor'花粉量中等，作为父本时，杂交种子质量不一（B~D级），可能与其花粉质量欠佳或受到母本影响较大有关，花粉形态观察中我们也发现'Castor'的花粉P/E值最小，品种本身较为原始，因此不推荐其作为父本应用；但'Castor'作母本时，种子多为B级，可以考虑用较为进化的品种改良其性状。

（二）杂交后代表型分析

以上杂交组合获得的种子于当年（2016年、2017年）秋季进行常规播种，发现大多数种子均正常发芽，翌年5月收获种球后以种球形式进行再次连续栽培。植株进入开花期后观察杂交后代表型，重点对花色特征进行了记录与分析。观测发现，以播种繁殖的第一年所有组合均没有出现开花单株，收获种球后种植第一年仅有少数单株开花，而种球种植第二年则多数组合出现各种开花单株，花色差异明显。2019年3~4月我们系统记录了主要杂交后代的花色表型，如表7-3所列。部分组合没有记录到相关花色表型，并不意味着2019年没有开花，而是有些组合可能是在记录之间采集了相关材料做其他实验，相关数据有待翌年补充完善。

表7-3 香雪兰部分杂交组合的后代花色表型
Table 7-3 Flower color phenotype of hybrids of *freesia*

父本 Male parent	母本 Female parent	花色表型 The phenotype of flower color
上农紫玫瑰	上农黄金	花黄色略带紫晕，色暗，观赏性差
上农紫玫瑰	Gold River	花黄色略带紫晕，色暗，观赏性差
上农紫玫瑰	上农乳香	花桃红、淡紫色而偏暗
上农黄金	上农大红	花黄色、橙色或红色
上农黄金	White River	花深黄色
上农黄金	Red Passion	—
上农黄金	Gold River	花深黄色，花大
上农黄金	上农紫玫瑰	花黄中带紫晕而色暗，少数深黄色
上农大红	上农黄金	花橙黄至红色
上农大红	Gold River	—
上农大红	上农紫玫瑰	—
上农乳香	Red River	花橙黄色
White River	上农黄金	—
White River	Red Passion	—
White River	Pink Passion	—
White River	Castor	花淡紫、中心部分黄色
White River	Calvados	—
Red Passion	White River	—
Red Passion	Gold River	花色有黄色、橙黄色及粉红色
Red River	White River	花色丰富，有白、淡黄、深黄、橙黄、橙红色
Red River	上农大红	花鲜红色，中心部分黄色

父本 Male parent	母本 Female parent	花色表型 The phenotype of flower color
Red River	上农红台阁	花多数重瓣,少数单瓣;花色鲜艳,红、橙黄或橙红色
Red River	上农乳香	花橙黄、淡紫色
Pink Passion	上农大红	花紫红色至红色,花中心黄色
Pink Passion	Gold River	—
Pink Passion	Castor	花淡紫红(粉红)、中心黄白色
Pink Passion	White River	—
Gold River	上农黄金	花深黄、黄色
Gold River	上农大红	花深黄、黄色或淡黄色带紫
Gold River	上农橙黄	花深橙黄或黄中带紫晕
Gold River	White River	—
Gold River	Red Passion	花色有橘红、橙红、橙黄
Gold River	Castor	花深黄色、黄色或黄色略带紫晕
Castor	上农大红	花橙黄、橙红色
Castor	White River	花紫色、淡紫、黄、黄中带紫或黄白色
Castor	Red Passion	花色艳丽,紫玫瑰色或粉红色,花中心黄色
Castor	Gold River	—
Castor	上农紫玫瑰	—

注:"—"代表未记录到相关性状。

比较各组合的花色表型,我们发现,红色品种与黄色品种正反交均能得到花色优良的后代,其花色多数呈现黄色、橙色至红色系列,花色总体比较明亮艳丽,观赏性强,是很好的杂交组合,在以上 38 个组合中表现最为突出的组合是'Gold River×Red Passion'和'Red Passion×Gold River'。红色品种之间或红色与紫红色品种之间的杂交后代花色表型也很好,多数杂交后代花色呈现出鲜艳的红色主色调,组合优良的有'Red River×上农红台阁'、'Pink Passion×上农大红'和'上农大红×Red River'等。白色品种作为亲本可以使杂交后代的花色比另一个亲本的花色浅,如'Red River×White River'的后代花色呈现白、淡黄、深黄、橙黄、橙红色等;'Red River×上农乳香'的后代花色呈现橙黄或淡紫色;'上农紫玫瑰×上农乳香'的后代花色为桃红或淡紫色;'White River×Castor'的后代花色呈现紫色、浅紫色、黄色或黄白色。紫色品种与红色或紫红色品种的杂交后代花色多为亲本颜色或其中间色,如'Pink Passion×Castor'的后代出现开粉红色花的单株;'Castor×

上农大红'的花色为橙黄、橙红色;'Castor×Red Passion'的杂交后代花色艳丽,呈现紫玫瑰色或粉红色。然而,紫色品种与黄色品种的杂交后代的花色表型总体欠佳,其花色多数呈现黄色中带有紫晕,花色暗淡而观赏性差,如'上农紫玫瑰×上农黄金'、'上农紫玫瑰×Gold River'、'Castor×Gold River'等,这些组合将不再使用。部分杂交组合后代花色表型如附图9所示。

'上农红台阁'是所有亲本中唯一的一个重瓣品种,其雄蕊败育并特化为不完全花瓣状从而呈现出重瓣性状,但其雌蕊发育正常。我们利用'上农红台阁'作为母本配置了一个组合,观察发现,杂交后代不仅花色艳丽,而且其重瓣性状得到了稳定遗传。

三、讨论

杂交育种是获得新种质资源的重要手段,在一定程度上也可以判断品种间亲缘关系的远近。现代香雪兰园艺品种也多数是通过杂交育种获得。

本章通过研究香雪兰品种间杂交结实的情况发现,虽然不同杂交组合结实率不同而表现出不同的亲和性,但大部分组合结实率很高,结实率基本能达80%以上,更有21个组合结实率达到100%,充分说明香雪兰通过杂交育种比较容易获得新种质,同时也说明大部分香雪兰品种间的亲缘关系较近,这或许与香雪兰大部分栽培品种均为杂交后代有关,部分品种的遗传背景中可能存在共同的原始父母本。我们同时还进行了部分品种的自交试验,发现与杂交相比,自交组合结实率偏低,这与前面香雪兰繁育系统研究的结果一致。香雪兰属于混合交配系统,以异交为主,部分自交亲和,较依赖传粉者。香雪兰的繁育机制本身有避免自交的特征,雌雄蕊空间分离、成熟时间不同步就是香雪兰避免自交的方式之一。自育品种间杂交发现,除了'上农大红×上农紫玫瑰'未结实外(原因可能与后者柱头可授性不佳有关),其余品种间的组合结实率达到66.7%以上,种子质量也达到B级以上,说明各品种间的亲和性较好,后续可持续进行杂交育种培育新种质。进口品种作亲本时的表现综合来看比自育品种要好一些,但没有显著差别。因此,今后可充分利用表现良好的品种配置更多杂交组合,综合进口品种与自育品种的优势,以期获得更为优良的新种质。此外,'Castor'作为亲本表现差异很大,其原因值得进一步探讨。在花粉形态的观察中,我们初步推测'Castor'是属于所测香雪兰品种中比较原始的品种,以其为父本的杂交组合结实率低可能与它自身花粉调节与适应能力不佳有关。

从杂交后代的花色表型来看,红色品种与黄色品种正反交均能得到花色优良的后代,花色总体比较明亮艳丽,观赏性强,是很好的组合,今后可以配置更多的组合来获得优良新种质。红色品种之间或红色与紫红色品种之间的杂交后代花色表型也很好,多数呈现鲜艳的红色主色调,值得一提的是'上农红台阁'作为母本,其重瓣性状在后代中得到稳定遗传,可见其重瓣性状遗传力较强,今后可以加强应用,同时其他重瓣品种如'Summer Beach'、'Versailles'和'Ancona'等均可考虑作为母本来配置更多的杂交组合。白色品种作为亲本时,可以使杂交后代的花色比另一个亲本的花色浅,因此可以用来获得淡雅花色的新种质。紫色品种与红色-紫红色系品种的杂交后代花色多为亲本颜色或其中间色,有些过渡色单株具有较高观赏性可以加以利用;然而,紫色品种与黄色品种的杂交后代花色表型总体欠佳,花色暗淡、观赏性不佳,今后尽量避免此类组合。对后代的花色稳定性及其形成机理,以及针对其他特性如花香、花期、株型、抗性等的观测分析,均是我们后期持续研究的方向,通过分析研究从而综合评价获得的新种质。

香雪兰花色丰富,花朵芳香,花期长而集中,市场发展前景广阔。香雪兰杂交育种是培育新品种、满足人们对其品种多样化的重要手段,具有迫切的现实需求和深远的影响。以上研究结果对香雪兰杂交育种亲本选择具有良好的指导意义,为培育植株健壮、花香怡人、花色艳丽且具备亲本双方优良特性的香雪兰新品种提供了一批可资利用的优良种质资源,包括'Gold River'、'Red Passion'、'Red River'、'上农红台阁'、'White River'和'Pink Passion'等。

第二部分　香雪兰生长调控研究

第八章

香雪兰基质栽培研究

土壤是植物生长的基础,而基质栽培已普遍应用于现代花卉栽培。寻找筛选来源易、使用方便、经济、适宜植物栽培的新型基质依然是当前研究的热点。近年来,我国香雪兰栽植范围逐年扩大,但切花生产主要还是采用土壤栽培,因此产生连作困难问题,使得香雪兰切花出花率低,且切花品质达不到市场需求,特别是花茎长度,这影响了香雪兰栽培的发展前景。基质栽培与传统土培相比有着不可替代的优越性,而保水性、透气性、营养充足是决定栽培基质优良与否的关键因素。实践证明,有机基质与无机基质的结合将更有利于植物的生长发育。同时基质栽培又便于与营养液、有机肥、缓释肥等结合,从而促进其产量与商品质量的提升。基质栽培与营养液相结合在唐菖蒲、月季、非洲菊、东方百合等植物中已有应用并证实了其优势。在香雪兰栽培中也有一些研究报道,如:秦文英通过对11种基质的筛选后认为对香雪兰生长效果最佳的是砻糠灰和泥炭相混合的基质;林辉发现,香雪兰无土栽培下的切花品质要高于土壤栽培,并指出河沙为最佳基质。氮元素、磷元素、钾元素在适宜的比例下,可促进香雪兰的株高生长,使花的总数增多,观赏价值提高;在探究无土栽培对香雪兰的营养生长影响时发现,用 K-4 营养液、河沙为基质的方式,可以提高香雪兰的存活率及切花品质;El-Sayed 通过结合不同介质及 Actosol 营养液的使用对香雪兰'Red Lion'生长进行探究,得出河沙或污泥与 2.5 cm³/L 营养液的结合使用最有利于营养生长及球茎产量。

本研究采用了 12 种不同的复合基质,通过对不同有机基质与无机基质的组合及相同种类基质的不同配比组合之间的比较,研究其对香雪兰的生长影响,从中筛选出最佳基质,为香雪兰生产提供实践经验。

一、材料与方法

(一) 试验材料

选择香雪兰品种'上农紫玫瑰'为材料。采用园土、椰糠、泥炭、黄沙、蛭石、珍珠岩 6 种单一基质配成 11 种复合基质,并以园土作为对照组(表 8 - 1)。选择容积为 2L 的塑料花盆进行种植。

表 8 - 1 香雪兰的 11 种复合栽培基质成分及配比
Table 8 - 1 Compositions of 11 different compound substrates for potted *freesia*

处理 Treament	园土 Soil	泥炭 Peat	椰糠 Cocopeat	黄沙 Sand	蛭石 Vermiculite	珍珠岩 Perlite
C1	4	4	—	2	—	—
C2	3	5	—	2	—	—
C3	2	6	—	2	—	—
C4	4	—	4	2	—	—
C5	3	—	5	2	—	—
C6	2	—	6	2	—	—
C7	—	5	3	2	—	—
C8	—	5	3	—	2	—
C9	—	5	3	—	—	2
C10	—	3	3	—	2	2
C11	2	4	—	2	—	2
CK1	10	—	—	—	—	—

注:"—"表示不存在。
Note:"—"means absent.

(二) 试验方法

实验地点为上海交通大学农业与生物学院玻璃温室。2014 年 12 月 10 日定植香雪兰种球,栽种时等距离分布种球,种球覆土厚度约为种球高度,一盆栽植 6 个香雪兰种球,每组栽植 5 盆,即 5 个重复。种植完成后,采用浸盆法浇水。此后每 7 d 浇一次水,顺时针 90°转盆一次。定期对其相关生长指标进行测量,包括株高(茎基到叶尖的最长距离)、叶宽(叶片最宽的位置)、叶片数、花葶高、花径(主花序基部第一朵花盛花期花瓣平展时的花径)、小花数(主花枝)、花葶数、大球(周径≥7 cm)重量、总球重(5 个处理)、大球及小球(周径≤3 cm)总个数(5 个处理)。

(三) 数据分析

试验数据用 EXCEL 和 SPSS 19.0 软件进行数据处理及图表制作;显著性分析采用 Duncan's 法,在 $P<0.05$ 水平上进行单因子方差(One-Way ANOVA)检验。

二、结果与分析

(一) 不同基质配比对香雪兰营养生长的影响

测定与分析表明,12 种复合基质对香雪兰的营养生长存在不同程度的影响(表 8 - 2)。"椰糠＋泥炭＋无机基质"有助于其植株生长,其中 C8 组(50％泥炭＋30％椰糠＋20％蛭石)株高最高,为 48.4 cm,比对照组(园土)高 57.04％,C7 组(50％泥炭＋30％椰糠＋20％黄沙)次之;叶宽与株高的规律相似,C7 组的叶宽值也最大,为 1.87 cm;其中 C11 组(20％园土＋40％泥炭＋20％黄沙＋20％珍珠岩)在 C3 组(20％园土＋60％泥炭＋20％黄沙)的基础上用珍珠岩代替了 20％的泥炭,发现效果更差,C10 组(30％泥炭＋30％椰糠＋20％蛭石＋20％黄沙)在 C8 的基础上用黄沙代替了 20％的泥炭,效果相差不大。综上可以得出,C8 组(50％泥炭＋30％椰糠＋20％蛭石)基质效果最好,即 50％泥炭＋30％椰糠时,20％无机基质为蛭石时效果更有利于促进香雪兰的营养生长,无机基质为黄沙时效果次之,且又好于珍珠岩,同时,黄沙对泥炭的替代效果也要好于珍珠岩,纯园土效果最差。

表 8 - 2 不同基质配比对香雪兰营养生长的影响
表 8 - 2 不同基质配比对香雪兰营养生长的影响
Table 8 - 2 Effects of different compound substrate of *freesia* vegetative growth

处理 Treatment	株高/cm Plant height	叶宽/cm Leaf width	处理 Treatment	株高/cm Plant height	叶宽/cm Leaf width
C1	42.27±2.82cde	1.61±0.06bc	C8	48.4±1.14a	1.87±0.03a
C2	43.58±1.21bcd	1.69 0.05abc	C9	45.8±0.95abc	1.75±0.05ab
C3	44.97±0.51abc	1.74±0.07abc	C10	43.27±1.25cd	1.76±0.06ab
C4	42.47±0.98cde	1.72±0.03abc	C11	38.7±0.37e	1.6±0.08bcd
C5	44.50±0.47cd	1.71±0.1abc	CK	30.82±1.92f	1.5±0.08cd
C6	39.93±1.48de	1.65±0.11abc	—	—	—
C7	47.43±0.39ab	1.79±0.09ab	—	—	—

注：同列数据小写字母不同表示处理间差异达到 *P*<0.05 显著水平，下同。

Note：Values followed by the same letter in each column are not significantly different at *P*<0.05 based on Duncan's new multiple range test. The same for other tables.

(二) 不同基质配比对香雪兰开花性状的影响

观测发现，不同基质对香雪兰的开花性状有一定的影响（表 8 - 3）。"泥炭＋椰糠＋无机基质"三组中的花葶高度都较高，其中 C7 组（50％泥炭＋30％椰糠＋20％黄沙）最高，达 42.17 cm，比对照提高了 48.85％，其次是 C8 组，CK 组则最矮，花葶高度仅 28 cm，其他组没有显著性差异。在小花数方面，C9 组（50％泥炭＋30％椰糠＋20％珍珠岩）小花数最多，为 6 个，其次是 C8 组，C3 组（20％园土＋60％泥炭＋20％黄沙）小花数最少，为 4.60 个，其他组无显著差异。就花枝数而言，C5 组花枝数高于其他组，其次为 C8 组，CK 组的花枝数最少。在花径方面，C3 组花径最大，为 5.06 cm，C5 组其次，C9 组最小，为 4.6 cm。综合来看，泥炭、椰糠与不同无机基质搭配的三组均显著促进了花葶的高度生长及小花的数量，C5 组（30％园土＋50％椰糠＋20％黄沙）在花枝数及花径方面综合效果较好。

表 8 - 3 不同基质配比对香雪兰开花性状的影响
Table 8 - 3 Effects of different compound substrate of *freesia* flowering traits

处理 Treatment	花葶高/cm Scape height	小花数 Flower number	花枝数/枝 Scape number	花径/cm Flower diameter
C1	35.83±0.69c	4.96±0.27ab	1.10±0.00c	4.70±0.16bc
C2	36.60±1.06bb	5.13±0.47ab	1.21±0.10bc	4.92±0.1abc
C3	36.77±0.68bc	4.60±0.51b	1.07±0.07c	5.06±0.08a

处理 Treatment	花葶高/cm Scape height	小花数 Flower number	花枝数/枝 Scape number	花径/cm Flower diameter
C4	35.80±1.22c	5.20±0.13ab	1.33±0.15bc	4.9±0.11abc
C5	38.07±0.64bc	5.40±0.19ab	1.60±0.27ab	5.05±0.06ab
C6	36.93±1.13bc	5.23±0.35ab	1.30±0.13bc	5.04±0.05ab
C7	42.17±1.56a	5.33±0.11ab	1.27±0.07bc	4.94±0.16ab
C8	39.88±1.98ab	5.42±0.22ab	1.5±0.17abc	4.80±0.14abc
C9	38.04±1.17bc	6.00±0.61a	1.4±0.19bc	4.60±0.09c
C10	39.83±1.45ab	5.33±0.28ab	1.13±0.08bc	4.94±0.10ab
C11	36.10±0.95c	4.87±0.44ab	1.40±0.12bc	4.80±0.05abc
CK	28.33±0.00d	4.79±0.33ab	1.00±0.00c	4.70±0.00bc

通过对香雪兰花期的定期记录并按照初花期、盛花期、末花期进行统计后发现,各基质组合栽培的香雪兰花期没有明显差异,初花期多集中在3月19日左右,盛花期、末花期的差异各组之间也没有显著差别,开花持续期均约18~19天。可见,不同基质组合对香雪兰的花期没有显著影响。

(三) 不同基质配比对香雪兰球茎发育的影响

种球收获后,对香雪兰的多个种球指标进行了测量,结果发现各组之间的球重、球茎数等均存在显著性差异(表8-4)。与CK组相比,所有复合基质的平均大球重均显著要高,各复合基质组栽培后的总球重同样明显高于CK组,种球的数量尤其是大球的数量,CK组也明显不如复合基质,说明复合基质有利于促进香雪兰的球茎生长发育。"泥炭+椰糠+无机基质"组合的大球平均重和总球的重量均较高,其中C9组的大球均重远高于CK组,约为其的1.9倍,C8组的总球重最高,约为CK组的3倍,园土基质的大球平均球重和总球的重量都最低,且明显低于其他组,分别为5.0g和108.4g;在球茎个数方面,C8组的大球数和总球个数上均大于其他组,CK组的数量依然最少。可见,以C8组对香雪兰种球发育的影响效果最好,而园土栽培则不能很好满足球茎正常生长发育所需。且通过C1组与C4组比较,我们可以发现,椰糠比例在40%时,其球重与种球数量与含同等比例的泥炭组相当,因此在球茎生长发育方面,椰糠也是可以替代泥炭的。

表 8-4　不同基质配比对香雪兰球茎的影响
表 8-4　不同基质配比对香雪兰球茎的影响
Table 8-4　Effects of different complex substrate of *freesia* bulb development

处理 Treatment	大球重/g Weight of mother scale	大球总数/个 Number of mother scale	小球总数/个 Number of bulblets	总球个数/个 Total bulb number	总球重/g Total bulb weight
C1	7.34±0.39 cd	20	26	46	203.3
C2	8.04±0.23 bc	23	8	31	194.3
C3	8.88±0.23 ab	21	30	51	258.8
C4	8.00±0.13 bc	23	21	44	227.4
C5	6.96±0.49 d	18	18	36	178.8
C6	6.84±0.41 d	16	16	32	143.1
C7	9.20±0.18 d	22	18	40	234.6
C8	8.86±0.43 ab	29	27	56	318.9
C9	9.38±0.19 a	22	31	53	291.6
C10	8.56±0.48 ab	15	21	36	217.6
C11	6.64±0.09 d	16	13	29	158.1
CK	5.00±0.20 e	7	22	29	108.4

三、讨论

在配制复合基质时,考虑到基质材料的可获取性、经济性,同时结合前人研究基础,我们选用了园土、泥炭、椰糠、珍珠岩、河沙、蛭石 6 种常见材料作为基础基质进行配制。试验结果发现,各组合栽培基质对香雪兰的生长效果存在较大的差异。从株高和叶宽指标来衡量香雪兰的营养生长状况,发现 C8 组促进效果最为明显,该复合基质中含有较高比例的泥炭,保证了基质里充足的营养元素和有机质,而添加椰糠和蛭石又可以改进其物理性状,有利于植物的生长。CK 组香雪兰生长表现最差,普通园土营养水平的物理结构都较为欠缺,不足以保证植株的良好营养生长需要,这与大多数研究结果是吻合的。所以,从促进营养生长角度出发,栽培过程中可以选择泥炭或椰糠来代替园土。从开花性状来看,C7~C9 组(泥炭+椰糠+无机基质)对花葶高度和小花数的促进效应明显,这 3 组复合基质的泥炭和椰糠的比例是一定的,仅无机基础基质不同,可见,从开花角度来说,无机基质种类并没有产生大的影响。从球茎发育来看,C8 组也是促进效应最为明显的一个组合,可见基质中营养水平高同样有利于促进开花和球茎的生长发育。综合复合基质中添加无机基质的结果发现,蛭石是最适合与泥炭和椰糠搭配的无机基质,其次是河沙,珍珠岩的效果是最差的,这与薛秋华的研究结论基本一致,而与林辉的结论有一定差异。

泥炭被广泛用于盆栽植物的栽培,但由于其具有不可再生性,现在有越来越多的研究在探讨用其他基质来替代泥炭,其中椰糠已成为一个研究热点。椰糠是椰子加工产业中的附属产物,属于可再生性资源,透气性非常好,价格也比泥炭便宜,经加工处理后的椰糠具有优良的理化性质,被称为"椰子泥炭"。因此,近年来国内外的研究者已经陆续开展了泥炭替代基质的研究。本研究中,我们设计了几组用椰糠替代或部分替代泥炭的复合基质。已有研究表明,以椰糠替代泥炭会在一定程度上提高基质中有效 P 和速效 K 的含量。而且,椰糠本身呈酸性至微酸性,对于改良盐碱土还有一定的中和作用,对大多数植物生长均是有利的。基于香雪兰生长影响的结果表明,我们认为椰糠替代泥炭是可行的,尤其是椰糠比例为 40%时,香雪兰的生长、开花及球茎发育与含同等比例的泥炭组效果相当,且开花率高于泥炭组,良好地促进了香雪兰生长发育。研究获得的研究结果为指导今后基质栽培中利用再生资源替代泥炭的生长实践提供了良好依据。

第九章

生物肥和缓释肥对香雪兰生长发育的影响

生物肥料富含丰富的营养物质及微生物,可以有效代替人们常利用的化肥,提供植物生长发育所需的各类营养元素,其生产成本低,应用效果好,不污染环境,施用后不仅增产,而且能改善农产品品质和减少化肥用量,近年来在可持续发展农业中占有重要的地位。缓释肥的营养成分释放速率很低,应用在栽培基质中会缓慢地转变为易于植物吸收的状态,淋溶挥发损失减少,用量比常规施肥减少 10%~20%,可达到节约成本的目的。目前,关于香雪兰无土栽培营养条件、基质筛选、温度对香雪兰生长发育的影响及生长发育与矿质营养的吸收规律等报道较多,但对香雪兰基质栽培与生物肥和缓释肥的报道较少。本研究通过探究不同浓度海中宝营养液(海藻肥,属生物肥)及奥绿牌缓释肥对香雪兰生长发育的影响,探讨出其适宜香雪兰生长的最佳浓度,可为温室无土生产香雪兰鲜切花和盆花的综合配套技术,提供理论依据。

一、材料与方法

(一)试验材料与处理
选取香雪兰品种'上农乳香'的健壮大球(周径≥7 cm)与中球(5 cm≤周径≤

7 cm)进行盆栽试验。采用园土与复合基质(淮安市康盛农业科技发展有限公司)按 1∶1 的比例混合的基质加以种植,肥料为生物肥(海中宝海藻肥,广州大益农资贸易有限公司生产,液体)、缓释肥(奥绿标准肥 Osmocote Classic 和奥绿高钾肥 Agroblen,美国 The Scotts Company 制造,颗粒固体),栽培容器为 2 L(上口径:16.5 cm,下口径 13.5 cm)的塑料花盆。

于 2015 年 12 月～2016 年 5 月在上海交通大学农业与生物学院玻璃温室进行试验。大球栽植后用海中宝溶液浇灌,12 天浇灌一次,海中宝溶液共设置 7 个处理浓度,依次为稀释原液 400,800,1 200,1 600,2 000,2 400 倍。中球用缓释肥处理,分别为奥绿标准肥(氮∶磷∶钾=14∶14∶14)和奥绿高钾肥(氮∶磷∶钾∶镁∶铁=9∶14∶19∶3∶1)两种缓释肥在种植前拌匀基质,共设 13 个处理,各组处理浓度依次为 1、3、5、7、9、11 g/L(表 9-1)。以上每个处理设 4 个重复,每个重复 6 个种球,种植于花盆后,定期观察记录相关性状及生长发育情况。

表 9-1　试验处理
Table 9-1　Treatments used in the study

处理 Treatment	海中宝/倍数 Green sea	处理 Treatment	奥绿标准肥/(g/L) Osmocote	处理 Treatment	奥绿高钾肥/(g/L) Agroblen
CK	0	CK	0	K1	1
H1	400	B1	1	K2	3
H2	800	B2	3	K3	5
H3	1 200	B3	5	K4	7
H4	1 600	B4	7	K5	9
H5	2 000	B5	9	K6	11
H6	2 400	B6	11	—	—

(二) 测定指标及方法

于 2016 年 3 月 8 日待香雪兰营养生长基本结束后,从每盆中选择生长正常、健壮的 3 株植株,测定其营养生长指标、生殖生长指标。营养生长指标主要包括株高和叶宽,株高使用直尺测量(叶基到叶尖的最长距离),叶宽采用游标卡尺测量(叶片最宽位置);叶绿素含量采用 CCM-300 叶绿素仪(奥作生态仪器有限公司,北京)进行测定。

开花情况的观测指标包括初花期(有 1/5 植株开花)、盛花期(有 3/5 植株开花)、末花期(有 3/5 植株花朵开始凋落)、小花数量(主花茎)、花径(花序基部第一朵花)、花葶高、花葶数。每隔 2~3 d 记录 1 次,直至花期结束。花期结束后,每个处理组每盆选择一棵植株,分别称取球、叶的鲜重,然后将其进行烘干,再分别称取干重,干重鲜重材料取完后,然后每个处理组每盆选取 3 棵收集等量叶片切碎混合,放入 -80℃冰箱贮藏。可溶性蛋白质含量应用考马斯亮蓝 G - 250 染色法测定;可溶性糖含量使用蒽酮比色法;2016 年 5 月底收获种球后,对球茎的相关指标进行测量,包括大球(直径≤7 cm)、小球(直径≤3 cm)的数量,大球的平均重量及大小球的总重量(统计 5 盆的总和)。

(三) 统计分析方法

试验数据用 EXCEL 和 SPSS 19.0 软件进行数据处理及图表制作;差异显著性分析采用 Duncan's 法,在 $P < 0.05$ 水平上进行单因子方差(One-Way ANOVA)检验,用字母法标记。

二、结果与分析

(一) 海中宝对香雪兰生长发育的影响

1. 生物量

从图 9 - 1 及图 9 - 2 可以看出,不同处理的香雪兰单株地上部分和球茎的鲜重和干重有着一定的差异。从鲜重指标中我们可以看出,H1(400 倍液)和 H2(800 倍液)的植株总重高于其他处理组,且 H1 的单株总重高于 H2 组,其中 H1 的叶鲜重要高于 H2 组,为 9.52 g,比对照组提高了 29.50%,H2 球重高于 H1,是 8.10 g,比对照组增加 19.40%,随着海中宝浓度的降低,香雪兰的地上部分和球茎的鲜重都呈下降趋势,H1 的单株总重最高为 17.61 g,比对照组提高 25.40%。干重的变化趋势与鲜重基本一致,H1 的地上部分和球茎干重均最高,单株总重为 3.74 g,比对照组提高了 18.40%,H2 组单株总重次之,为 3.66 g,H3(1 200 倍液)、H4(1 600 倍液)和 H6(2 400 倍液)组的单株总重低于对照组,说明高浓度海中宝营养液可以促进球和叶干物质的积累。

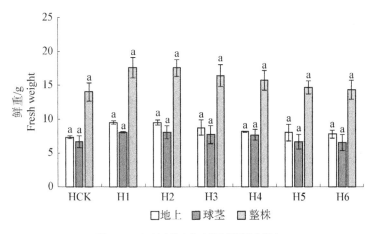

图9-1　不同浓度海中宝对香雪兰鲜重的影响

Fig. 9-1　Effects of different seaweed fertilizer concentration on the fresh weight of *Freesia*

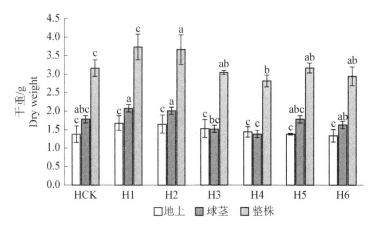

图9-2　不同浓度海中宝对香雪兰干重的影响

Fig. 9-2　Effects of different seaweed fertilizer concentration on the dry weight of *Freesia*

2. 对营养生长的影响

从表9-2可知,不同浓度海中宝营养液对香雪兰营养生长产生了不同效果。
H3、H4、H5(2 000倍液)组处理的株高都高于其他组,且三者之间差距不大,其中
H5组值最大,为39.07 cm,比对照组增加10％左右,CK和H6组株高相近,说明
当海中宝浓度稀释为2 400倍时肥力几乎为零;从叶宽指标来看,H2组的叶宽最

大,H1 和 H3 组其次,说明高浓度海中宝有利于叶宽生长。从叶厚来看,各处理之间没有显著差异,说明不同浓度海中宝对香雪兰的叶厚没有什么影响;从叶片数来看,H2 和 H3 组叶片的数量最多,CK 和 H6 组叶片的数量最少。

表9-2　不同浓度的海中宝溶液对香雪兰营养生长的影响
Table 9-2　Eeffects of different seaweed fertilizer concentration on vegetative growth of *Freesia*

处理 Treatment	株高/cm Plant height	叶宽/cm Leaf width	叶厚/cm Leaf thickness	叶片数/个 Leaf number
CK	35.53±0.20c	0.99±0.03d	0.35±0.01a	6.23±0.31a
H1	37.33±0.12a	1.17±0.02a	0.37±0.01a	6.36±0.33a
H2	37.97±0.41a	1.20±0.03a	0.37±0.02a	7.17±0.58a
H3	38.83±0.09b	1.15±0.04ab	0.36±0.02a	7.20±0.55a
H4	38.73±0.20b	1.07±0.01bc	0.38±0.01a	6.45±0.23a
H5	39.07±0.32a	1.08±0.02bc	0.37±0.01a	6.63±0.39a
H6	35.17±0.27d	1.00±0.03cd	0.36±0.02a	6.20±0.00a

＊注:同列数据小写字母不同表示处理间差异达到 $P<0.05$ 显著水平,下同。
＊Note:Values followed by the same letter in each column are not significantly different at $P<0.05$ based on Duncan's new multiple range test. The same for following tables.

3. 开花性状

不同浓度海中宝对香雪兰的开花性状产生了一定的影响(表9-3)。就花葶高而言,H3、H4、H5 组高于其他组,其中 H3 组花葶值最高,为 37.53 cm,CK 组花葶高最低,仅为 31.7 cm。H1 组处理组的小花数与花葶数最高,分别为 7.33 和 2.57 个。花葶强度也是 H1 组最高(15.21 N),其次为 H2 组(14.73 N);说明高浓度海中宝营养液有利于提高花葶强度;在花径和花葶粗度指标方面,各处理组之间没有显著性差异,说明不同海中宝浓度对小花的花径和花葶粗度并没有产生明显影响。

表9-3　不同浓度的海中宝溶液对香雪兰开花性状的影响
Table 9-3　Effects of different seaweed fertilizer concentration on flowering characters of *Freesia*

处理 Treatment	花葶高/cm Scape height	小花数/朵 Flower number	花径/cm Flower diameter	花葶数/枝 Scape number	花葶强度/N Scape strength	花葶粗/cm Scape width
CK	31.70±0.66d	6.00±0.58a	3.60±0.03a	2.21±0.58a	13.65±0.17cd	0.56±0.04a
H1	33.07±0.09c	7.33±0.67a	3.73±0.07a	2.57±0.33a	15.21±0.34a	0.61±0.02a
H2	36.13±0.34b	6.77±0.33a	3.70±0.06a	2.43±0.33a	14.73±0.08b	0.57±0.01a

处理 Treatment	花葶高/cm Scape height	小花数/朵 Flower number	花径/cm Flower diameter	花葶数/枝 Scape number	花葶强度/N Scape strength	花葶粗/cm Scape width
H3	37.53±0.19a	6.67±0.33a	3.65±0.03a	2.33±0.67a	13.96±0.04c	0.56±0.02a
H4	37.10±0.12a	6.33±0.67a	3.63±0.06a	2.29±0.58a	13.54±0.05cd	0.56±0.01a
H5	37.27±0.35a	7.00±0.58a	3.64±0.02a	2.33±0.55a	13.40±0.01d	0.58±0.02a
H6	32.57±0.38d	7.17±0.33a	3.62±0.03a	2.47±0.67a	13.41±0.06d	0.57±0.01a

4. 花期

通过观察记录花期,发现高浓度海中宝溶液促进香雪兰的花期提前,低浓度则推迟花期(表9-4)。从初花期来看,H1组处理开花最早,比CK组提前1 d,H2、H3、H4、H5、H6组都晚于CK组开花,其中H5组最晚,比对照组晚一周开花;就盛花期而言,CK组最早达到盛花期,H5组最晚达到盛花期;就末花期而言,依然是CK组最早,H4组最晚;总花期上,所有处理组的总花期天数均大于等于对照组,其中H3组总花期最长,比对照组多3 d。综合来看,海中宝溶液处理使得香雪兰花期推迟却延长了花期总天数,但各处理组之间并没有明显的规律(图9-3)。

表9-4　不同浓度的海中宝溶液对香雪兰花期的影响
Table 9-4　The influence of different seaweed fertilizer concentration on the florescence of *Freesia*

处理 Treatment	现蕾期/d Budding period	初花期/d Early flowering period	盛花期/d Full flowering period	末花期/d Fading period	总花期天数/d Total blossoming days
CK	2.29	3.17	3.25	4.04	18
H1	2.27	3.16	3.27	4.05	19
H2	3.04	3.24	4.03	4.11	18
H3	3.02	3.20	4.02	4.10	21
H4	3.07	3.23	4.02	4.13	20
H5	3.06	3.24	4.05	4.12	19
H6	3.06	3.23	4.03	4.11	19

5. 球茎生长

不同浓度海中宝营养液对香雪兰的球茎发育产生了不同影响(表9-5)。从大球直径来看,H1和H2组的大球直径都大于其他组,分别为2.31 cm和2.30 cm,其次为H3组,为2.26 cm,CK组为2.17 cm,其他处理组均和对照组相近。就大球均重、总重、大小球个数来看,H1和H2组均大于其他处理组,且两者之间没有

图 9 - 3 不同浓度海中宝处理下的香雪兰植株
Fig. 9 - 3 The *freesia* plants under the different treament of Haizhongbao

显著性差异。大球均重和总重指标中,H2 组均最高,分别达到 5.99 g 和 29.96 g,H6 组均最低,分别只有 5.22 g 和 26.09 g;大小球个数中,H1 组的大球数最高,为 20 个,H2 组的小球数最多为 23 个,H5 组的大小球个数均最少,均为 9 个,远远低于对照组。综合来看,高浓度海中宝追肥促进了香雪兰球茎的发育。

表 9 - 5　不同浓度的海中宝溶液对香雪兰球茎生长的影响
Table 9 - 5　Effects of different seaweed fertilizer concentration on the ball development of *freesia*

处理 Treatment	大球直径/cm Mother scale diameter	大球均重/g Weight of mother scale	大球总重/g Weight of total mother scale	大球个数/个 No. of mother scale	小球数/个 No. of bulblets	总球数/个 No. of total bulbs
CK	2.17±0.02bc	5.50	27.48	17	19	36
H1	2.31±0.01a	5.93	29.67	20	20	40
H2	2.30±0.02a	5.99	29.96	18	23	41
H3	2.26±0.03ab	5.70	28.52	17	10	27
H4	2.17±0.04bc	5.50	27.48	12	12	24
H5	2.18±0.04bc	5.51	27.53	9	9	18
H6	2.15±0.04c	5.22	26.09	12	13	25

6. 生理指标

从表 9 - 6 可以看出,不同浓度海中宝追肥对香雪兰的生长指标产生不同程度的影响。就可溶性蛋白指标而言,H1 组含量最高,为 2.71 mg/g,H2 组次之,为 2.68 mg/g,且可溶性蛋白的含量随着海中宝浓度减少呈递减规律,H6 组最低,为 2.37 mg/g;就可溶性糖而言,H2 组含量最高,为 14.04%,H5 组最低,为 11.76%;

叶绿素含量在 H2 组达到最大值为 64. 70 SPAD, CK 组的叶绿素含量最低为 58. 83 SPAD。说明高浓度海中宝溶液有利于促进可溶性蛋白、可溶性糖及叶绿素含量的积累。

表 9-6　不同浓度的海中宝溶液对香雪兰生理指标的影响
Table 9-6　Effects of different seaweed fertilizer concentration on physiological indexes of *Freesia*

处理 Treatment	可溶性蛋白含量/(mg/g) Soluble protein	可溶性糖含量/% Soluble sugar	叶绿素含量/SPAD Chlorophyll
CK	2. 53±0. 04ab	13. 54±0. 37ab	58. 83±1. 80b
H1	2. 71±0. 01a	12. 92±0. 44bc	61. 30±0. 55ab
H2	2. 68±0. 02a	14. 03±0. 45a	64. 70±0. 92a
H3	2. 58±0. 03bc	13. 30±0. 05ab	62. 63±1. 57a
H4	2. 46±0. 00d	13. 28±0. 13ab	62. 03±0. 38ab
H5	2. 50±0. 04cd	11. 76±0. 11d	62. 17±0. 96ab
H6	2. 37±0. 02e	12. 20±0. 11cd	61. 77±0. 18ab

(二) 缓释肥对香雪兰生长发育的影响

1. 生物量

两种缓释肥对香雪兰地上部分和球茎的干鲜重产生了显著的影响,其中奥绿高钾肥的所有处理组的地上部分和球茎干鲜重都高于奥绿标准肥处理组(图 9-4、图 9-5)。从鲜重来看,K9 组的叶地上部分和球茎鲜重均最高,分别为 5. 78 g 和 5. 56 g,因此单株总重也最高,比 CK 组提高了 85. 30%,B9 和 B11 组的地上部分和球茎鲜重均低于 CK 组,其中 B11 组的地上部分和球茎鲜重均最低,分别为 2. 57 g 和 2. 55 g,比 CK 组分别低 16. 30%和 16. 40%;就干重而言,K7 组的叶干重最高,为 1. 10 g,与 CK 组比多 83. 30%,K9 组的球干重最高,为 1. 5 g,比 CK 组的提高了 89. 90%,且 K9 组单株总干重最高,比 CK 组增加 86. 30%,B9 组的地上部分和球茎干重均最低,因此单株总干重也最低,仅为 1. 00 g,比 CK 组低 28. 10%。可以看出,奥绿高钾肥整体上的效果要远远好于奥绿标准肥。同时,奥绿标准肥浓度过高,反而抑制了香雪兰的叶片和球茎的生长。

2. 营养生长

两种奥绿缓释肥对香雪兰的营养生长产生了不同影响(表 9-7)。奥绿高钾肥

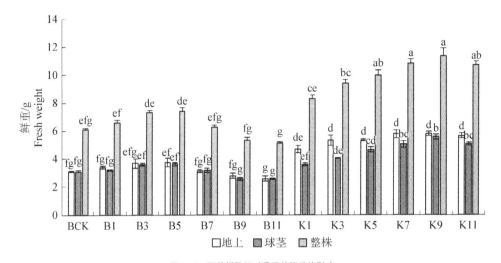

图9-4 两种缓释肥对香雪兰鲜重的影响

Fig. 9-4 Effects of two controlled-release fertilizers on the fresh weight of *Freesia*

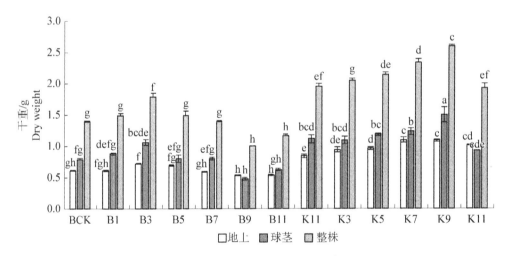

图9-5 两种缓释肥对香雪兰干重的影响

Fig. 9-5 Effects of two controlled-release fertilizers on the dry weight of *Freesia*

的 K7 组株高最高,达 34.7 cm,相比对照组提高了 21.3%,奥绿标准肥的 B5 浓度株高次之,为 33.77 cm,B9 和 B11 组株高都低于 CK 组,且 B11 组最低,仅有 25.73 cm;从叶宽来看,奥绿高钾肥的 K7 和 K9 组叶宽值最大,均为 1.10 cm,K3、K11 次之,为 1.09 cm,K1 组最低,仅为 0.93 cm;从叶厚和叶片数来看,各处理组之间差异性不大,说明奥绿肥对香雪兰的叶厚和叶片数没有产生影响。综上所述,适宜浓度的高钾肥和标准肥都可以促进香雪兰株高的生长,但过高浓度的奥绿标准肥会抑制株高的生长。

表9-7 两种缓释肥对香雪兰营养生长的影响
Table 9-7 The influence of two controlled-release fertilizers on the vegetative growth of *Freesia*

处理 Treatment	株高/cm Plant height	叶宽/cm Leaf width	叶厚/cm Leaf thickness	叶片数/个 Leaf number
CK	28.60±0.15h	1.03±1.03a	0.33±0.02bc	5.33±0.42a
B1	30.30±0.38g	1.00±1.00ab	0.35±0.02bc	5.67±0.23a
B3	31.73±0.27ef	1.02±1.02ab	0.32±0.01c	5.57±0.33a
B5	33.77±0.30b	1.04±1.04a	0.38±0.01a	6.00±0.58a
B7	30.90±0.51fg	1.00±1.00ab	0.36±0.02abc	5.67±0.31a
B9	27.93±0.18h	1.02±1.02ab	0.33±0.02bc	5.67±0.27a
B11	25.73±0.19i	1.02±1.02ab	0.32±0.01c	5.33±0.36a
K1	31.10±0.29fg	0.93±0.93b	0.35±0.01bc	5.35±0.23a
K3	32.67±0.41cd	1.09±1.09a	0.36±0.01abc	5.67±0.34a
K5	32.27±0.15de	1.07±1.07a	0.34±0.01bc	6.67±0.53a
K7	34.70±0.15a	1.10±1.10a	0.37±0.02ab	5.67±0.25a
K9	33.13±0.12bc	1.10±1.05a	0.36±0.01ab	6.65±0.58a
K11	32.23±0.27de	1.09±1.03a	0.34±0.01bc	6.00±0.55a

注:同列数据小写字母不同表示处理间差异达到 $P<0.05$ 显著水平,下同。
Note: The lower case letter in the same column indicates the difference between treatments reach $P<0.05$, the same below.

3. 开花性状

观测发现,奥绿高钾肥对香雪兰的开花性状产生了显著的影响,而奥绿标准肥对开花性状影响不大(表9-8)。从花葶高度来看,奥绿高钾肥的 K7 组花葶高度最高,为 31.30 cm,比 CK 组提高了 14.90%,其次为 K5 和 K3 组,分别为 29.67 cm 和 29.50 cm,B7、B9、B11 和 K1 组的花葶高度都低于 CK 组,其中 B11 组值最低,仅为 24.03 cm,比 CK 组低 11.75%。就小花数而言,奥绿高钾肥各处理组小花数整体都大于奥绿标准肥,但没有明显的规律性;从花径和花葶强度来看,各处理组之间都没有显著差异;就花葶数而言,各处理组花葶数都高于 CK 组。综合来看,奥绿高钾肥各处理组的花葶数要多于奥绿标准肥各处理组,其中 K7 组花葶数最多,为 6.01 个,其他各处理组的花葶数并没有呈现一定的规律性;就花葶强度而言,与花葶数情况相近,奥绿高钾肥中的 K7 和 K5 的花葶强度高于其他处理,分别为 17.27 N 和 17.12 N,奥绿标准肥的 B5 花葶粗度值最高,K5、K7 次之,且没有显著差异性。可见奥绿高钾肥有利于促进香雪兰的开花性状的生长,提高观赏价值。

表 9-8　两种缓释肥对香雪兰开花性状的影响
Table 9-8　The influence of two controlled-release fertilizers on the flowering traits of *Freesia*

处理 Treatment	花葶高/cm Scape height	小花数/朵 Flower number	花径/cm Flower diameter	花葶数/枝 Scape number	花葶强度/N Scape strength	花葶粗/cm Scape width
CK	27.23±0.32f	5.67±0.23a	3.65±0.15a	4.65±0.23a	15.24±0.36a	0.56±0.01abc
B1	27.67±0.27ef	5.55±0.33b	3.73±0.02a	4.67±0.31ab	16.16±0.34a	0.55±0.01abc
B3	27.97±0.22de	6.33±0.43a	3.75±0.06a	5.67±0.33ab	16.60±0.20a	0.57±0.01abc
B5	28.33±0.24ef	5.67±0.30b	3.72±0.04a	5.55±0.58a	16.37±0.22a	0.59±0.01a
B7	25.17±0.26g	6.13±0.32a	3.69±0.04a	5.00±0.55ab	16.26±0.38a	0.55±0.01abc
B9	25.23±0.17g	6.00±0.25a	3.73±0.05a	5.33±0.33ab	16.14±0.18a	0.56±0.02abc
B11	24.03±0.55h	5.67±0.33b	3.70±0.02a	5.00±0.57ab	16.19±0.25a	0.54±0.02abc
K1	27.03±0.19f	5.67±0.33b	3.68±0.05a	5.00±0.33ab	16.25±0.26a	0.52±0.01c
K3	29.50±0.35bc	6.50±0.31a	3.70±0.05a	5.55±0.58ab	16.10±0.19a	0.56±0.02abc
K5	29.67±0.33b	6.67±0.29a	3.73±0.05a	5.53±0.30ab	16.79±0.26a	0.58±0.02ab
K7	31.30±0.57a	6.50±0.38a	3.69±0.03a	6.01±0.43ab	17.12±0.40a	0.57±0.02abc
K9	29.13±0.28bcd	6.55±0.33a	3.70±0.04a	5.77±0.33ab	17.27±0.25a	0.53±0.02bc
K11	28.53±0.32cde	6.67±0.32a	3.67±0.06a	5.00±0.55ab	16.28±0.26a	0.55±0.02abc

4. 花期

奥绿高钾肥各处理组整体上都提前了花期,且花期总天数也有不同程度的增加(表 9-9)。从现蕾时间来看,B5 组的现蕾期比 CK 组早 2 d,B9 和 B11 组则分别推迟 4 d 和 2 d,奥绿高钾肥处理组中 K3 组比 CK 组提前了 8 d,K5 组比 CK 组提前了一周;就初花期而言,B5 组早于对照组 4 d 开花,K7 组早于对照组 10 天开花;就盛花期而言,B5 组早于对照组 6 d,K1 组早于对照组 5 d 达到盛花期;从末花期来看,B5 和 K7 最早到达末花期,均比 CK 组提前 4 d,B9 组比 CK 组要晚 3 d。统计总花期天数后发现,奥绿高钾肥处理的总花期天数都多于 CK 组和奥绿标准肥处理的,其中 K1 和 K3 组总花期最长,均为 22 d,比 CK 组多一周。综合来看,奥绿标准肥和奥绿高钾肥都可以提前香雪兰的花期,且奥绿高钾肥的效果更为显著(图 9-6)。

表9-9 两种缓释肥对香雪兰花期的影响

Table 9-9 The influence of two controlled-release fertilizers on the florescence of *Freesia*

处理 Treatment	现蕾期/d Budding period	初花期/d Early flowering period	盛花期/d Full flowering period	末花期/d Fading period	总天数/d Total blossoming days
CK	3.10	3.28	4.04	4.12	15
B1	3.11	3.27	4.04	4.10	14
B3	3.10	3.26	4.03	4.11	16
B5	3.08	3.24	3.29	4.08	15
B7	3.11	3.27	4.04	4.13	17
B9	3.14	3.30	4.06	4.15	17
B11	3.12	3.29	4.04	4.11	15
K1	3.04	3.21	3.30	4.12	22
K3	3.02	3.20	3.31	4.11	22
K5	3.03	3.21	4.01	4.11	21
K7	3.04	3.18	4.01	4.08	21
K9	3.05	3.21	4.03	4.09	19
K11	3.06	3.22	4.02	4.11	20

CK B1 B3 B5 B7 B9 B11 K1 K3 K5 K7 K9 K11

图9-6 两种缓释肥处理下的香雪兰植株

Fig.9-6 The *freesia* plants under the treatments of two controlled-release fertilizers

5. 球茎生长

花后对香雪兰种球的相关性状进行了分析,发现两种缓释肥都促进了香雪兰球茎的生长发育(表9-10)。奥绿高钾肥 K5 组的大球直径最大,为 2.17 cm,比 CK 组提高了 27.6%,其次为 K7 和 B5 组,分别为 2.15 cm 和 2.07 cm,B9 和 B11 组要低于 CK 组,其中 B11 组最低,只有 1.61 cm。随着浓度增加,大球直径先增大后减小。各处理组的大球均重和总重的整体变化趋势与大球直径基本一致,K5 组的大球重最高,为 6.16 g,比 CK 组提高了 102.6%,总重量比 CK 组增加 102.4%,

其次为 B5，均重比 CK 组增加 85.5%，总重比 CK 组提高了 85.3%；就种球个数而言，B5 组的大球数最多，为 10 个，K1 最少，为 5 个；而小球个数最多的是 K5 组，为 23 个，B11 组最少，为 14 个。统计总球个数发现，K5 组最多，为 32 个，B11 组最少，为 20 个。可见，奥绿标准肥和奥绿高钾肥在适宜浓度下都有利于球茎的生长，但浓度过高效果则会产生负面效果。综合来看，奥绿高钾肥比奥绿标准肥更有利于促进球茎的发育。

表 9 - 10　两种缓释肥对香雪兰球茎生长的影响
Table 9 - 10　The influence of two controlled-release fertilizers on bulb development of *freesia*

处理 Treatment	大球直径 Mother scale diameter	大球均重 Weight of mother scale	大球总重 Weight of total mother scale	大球个数 No. of mother scale	小球个数 No. of bulblets	总球个数 No. of total bulbs
CK	1.70±0.03fgh	3.04	15.22	7	21	28
B1	1.75±0.03efg	3.62	18.11	7	17	24
B3	1.84±0.04de	4.00	20.00	8	22	30
B5	2.07±0.03b	5.64	28.21	10	19	29
B7	1.79±0.02def	3.76	18.80	7	20	27
B9	1.68±0.03gh	3.11	15.56	7	18	23
B11	1.61±0.03h	5.18	25.90	6	14	20
K1	1.84±0.03de	4.72	23.58	5	19	24
K3	2.07±0.02b	5.54	27.72	6	22	28
K5	2.17±0.04a	6.16	30.80	9	23	32
K7	2.15±0.04ab	4.81	24.07	7	20	27
K9	1.95±0.04c	4.60	22.99	7	21	28
K11	1.88±0.03cd	5.13	25.67	7	22	29

6. 生理指标

不同浓度的缓释肥对香雪兰的生理指标产生了不同程度的影响（表 9 - 11）。奥绿标准肥促进了香雪兰叶片中可溶性蛋白含量的积累，其中 B9 组值最高，为 2.87 mg/g，B11 组其次，为 2.80 mg/g，奥绿高钾肥各处理组均低于 CK 组，最低为 K11 组，为 2.49 mg/g。缓释肥促进香雪兰叶片中的可溶性糖积累，所有施肥组都比 CK 组高。奥绿标准肥所有组的可溶性糖含量呈缓慢增加规律，而奥绿高钾肥所有组的可溶性糖含量先增加后降低，其中 K3 组最高，为 16.97%，其次为 B11 组，CK 组最低（13.7%），比最高组低了近 20%。就叶绿素含量而言，奥绿高钾肥

K7组值最高(67.77 SPAD),比最低的 CK 组提高了 28.70%,其次为 K5 组。以上结果表明,奥绿标准肥有助于可溶性蛋白含量的增加,而奥绿高钾肥更有利于叶绿素合成。

表 9 - 11 两种缓释肥对香雪兰生理指标的影响
Table 9 - 11 The influence of two controlled-release fertilizers on physiological indexes of *Freesia*

处理 Treatment	可溶性蛋白含量/(mg/g) Soluble protein	可溶性糖含量/% Soluble sugar	叶绿素含量/SPAD Chlorophyll
CK	2.64±0.01e	13.70±0.58e	52.67±1.07c
B1	2.65±0.02e	14.25±0.06de	57.80±1.55b
B3	2.74±0.01d	14.64±0.15de	63.93±2.64a
B5	2.75±0.01cd	15.15±0.40cd	63.67±2.03a
B7	2.78±0.01bc	15.20±0.57cd	65.90±1.57a
B9	2.87±0.01a	15.87±0.10bc	65.13±0.98a
B11	2.80±0.01b	16.80±0.12ab	65.20±0.81a
K1	2.57±0.01g	15.68±0.30c	58.77±0.99b
K3	2.60±0.01fg	16.97±0.03a	65.73±2.11a
K5	2.62±0.01ef	16.19±0.34abc	66.63±0.76a
K7	2.58±0.01g	16.03±0.32abc	67.77±0.67a
K9	2.59±0.02fg	15.71±0.17c	65.97±1.58a
K11	2.49±0.01h	15.95±0.27bc	64.13±0.76a

三、讨论

(一) 海中宝对香雪兰生长发育的影响

海中宝营养液属于海藻肥,是一种使用海洋褐藻类植物及适宜比例的氮磷钾元素、中微量元素所合成的肥料,含有丰富的营养元素,可促进植物良好生长,增强抗逆性,同时可以促进花朵的开放,改善切花质量,有研究认为其施用浓度为稀释1 000~2 000 倍之间比较适宜。但同一种营养液应用在不同植物上将产生不一样的结果。本研究通过探究海中宝肥料对香雪兰生长的效果,发现海中宝对香雪兰的生物量、营养生长指标及球茎指标产生了显著的影响,且对开花指标及生理指标也产生了一定的影响。

当海中宝营养液浓度较高时,有利于香雪兰叶和球茎鲜重及干重的增加,有利于提高叶片宽度、花葶强度及球茎生长发育,可见其对香雪兰产量和观赏品质均能产生一定有利影响。研究发现,较高浓度的海中宝(H1组,400倍液)有利于香雪兰植株的物质合成与积累,这和王强利用海藻肥浇灌茶叶所得出的结论一致。海藻肥可以促进香雪兰的开花,当稀释倍数为400时,小花数、花葶数及花葶强度值都最高,这一结果与海藻肥应用于万寿菊的结果相同,同时,我们还发现较高浓度的海中宝处理后,大球的直径和个数均有提高,且其叶片中可溶性糖的含量也最高,说明它对香雪兰的种球发育有明显改善作用。海中宝稀释800倍浓度时,香雪兰叶片的宽度值最高,大球均重最大,可溶性蛋白和叶绿素的含量均最高,可见海藻肥可以促进植物体内碳水化合物的合成,这一结果与 Akhtar 对黑绿豆和小扁豆的研究结果一致。用海藻肥处理唐菖蒲发现,海藻肥可以显著促进其株高的生长,本研究结果与其一致。当海中宝营养液浓度较低时(稀释1 200~2 000倍),可以显著促进株高的生长和花葶长高,所以,从满足切花高度角度出发,今后应使用较低浓度的海藻肥。实验还发现,所有海中宝处理组除高浓度 H1 组外,均推迟了花期,分析原因可能是适宜浓度的海中宝营养液主要促进了营养生长,从而导致花期的推迟。此外,海中宝营养液对小花的花径及花葶粗度都没有产生显著影响,这一结果与向日葵的研究结果不一致,其原因可能是因为栽培条件或植物种类不同。

综上所述,在香雪兰大批量种植生产中,如果想获得开花性状及球茎性状方面的优良指标,可以采用较高浓度的海中宝溶液,且稀释800倍浓度为最佳,既节约了生产成本,又可以获得优良性状;想要获得植株和花葶高度方面的优良性状,则以低浓度为佳。

(二) 奥绿肥对香雪兰生长发育的影响

迄今为止,香雪兰精准需肥研究成果非常欠缺,而且缓释肥对香雪兰的效应研究也鲜有报道。本研究表明,两种缓释肥在适宜的浓度范围内均有利于香雪兰的生长发育,其中,植株高度、花葶高度、花葶强度、花葶数、球茎大小以及叶绿素含量等指标受到显著影响,且大多在 3 g/L,5 g/L 或 7 g/L 剂量下达到最大值(图 9-7),而过高浓度则抑制其生长发育,这种效应在大丽花中也有报道。

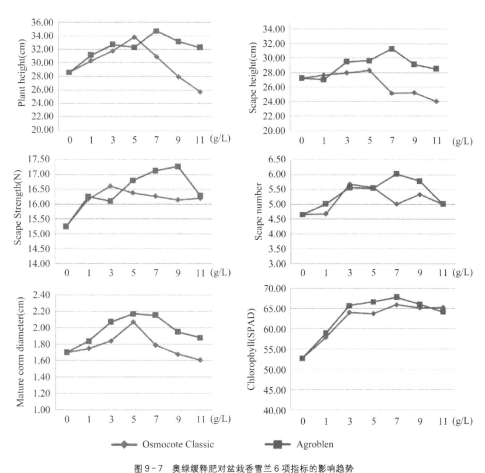

图 9 - 7 奥绿缓释肥对盆栽香雪兰 6 项指标的影响趋势

Fig. 9 - 7 The change trend of plant height, scape height, scape strength, scape number, mature corm diameter and chlorophyll content under CRFs treatments in potted *freesia*

两种缓释肥的影响效果因配方不同而有差异。比较发现,奥绿高钾肥对香雪兰的营养生长、生殖生长的作用都要优于奥绿标准肥。奥绿高钾肥各处理组的植株干鲜重整体上都要远大于奥绿标准肥处理组。奥绿高钾肥更有利于香雪兰的开花,延长了总花期,这与大丽花的研究结论相似,同时高钾肥组整体上都增加了小花的数量,与康乃馨的研究结果一致,这些影响无疑有利于提高其市场价值。究其原因,可能是因为高钾肥相较标准肥含钾多而镁和铁较少的缘故,而钾肥有利于碳水化合物的合成。如在桃中,K 肥可提早开花 2 天,特别是对盛花阶段可促进花的发育。K 肥同样促进菊花花期提前且花径变大,同时植株变高,叶片增多。这些与我们上述结果也是一致的。刘玉燕在探究香雪兰对矿质元素的吸收规律中,影响球茎生长的主要元素为 P 元素,本研究中适宜浓度的奥绿标准肥和高钾肥都可以促进球茎的生长,且两种缓释肥的 P 元素含量相同,但高钾肥在球茎生长方面优于标准肥,分析原因可能是球茎的生长发育过程中,微量元素也发挥了重要的作用。高浓度的奥绿标准肥处理在抑制香雪兰生长的同时,却促进了蛋白质的合成,原因可能是奥绿标准肥含氮量高于高钾肥,且氮元素是蛋白质合成的必需元素之一,因而可溶性蛋白含量较高;奥绿高钾肥的叶绿素含量最高,分析可能因为奥绿高钾肥含有 Mg 和 Fe 元素,且两种元素都是叶绿素合成所必需的元素。

综合来看,所有施肥处理中,奥绿标准肥 5 g/L 和高钾肥 5～7 g/L 的效果最好,推荐用于今后香雪兰的栽培生产实践中。如果考虑提前花期因素,则尤以高钾肥 5～7 g/L 最佳。

第十章

水杨酸对香雪兰生长发育的调控作用

在合适的生长环境条件下,植物的正常生长还需要一些含量较少但作用特殊的植物激素。它们可以维持植物体在不同时期都处于平衡状态,对其生长产生重要的影响。人工合成的可以调控植物生长的化合物及植物本身产生的激素统称为植物生长调节剂。活性极强的调节剂,即便是极低的用量,就可以给植株的生长发育带来较大改变,为一些常规栽培技术难题的解决提供依据。种类繁多的调节剂主要有植物生长促进剂、抑制剂和延缓剂三类。具有抑制效果的调节剂可以延缓植物生长,增加茎粗和叶片厚度,叶色加深,主要有脱落酸、水杨酸、茉莉酸甲酯、乙烯等。目前,世界范围广泛栽植的香雪兰是园艺杂交种,且栽种量逐年增加。但栽种时香雪兰的花梗容易倒伏,影响观赏,并且花期较为集中,花期短,严重影响了香雪兰产业的发展。因此,研究利用调控技术对香雪兰的株型及花期进行控制,调节花期、延长供花时间,是香雪兰生产上急待解决的问题。

水杨酸(salicylic acid,SA),属于天然的植物生长抑制剂,是一种酚类化合物,且成本低、用量少、无毒、使用便捷,在植物体内发挥着非常重要的作用。可以增强植物抗性、促进植物生根发芽、提高开花率、促进植物生根、促进种球生长发育,还有抑制顶端组织生长、降低株高、改变株型的作用,还能诱导植物体内某些相关蛋白的产生,从而显著提高植物抗病性。此外,SA还可通过抑制ACC(1-Aminocyclopropane-l-carboxylate)向乙烯的转化,降低乙烯的生合成量,因此对延缓植物器官衰老具有重要的作用。目前,在水仙、马蹄莲、紫罗兰、菊花、百合、风信子、玉米、黄瓜等植物上都已有所应用,但应用于香雪兰的研究很少。本研究旨在在前人研究基础上,找出更适合香雪兰生长发育的SA浓度以及处理方式,为香雪兰切花及盆栽产量的增加提供实践依据。

一、材料与方法

(一) 试验材料

供试香雪兰品种为'上农金皇后'(*Freesia hybrida* 'Shangnong Gold Queen'),采用园土与复合基质(淮安市康盛农业科技发展有限公司)按1∶1的比例混合的土壤进行栽植,栽培容器为2L(上口径16.5 cm,下口径13.5 cm)的塑料花盆。水杨酸(SA)购自上海阿拉丁生化科技股份有限公司,纯度为99%。

(二) 试验方法

1. 试验设计

试验地点为上海交通大学农业与生物学院玻璃温室,种植时间为2015年12月初。水杨酸(SA)实验中,将香雪兰种球分三组,第1组(S1～S4)和第2组(S5～S8)分别采用浸泡、喷施两种处理方式,浓度依次为150、300、450和600 mg/L;第3组(S9～S11)为浸球结合叶面喷施组,先将种球进行300 mg/L的SA浸球处理,后期分别叶面喷施150、300和450 mg/L的SA(表10-1)。两种处理方式均以不作任何处理的种球为对照组(CK)(表10-1)。其中种球浸泡为12 h,叶面喷施组为每次喷12.5 mL,从植株长至4叶期时开始第1次喷施处理,每7 d喷1次,至花序抽出,总共喷施7次,其余常规水肥管理所有材料均保持一致。每组5个处理,每个处理栽植5盆视为5个重复,每盆定植6个种球,定植时均匀分布种球,覆土厚度为2～3 cm,栽种后采用浸盆方式每7d浇透水1次,并定期转盆。

表 10 - 1　试验设计
Table 10 - 1　Experimental design

编号 No.	浸球/(mg/L) Buld Immerging	喷施/(mg/L) Leaf spraying
CK	150	0
S1	300	0
S2	450	0
S3	600	0
S4	0	150
S5	0	300
S6	0	450
S7	0	600
S8	300	150
S9	300	300
S10	300	450
S11	0	0

2. 测定指标及方法

待香雪兰花苞出现后,对其营养生长和生殖生长指标观测。营养生长指标主要包括株高和叶宽,株高使用直尺测定(叶基到叶尖的长度),叶宽采用游标卡尺测定(叶片中间位置)。开花情况的观测指标包括初花期(有 1/5 植株开花)、盛花期(有 3/5 植株开花)、末花期(有 3/5 植株花朵开始凋落)、主花序小花数量、花径(主花序基部第一朵花,盛花期花瓣平展直径)、花葶高(基质以上至主花序第一朵花高度)、花葶数。每隔 2~3 d 记录 1 次,直至花期结束。收秋后,对球茎的相关指标进行测量,包括大球(周径≥7 cm)、小球(周径≤3 cm)的数量,大球的平均重量及大小球的总重量(统计 5 盆的总和)。

3. 统计分析

各形态指标测定设 5 个生物重复,取其平均值用于图表制作。试验数据用 EXCEL 和 SPSS 19.0 软件进行数据处理及图表制作;显著性分析采用 Duncan's

法，在 $P < 0.05$ 水平上进行单因子方差（One-Way ANOVA）检验，用字母法标记。

二、结果与分析

（一）水杨酸对香雪兰株高和叶宽的影响

由表 10 - 2 可知，在浸泡组（S1～S4）中，S1 和 S2 组处理的香雪兰株高与 CK 组相当，S3 和 S4 组处理明显矮于 CK 组，且 S4 组处理与 CK 组差异显著（$P < 0.05$，下同），说明 SA 质量浓度大于 450 mg/L 的浸球对香雪兰株高生长产生抑制作用，尤其是 600 mg/L 处理的抑制效果最为显著，株高较 CK 组降低了 16.9%，香雪兰的叶片也受到明显损伤，出现叶尖发黄卷曲的现象；而低浓度（150 和 300 mg/L）SA 浸球对香雪兰株高无明显影响。在叶面喷施组（S5～S8）中，S5 组处理的株高高于 CK 组，S6、S7 和 S8 组处理的株高矮于 CK，但均与 CK 组差异不显著（$P > 0.05$，下同），说明用低浓度（150 mg/L）SA 喷施香雪兰叶面对其株高生长作用不明显，而大于 300 mg/L 浓度则会产生抑制效果。在浸泡种球结合叶面喷施组（S9～S11）中，S9～S11 组处理的株高均矮于 CK 组，且随 SA 喷施浓度升高，株高依次降低，其中以 S11（喷施 450 mg/L）组矮化效果最好，株高较 CK 组降低了 13.5%，且植株叶片生长表现良好。

观测叶宽数据表明，浸泡种球组中，各处理叶宽的变化趋势与株高的变化基本一致，随 SA 质量浓度增加，叶宽值逐渐变小，且 S1 和 S2 组处理的叶宽大于 CK 组，S3 和 S4 处理的叶宽小于 CK 组，但均与 CK 组差异不显著，说明高浓度（450 mg/L 和 600 mg/L）处理对香雪兰叶宽有一定的抑制作用；在叶面喷施组中，各处理组叶宽与 CK 组差异不显著，变化规律不明显；在浸泡种球结合叶面喷施组中，各处理组的叶宽均小于 CK 组，说明 S9～S11 组处理对香雪兰叶宽均表现出一定的抑制作用，但抑制作用不显著。

总体来看，适宜质量浓度的 SA 能在一定程度上降低香雪兰的株高，但对叶宽生长没有明显影响。

表 10-2　水杨酸对香雪兰营养生长的影响

Table 10-2　Effects of Salicylic acid on the vegetative growth in *freesia*

处理 Treatment	株高/cm Plant height	叶宽/cm Leaf width	处理 Treatment	株高/cm Plant height	叶宽/cm Leaf width
S1	37.27±0.89a	1.17±0.07ab	S7	34.13±2.00abcd	1.02±0.04b
S2	36.93±0.55a	1.14±0.01ab	S8	34.27±0.90abcd	1.05±0.46a
S3	32.40±1.81bcd	1.00±0.03b	S9	34.40±1.29abcd	1.01±0.02b
S4	30.47±1.11d	0.97±0.04b	S10	33.47±1.06abcd	0.99±0.03b
S5	37.87±0.81a	1.12±0.04ab	S11	31.73±1.62cd	1.00±0.04b
S6	36.00±1.68abc	1.05±0.01ab	SK	36.68±1.61ab	1.11±0.06ab

注：同列数据小写字母不同表示处理间差异达到 $P<0.05$ 显著水平，下同。

Note：The lower case letter in the same column indicates the difference between treatments reach $P<0.05$，the same for the following tables.

（二）水杨酸对香雪兰开花性状的影响

测定发现，SA 对香雪兰的开花性状有一定影响（表 10-3）。就花葶高度而言，仅浸球组（S1～S4）对其产生了明显抑制，且随着浓度的增加，降低的程度越大，600 mg/L 的花葶高降到了 21.5 cm 的最低值，较对照（CK）组降低了 33.8%。浸球和叶面喷施并用的方式对香雪兰花葶高的影响大于叶面喷施组，以 S11 组矮化作用最佳，花葶高比 CK 组降低 10.3%。从小花数和花葶数来看，三组不同处理的效果变化趋势是相同的，表现出与处理浓度负相关的变化趋势。单独浸球和单独叶面喷施的处理随着浓度的升高，抑制效果越明显，尤其是喷施的 S7 组，其小花数量最少，仅有 4.33 朵，浸球 C4 组的花葶数量最少，仅有 0.9 朵；在浸球与叶面喷施方式结合的处理中，S9 组的小花数和花葶数均略高于 CK 组，随着喷施浓度的升高而呈下降趋势。SA 对花径影响和前面几个指标不相同，各处理花径和对照组比较都有所增加，其中浸球 S3 组中出现了最高值（3.33 cm），与 CK 组达到显著差异水平，但每种处理方式中的浓度差异并没有产生显著影响。

表 10-3　水杨酸对香雪兰开花性状的影响

Table 10-3　Effects of Salicylic acid on flowering traits in *freesia*

处理 Treatment	花葶高/cm Stalk height	小花数/朵 Flower number	花葶数/枝 Stalk number	花径/cm Flower diameter
CK	32.49±1.90a	5.70±0.26ab	1.30±0.13ab	2.90±0.19a

处理 Treatment	花葶高/cm Stalk height	小花数/朵 Flower number	花葶数/枝 Stalk number	花径/cm Flower diameter
S1	29.93±0.07a	5.60±0.32abc	1.20±0.08ab	3.28±0.10a
S2	30.90±1.03a	5.20±0.37abc	1.33±0.18ab	3.18±0.09a
S3	26.93±1.08a	4.89±0.46abc	1.10±0.10ab	3.33±0.09a
S4	21.50±5.56b	4.50±0.00bc	0.90±0.24b	3.03±0.17a
S5	32.33±0.60a	5.20±0.52abc	1.33±0.15ab	2.95±0.04ab
S6	31.63±0.91a	5.07±0.31abc	1.47±0.25a	3.14±0.10a
S7	30.90±0.60a	4.33±0.26c	1.07±0.07ab	3.14±0.19a
S8	30.23±1.27a	4.53±0.63abc	1.13±0.13ab	3.18±0.11a
S9	31.73±1.17a	5.80±0.41a	1.57±0.19a	2.88±0.00ab
S10	29.77±0.84a	5.30±0.40abc	1.13±0.08ab	3.18±0.09a
S11	29.13±0.50a	5.00±0.32abc	1.24±0.12ab	2.67±0.12b

（三）水杨酸对香雪兰花期的影响

对香雪兰初花期、盛花期、末花期进行统计，表 10 - 4 结果表明，在浸球方式中，当浓度小于 300 mg/L 时，S1 及 S2 组初花期比 CK 组都提前 3 d，S2 组的盛花期早于对照组 4 d；当浓度大于 450 mg/L 时，香雪兰的开花受到抑制，S3 及 S4 组的初花期分别推迟了 5 d 与 6 d，S3 及 S4 组的盛花期与对照组相比，分别推迟了 12 d 和 9 d，但对香雪兰的末花期的影响并不显著；花期总天数随着水杨酸浓度的增加而减少，其中 S1 组比 CK 组多 3 d，S4 组比 CK 组少 7 d。叶面喷施处理中，各组的初花期都有所提前，尤其是 S6（300 mg/L）组比 CK 组提前了 5 d，盛花期提前 2 d，对末花期及花期总天数无显著效果。在浸球与叶面喷施方式结合的处理中，S9 和 S10 组初花期比 CK 组分别提前了 3 d 和 4 d，S10 和 S11 组盛花期都晚于对照组 3 d，S10 组花期总天数比 CK 组增加了 3 d。

表 10 - 4　水杨酸对香雪兰花期的影响
Table 10 - 4　Effects of salicylic acid on the flowering time of *freesia*

处理 Treatment	初花期/d Early flowering period	盛花期/d Full flowering period	末花期/d Fading period	持续天数/d Total blossoming days
CK	3 月 17 日	3 月 21 日	4 月 7 日	21

处理 Treatment	初花期/d Early flowering period	盛花期/d Full flowering period	末花期/d Fading period	持续天数/d Total blossoming days
S1	3 月 14 日	3 月 22 日	4 月 7 日	24
S2	3 月 14 日	3 月 17 日	4 月 6 日	23
S3	3 月 22 日	4 月 2 日	4 月 8 日	17
S4	3 月 23 日	3 月 30 日	4 月 6 日	14
S5	3 月 13 日	3 月 20 日	4 月 6 日	24
S6	3 月 12 日	3 月 19 日	4 月 6 日	25
S7	3 月 15 日	3 月 20 日	4 月 5 日	21
S8	3 月 17 日	3 月 23 日	4 月 9 日	23
S9	3 月 14 日	3 月 21 日	4 月 6 日	23
S10	3 月 13 日	3 月 24 日	4 月 6 日	24
S11	3 月 15 日	3 月 24 日	4 月 7 日	23

（四）水杨酸对香雪兰球茎发育的影响

对香雪兰的种球发育性状进行测定分析,发现 2 种处理方式对种球的大球重量、种球个数以及种球总重量均产生了不同的影响(表 10 - 5)。就大球重量来看,随着水杨酸处理浓度的升高,浸球组和浸球与叶面喷施结合组呈现显著降低的趋势,尤其是 S10 组降到了 6.10 g 的最低值,较 CK 组降低了 11.3%。150 mg/L 时,三种方法处理下的大球重量绝对值都超过了 CK 组。水杨酸处理后的大球总数统计结果表明,三种处理方式中各组的大球个数都比 CK 组多,且都随着水杨酸浓度的升高而减少,其中 S1 和 S5 组的大球个数分别比 CK 组多了 14 个和 12 个。小球总数的规律性不强,大致呈现随水杨酸浓度的增加而增加的趋势,其中 S3 和 S10 组的小球数比 CK 组分别多 13 个和 12 个。种球的总个数与小球数的规律基本一致但所有处理组的绝对值都超过了 CK 组,其中 S3 组的总球个数达到了 70 个,比 CK 组多了 19 个。测定种球总重量的结果发现,所有处理组都超过了 CK 组,其中 S5 组的总球重量最高,比 CK 组提高了 27.3%。

处理 Treatment	大球重/g Weight of mother scale	大球总数/个 No. of mother scale	小球总数/个 No. of bulblets	总球数/个 No. of total bulbs	总球重/g Weight of total mother scale
S1	7.12±0.37a	29	24	53	251.8
S2	6.86±0.28ab	24	32	56	256.9
S3	6.12±0.20b	21	49	70	215.4
S4	6.18±0.19b	22	40	62	216.7
S5	7.14±0.41a	27	36	63	271.1
S6	6.96±0.27ab	19	42	61	226.2
S7	6.84±0.16ab	25	27	52	229.2
S8	6.44±0.29ab	19	42	61	233.0
S9	6.96±0.23ab	18	30	58	239.7
S10	6.10±0.25b	16	48	64	243.0
S11	6.24±0.20b	16	44	60	240.5
CK	6.88±0.12ab	15	36	51	212.9

三、讨论

综上可知,水杨酸(SA)对香雪兰的生长有着明显影响。观测香雪兰营养生长指标发现,喷施和浸球两种处理方式中,较高浓度 SA 对香雪兰的株高起到明显的抑制作用,这一结果与刘玉艳等的研究结果是一致的,但实验中发现 100 mg/L 以下浓度的 SA 所处理的植株高度都大于对照组,说明低浓度适宜量的 SA 处理会促进植株的株高,这与张鸽香等将 SA 用于水培风信子的实验结果是一致的。SA 浸球处理对株高的矮化效果更显著,而叶面喷施 SA 的方式对香雪兰的生长抑制作用并不明显,该结果与刘玉艳等的结果一致。在开花指标方面,三种 SA 处理方式均在一定程度上降低了花葶高度并减少了香雪兰的小花数,而吴嘉等将 SA 应用南美水仙的研究显示,100 mg/L 的 SA 浸球可以增加南美水仙的花葶高及小花数,这与本研究的结果是相反的,可见,SA 对不同植物种类影响是不一样的。张馨之等对水仙喷施实验的研究中,对照组的初花期、盛花期、末花期都要早于所有 SA 处理组,这与我们的结果也不一致,本研究中低浓度 SA 可以提前香雪兰的开花时间,高浓度推迟了开花时间,但在总花期上的规律是一致的,低浓度 SA 的花期总天数要高于对照组,随着浓度增加花期天数减少。我们还发现,浸球处理中,SA 高于 450 mg/L 会使得香雪兰叶片出现损伤及开花率下降,尤其是 600 mg/L 处理已经严重影响植株的外观,而刘玉艳等试验中 750 mg/L 以上浓度处理的植株仍然具有较高的开花率,且并未出现叶片损伤现象的结果不一致,原因可能是由于 SA 浸泡时间及种球质量不同所致。此外,香雪兰经过 SA 处理后,其种球发育也受到了影响,低浓度的 SA 可以增加大球重、大球总数及种球的总质量,尤其是种球的总质量,所有的处理结果都超出了对照组,这与刘芳等的实验结果是一致的。

本研究设计了浸球与喷施相结合的处理方式,在一定程度上可以避免高浓度 SA 浸球对植物造成损伤,又可以弥补叶面喷湿处理效果不显著的短板,但只选择了 300 mg/L 的 SA 浸球浓度与不同喷施浓度的结合,导致三组处理之间的差异性并不显著,今后可以在此基础上进行优化,同时不同处理方式都可以再增加更低浓度 SA 的处理组,以便探究低浓度 SA 对香雪兰生长及开花影响的具体规律。

单一采用浸泡种球和叶面喷施 SA 的方式各有其优缺点,而采用“浸球＋叶面喷施”的方式则在一定程度上可避免较高浓度 SA 浸球对香雪兰叶片造成损伤,也可弥补叶面喷施效果不佳的不足,达到更好调控香雪兰生长的目的。综合来看,SA 浸泡香雪兰种球对其植株矮化效果明显,叶面喷施有利于香雪兰开花及球茎生长,且以“300 mg/L 的 SA 浸泡种球＋450.0 mg/L 的 SA 叶面喷施”对香雪兰生长及开花的综合效果最佳,可供香雪兰或其他植物利用 SA 调控植株生长及开花时参考。

第十一章

茉莉酸甲酯对香雪兰生长发育的调控作用

    茉莉酸甲酯(Methyl Jasmonate,简称 MeJA 或 MJ)是一种新型植物调节物质,具有广泛的生理作用,近年来被广泛用于农作物和园艺作物的生长与开花调控中。研究发现,MeJA 浸穗处理可以促进水稻、小麦颖花的开放,调节开花时间,提高开花集中度和开颖率,其诱导作用在植物品种之间有明显的差异;喷施 MeJA 可促进大蒜鳞茎快速膨大,低浓度 MeJA 处理可促进其生长,高浓度则起抑制作用;外源 MeJA 喷施处理显著降低了甘蓝型油菜花粉萌发率,对其开花时间和花器官形成会产生影响,且依赖于基因型和剂量。MeJA 在观赏植物上的应用也有不少研究。如研究发现,MeJA 能有效诱导蝴蝶兰幼苗的耐热性,效果优于钙和水杨酸;而 Van Wouter 等则发现 MeJA 喷施处理可以延缓鸢尾花的衰老。本研究通过分析 MeJA 对香雪兰生长发育的影响,旨在筛选适合香雪兰栽培的处理方式和适宜浓度,进而为合理利用化学调控手段调节香雪兰生长发育,达到提高其观赏性、延长观赏期的最终目的。

一、材料与方法

（一）试验材料

供试香雪兰品种为'上农金皇后'（*Freesia hybrida* 'Shangnong Gold Queen'），茉莉酸甲酯(MeJA)购自上海阿拉丁生化科技股份有限公司，纯度95％。

（二）试验方法

1. 试验设计

试验地点为上海交通大学农业与生物学院玻璃温室，种植时间为2015年12月初。将香雪兰分成两组，第1组(M1～M5)和第2组(M6～M10)分别采用浸泡、喷施两种处理方式，浓度依次为1、10、100、200、400 mg/L。两种处理方式均以不作任何处理的种球为对照组(CK)（表11-1）。处理方法与管理同前一章。

表 11-1 试验设计
Table 11-1 Experimental design

编号 Number	浸球/(mg/L) Bulb immerging	叶面喷施/(mg/L) Leaf spraying
CK	0	0
M1	1	0
M2	10	0
M3	100	0
M4	200	0
M5	400	0
M6	0	1
M7	0	10
M8	0	100
M9	0	200
M10	0	400

2. 测定指标及方法

待香雪兰花苞出现后，对其营养生长和生殖生长指标观测。营养生长指标主要包括株高和叶宽，株高使用直尺测定，叶宽采用游标卡尺测定（叶片中间位置）；

叶绿素含量采用 CCM-300 叶绿素仪进行测定。开花情况的观测指标包括初花期、盛花期、末花期、主花序小花数量、花径、花葶高、花葶数。每隔 2～3 d 记录 1 次,直至花期结束。收秋后,对球茎的相关指标进行测量,包括大球(周径≥7 cm)、小球(周径≤3 cm)的数量,大球的平均重量及大小球的总重量(统计 5 盆的总和)。

叶绿素是植物进行光合作用最重要的产物,其含量反映植物生长代谢活跃程度;可溶性糖可以反映其营养物质的积累,而植物体内的可溶性蛋白大多数是参与各种代谢的酶类,是了解植物体总代谢的重要指标。故本研究以成熟叶片为材料,测定了叶绿素、可溶性糖、可溶性蛋白等指标以从生理层面了解其生长特征。其中,叶绿素含量采用 CCM-300 叶绿素仪(奥作生态仪器有限公司)进行测定,可溶性糖和可溶性蛋白含量分别采用蒽酮比色法和考马斯亮蓝 G-250 染色法进行测定。

(三) 统计分析

形态指标测定设 5 个生物重复,生理指标测定 3 个生物重复,取其平均值用于图表制作。试验数据用 EXCEL 和 SPSS 19.0 软件进行数据处理及图表制作;显著性分析采用 Duncan's 法,在 $P<0.05$ 水平上进行单因子方差(One-Way ANOVA)检验,用字母法标记。

二、结果与分析

(一) 茉莉酸甲酯(MeJA)对香雪兰株高和叶部指标的影响

测定结果表明,外源施用茉莉酸甲酯(MeJA)对香雪兰的营养生长会产生不同程度的影响(表 11-2)。MeJA 两种处理方式对株高的影响呈现相反的趋势,浸球促进株高的生长,尤其是较低浓度(10～100 mg/L),其中 M3(100 mg/L)组植株最高(41.23 cm),比 CK 组高约 2.7 cm,随着 MeJA 浓度增加,株高呈现降低趋势,最终恢复到与 CK 组相当水平。相反,喷施 MeJA 则会降低了株高,且随着 MeJA 浓度的增加,株高降低幅度越大,尤其是 M10(400 mg/L)株高仅有 27.53 cm,比 CK 组降低了 28.5%。从叶部 3 个指标来看,MeJA 处理后对叶宽和叶片数没有显著影响,但 MeJA 浸球和喷施处理在一定程度上促进了叶厚的增加。

表 11-2　茉莉酸甲酯对香雪兰营养生长的影响
Table 11-2　Effects of methyl jasmonate on the vegetative growth in *freesia*

处理 Treatment	株高/cm Plant height	叶宽/cm Leaf width	叶厚/mm Leaf thickness	叶片数/片 Leaf number
CK	38.53±0.20c	0.98±0.02a	0.33±0.01b	5.33±0.41a
M1	38.73±0.22c	1.02±0.02a	0.33±0.01b	6.33±0.36a
M2	39.83±0.18b	1.05±0.03a	0.35±0.01ab	5.67±0.33a
M3	41.23±0.18a	1.05±0.01a	0.37±0.02ab	6.00±0.48a
M4	38.37±0.23c	0.99±0.02a	0.38±0.01a	5.67±0.35a
M5	38.10±0.23c	1.04±0.05a	0.37±0.01ab	5.67±0.33a
M6	35.03±0.24d	1.02±0.03a	0.37±0.02ab	5.33±0.34a
M7	33.83±0.43e	1.03±0.01a	0.37±0.01ab	5.67±0.32a
M8	31.60±0.15f	1.02±0.03a	0.37±0.02ab	5.67±0.13a
M9	30.23±0.17g	1.02±0.05a	0.35±0.01ab	5.33±0.34a
M10	27.53±0.32h	1.03±0.02a	0.37±0.00ab	5.33±0.19a
组间 F 值	330.19	0.54	1.70	0.75

* 注：同列数据小写字母不同表示处理间差异达到 $P<0.05$ 显著水平,下同。

* Note：Values followed by the same letter in each column are not significantly different at $P<0.05$ based on Duncan's new multiple range test. The same for following tables.

(二) MeJA 对香雪兰对开花性状的影响

测定了花葶高等 6 个花部性状,结果发现,MeJA 处理对香雪兰花部性状有一定的影响,但各指标影响程度不一(图 11-1),其中花葶高和小花数受 MeJA 的影响显著(表 11-3)。MeJA 对花葶高的影响与株高呈现一致的规律性,但影响程度更为明显(群组方差 F 值远高于株高)。浸球组的花葶高都明显高于 CK 组,尤其是低浓度处理,其中 M3(100 mg/L)组最高,达到 46.83 cm,比对照组增加了18.6%,随后随浓度增加花葶高有所下降;喷施 MeJA 则显著抑制香雪兰的花葶高,且与浓度成正比,M10(400 mg/L)组的花葶高仅 26.73 cm,比对照组降低了32.3%。香雪兰的小花数也明显受到 MeJA 的影响,浸球处理的小花数量基本高于 CK 组,其中 M1 和 M3 组最多,达到 6 朵;喷施处理也呈现类似规律,其中 M7(10 mg/L)组小花数最多(6 朵),但 M10(400 mg/L)组对小花数量抑制效果较为明显。可见,较低浓度 MeJA(1～100 mg/L)处理更有助于促进香雪兰的小花形成。而花径、花葶数、花葶强度、花葶粗等4个指标,MeJA 处理并没有对其产生显著性影响,变化幅度很小,群组间 F 值均小于1,且整体没有呈现出明显规律。

图 11-1 茉莉酸甲酯处理下的香雪兰开花情况

Fig. 11-1 The blooming of potted *freesia* under the MeJA treatments

CK: 对照组;M1～M5:分别用 1, 10, 100, 200, 400 mg/L MeJA 浸球;M6～M10:分别用 1, 10, 100, 200, 400 mg/L 的 MeJA 叶面喷施。

CK: Control group; M1 to M5: Immersing bulb with MeJA of 1, 10, 100 200 400 mg/L respectively; M6 to M10: Leaf spraying with MeJA of 1, 10, 100, 200, 400 mg/L respectively.

表 11-3 茉莉酸甲酯对香雪兰开花性状的影响

Table 11-3 Effects of methyl jasmonate on the flowering traits in *freesia*

处理 Treatment	花葶高/cm Scape height	小花数/朵 Floret number	花径/cm Flower diameter	花葶数/枝 Scape number	花葶强度/N Scape strength	花葶粗/cm Scape width
CK	39.50±0.42d	5.50±0.33bc	3.78±0.02a	4.67±0.67a	16.08±0.16a	0.56±0.01a
M1	45.63±0.43b	6.00±0.45a	3.73±0.02a	4.67±0.33a	15.94±0.03a	0.55±0.01a
M2	46.33±0.22ab	5.67±0.22abc	3.86±0.05a	5.00±0.58a	16.37±0.31a	0.57±0.01a
M3	46.83±0.23a	6.00±0.21a	3.77±0.04a	4.67±0.67a	16.59±0.01a	0.56±0.02a
M4	45.77±0.18c	5.83±0.32ab	3.80±0.06a	5.00±0.58a	16.25±0.39a	0.56±0.01a
M5	44.27±0.35c	5.40±0.27bc	3.76±0.02a	4.00±0.58a	16.55±0.32a	0.55±0.02a
M6	37.83±0.32e	5.50±0.36bc	3.75±0.02a	4.67±0.88a	16.06±0.22a	0.54±0.02a
M7	36.23±0.18f	6.00±0.52a	3.83±0.05a	5.33±0.33a	16.30±0.33a	0.57±0.02a
M8	31.20±0.17g	5.67±0.57abc	3.75±0.05a	4.00±1.00a	15.93±0.05a	0.54±0.02a
M9	29.17±0.15h	5.67±0.35abc	3.82±0.05a	5.33±0.33a	16.15±0.21a	0.59±0.01a
M10	26.73±0.18i	5.25±0.42c	3.77±0.06a	4.67±0.67a	16.19±0.12a	0.57±0.02a
组间 F 值	737.36	3.16	0.93	0.49	0.91	0.79

（三）MeJA 对香雪兰花期的影响

对香雪兰开花过程进行了定期观察记录，按照现蕾期、初花期、盛花期、末花期进行记录，并统计总开花天数。结果发现，无论是浸球还是喷施，低浓度 MeJA 处理整体上促进各阶段开花期并延长总开花天数，高浓度则推迟花期（表 11-4）。从现蕾期来看，浸球处理的 M1～M3（1～100 mg/L）组和喷施处理的 M6（1 mg/L）、M7（10 mg/L）组都比对照组提前现蕾，其中 M2（浸球 10 mg/L）组和 M7 组最早现蕾，均比对照组提前 4d；但浸球组的 M9 和 M10 组则晚于对照组现蕾，分别晚 4 d和 5 d；初花期与现蕾期情况基本一致，其中 M2 组开花比 CK 组早一周，M1、M3、M6 组均早于对照组 4 d 开花，M10 组最晚开花，比对照组晚 4 d；观察盛花期发现，除浸球组 M1、M2、M3 组外，其他组都晚于对照组达到盛花期，M2 组比对照组提前 6 d 达到盛花期，M10 组比对照组晚 5 d 达到盛花期；末花期差异性相对较小，M1 和 M3 比对照组提前 3 天到达末花期，M10 比对照组晚于 3 d 到达末花期。从总开花天数来看，M2 和 M6 组花期持续天数最长，比对照组多 3 d，M10 组花期天数最短，比对照组少了 1 d。

表 11-4　茉莉酸甲酯对香雪兰花期的影响
Table 11-4　Effects of methyl jasmonate on the flowering time in *freesia*

处理 Treatment	现蕾期/月/日 Budding(m/d)	初花期/月/日 Early flowering(m/d)	盛花期/月/日 Full flowering(m/d)	末花期/月/日 Petal fading(m/d)	总开花天数/d Total blossoming days
CK	3/11	4/08	4/11	4/24	16
M1	3/08	4/04	4/10	4/21	17
M2	3/07	4/01	4/05	4/20	19
M3	3/08	4/04	4/09	4/21	17
M4	3/11	4/07	4/14	4/23	16
M5	3/12	4/10	4/17	4/26	16
M6	3/09	4/04	4/12	4/23	19
M7	3/07	4/05	4/12	4/23	18
M8	3/12	4/09	4/15	4/25	17
M9	3/15	4/09	4/15	4/25	17
M10	3/16	4/12	4/16	4/27	15

(四) MeJA 对香雪兰球茎发育的影响

观测结果表明,MeJA 对球茎发育有明显影响,整体表现为促进作用,且基本与浓度呈正相关(表 11-5)。相对于对照,M2~M4(10~200 mg/L 浸球)组、M7(10 mg/L 喷施)组及 M9~M10(200~400 mg/L 喷施)组的大球直径显著增加,其中 M10 组最大(2.30 cm),比对照增加了 16.8%。球重指标的变化规律与球径基本一致,浸球组除 M5(400 mg/L)组外,所有组大球重都比对照组要高,说明适宜浓度的茉莉酸甲酯浸球可以促进球茎物质的合成与积累;M9(200 mg/L)组的球重为所有喷施处理中最高,比对照组约提高了 38%。从收球数量来看,MeJA 有利于增加种球数量,所有处理均高于对照组,且喷施处理组大球数量明显多于浸球组,其中 M6 组最多,比对照组多 21 个大球,而小球数量则是浸球组略多于喷施组,统计总球数后发现,M6 组最多(65 个),比对照多 23 个,其繁殖系数达到 2.17,对照组仅 1.40,可见 MeJA 有利于香雪兰种球的增殖,提高其繁殖系数。

表 11-5　茉莉酸甲酯对香雪兰球茎的影响
Table 11-5　Effects of methyl jasmonate on the bulb development in *freesia*

处理 Treatment	大球直径/cm Diameter of large bulb	大球重/g Weight of individual large bulb	大球数/个 No. of large bulbs	中小球数/个 No. of bulblets	总球数/个 No. of total bulbs/	繁殖系数 Reproduction coefficient
CK	1.97±0.07c	4.71±0.10efg	22	20	42	1.40
M1	1.97±0.03c	5.00±0.13def	20	30	50	1.67
M2	2.17±0.03ab	5.43±0.07cd	20	27	47	1.57
M3	2.27±0.04a	5.87±0.16bc	24	28	52	1.73
M4	2.07±0.04bc	5.18±0.12de	22	23	45	1.50
M5	1.93±0.03c	4.54±0.11fg	23	23	46	1.53
M6	1.97±0.09c	4.41±0.11g	43	22	65	2.17
M7	2.22±0.02ab	5.28±0.26d	35	12	47	1.57
M8	1.93±0.03c	4.42±0.11g	38	18	56	1.87
M9	2.23±0.09ab	6.50±0.16a	40	20	60	2.00
M10	2.30±0.06a	5.99±0.17b	33	17	50	1.67
组间 *F* 值	7.33	18.06	—	—	—	—

(五) MeJA 对香雪兰生理指标的影响

测定香雪兰叶片中与生长相关的 3 个生理指标发现,MeJA 对可溶性蛋白、可溶性糖及叶绿素含量均产生了一定的影响(表 11-6)。从可溶性蛋白指标中可以看出,所有浸球处理对其并没有显著影响,而喷施处理低浓度(1~10 mg/L)处理组则促进叶片中可溶性蛋白含量的积累,其中 M7 组最高,比对照组增加了 12.2%,随后随浓度增加可溶性蛋白含量迅速下降至低于对照组的水平,最高浓度组 M10(400 mg/L)组可溶性蛋白含量最低,仅为 1.99 mg/g,比对照组减少了 26.6%。就可溶性糖而言,无论喷施还是浸球方式,低浓度(1~10 mg/L)处理有一定的促进作用,高浓度组的可溶性糖含量大多与对照组保持相同水平,仅喷施组 M10(400 mg/L)组含量显著低于对照组。分析叶绿素含量可以发现,浸球处理对其并没有显著影响,高浓度 MeJA(100~400 mg/L)喷施处理中的叶绿素显著低于对照组的水平。综合来看,喷施浓度 10 mg/L 最有利于可溶性蛋白合成,浸球浓度 10 mg/L 最有利于促进可溶性糖合成,高浓度 MeJA 喷施处理影响了叶绿素积累。

表 11-6 茉莉酸甲酯对香雪兰生理指标的影响
Table 11-6 Effects of methyl jasmonate on the physiological index in *freesia*

处理 Treatment	可溶性蛋白含量/(mg/g) The content of soluble protein	可溶性糖含量/% The content of soluble sugar	叶绿素含量/SPAD Chlorophyll content
CK	2.71±0.03c	10.40±0.21cd	60.00±1.28ab
M1	2.68±0.03c	11.24±0.21abc	60.72±1.31ab
M2	2.65±0.05c	12.04±0.18a	64.13±1.32a
M3	2.74±0.04c	10.44±0.09cd	64.47±1.33a
M4	2.73±0.01c	10.83±0.14abcd	62.10±1.61ab
M5	2.71±0.04c	10.71±0.06bcd	64.75±0.74a
M6	2.91±0.05b	11.87±0.48ab	61.13±1.80ab
M7	3.04±0.05a	11.35±0.57abc	58.54±1.25b
M8	2.08±0.03d	10.92±0.35abcd	53.93±1.40c
M9	2.03±0.02d	10.18±0.59cd	49.65±2.41c
M10	1.99±0.04d	9.95±0.66d	52.74±2.34c
组间 F 值	91.95	3.06	6.80

三、讨论

研究结果表明,不同浓度茉莉酸甲酯(MeJA)浸球和喷施两种方式对香雪兰的营养生长、生殖生长及生理指标都产生了不同的影响。MeJA 浸球促进了香雪兰株高的生长，其中 1 mg/L 处理株高最高，比对照高 12%，该结果与李红利对百合的研究结果一致，但与 Albrechtova 等用 MeJA 浸泡红叶藜根部所得出结论相反，说明不同植物种类对 MeJA 浓度的敏感性不同。MeJA 喷施处理会抑制香雪兰的株高生长，其中 400 mg/L 浓度对株高的矮化效应最大。同样，MeJA 浸球促进了花葶高度生长，而喷施 MeJA 则抑制了花葶高度，但两者都一定程度上促进了小花数的增加，这一结果与喷施适宜浓度的 MeJA 可以增加洋甘菊小花量的结论一致。低浓度 MeJA 浸球和喷施两种方式可以促进香雪兰提前现蕾和开花，其中以浸球 10 mg/L 处理效果最佳，比对照组提前一星期开花，喷施 10 mg/L 处理则花期总天数最长，比对照多 4 天，高浓度（200~400 mg/L）MeJA 喷施方式则会推迟花期，缩短了开花总天数，这与东方百合的研究结果是一致的。有研究表明，MeJA 可以促进大蒜、组培和盆栽百合鳞茎的生长以及组培半夏块茎的形成，本研究中两种处理方式都可以促进香雪兰种球球径和重量的增加，与上述结果一致。我们还发现，低浓度 MeJA 浸球方式可以增加可溶性糖的含量，低浓度 MeJA 喷施方式可以增加可溶性蛋白的含量，两者均以 10 mg/L 浓度效果最佳，高浓度喷施处理中，可溶性糖、蛋白及叶绿素的含量与对照相比，都有明显减少，不利于光合作用和碳水化合物的积累，这和百合及向日葵中的研究结论一致。

综上所述，MeJA 可以调控盆栽香雪兰的营养生长与生殖生长，低浓度喷施有利于控制株高，减少倒伏现象从而提高观赏性，以 10~100 mg/L 浓度效果最佳。MeJA 浸球和喷施处理都可以提前香雪兰开花期，适度增加小花数量，从而提高香雪兰的观赏价值，以浸球 1~100 mg/L、喷施 1~10 mg/L 浓度效果较好。MeJA 有利于香雪兰种球的增殖，其中喷施方式对球茎的生长发育效果更显著。同时，低浓度 MeJA 处理有利于可溶性蛋白和可溶性糖等碳水化合物的积累，可为其生长提供物质基础。上述研究也可为今后茉莉酸甲酯在其他植物上的应用提供理论与实践参考。

第十二章

新型生长调节剂 Topflor 调控香雪兰生长和开花

香雪兰由于分枝特性,盆栽应用时容易出现披散和倒伏现象,一直是严重影响盆栽香雪兰生长及观赏效果的关键性问题,限制了盆栽香雪兰在我国的市场开拓。文献表明,已有部分学者开展过香雪兰盆栽矮化研究,如利用多效唑(PP$_{333}$)、比久(B$_9$)、矮壮素(CCC)等常见的生长调节物质以及采用特殊的栽培措施等,在调控香雪兰株型、花茎高度、花期调控方面虽取得了一定效果,但寻找更适宜的生长调节物质及处理方式依然是香雪兰盆栽生产急需解决的关键技术问题。

Topflor 是一种新型植物生长调节剂,其有效成分为氟嘧啶或呋嘧啶(Flurprimidol),主要作用是降低赤霉素(GA)的合成而抑制节间伸长。欧洲早在20世纪90年代开始应用,美国最早则应用于草坪,近十多年才开始进行花卉上的应用研究。文献表明,Topflor 在欧美国家已应用于郁金香、百合和风信子等球根花卉的矮化试验,证实能取到良好矮化效果。此外,Topflor 还被应用于向日葵、凤仙花、一品红、天竺牡丹、菊花、天竺葵等的矮化处理,并取得了较好的效果,但我国还未见相关研究和实践报道。本文以香雪兰园艺品种为研究材料,采用 Topflor 对盆栽香雪兰进行浸球、浸湿基质和叶面喷施等处理,研究了各种处理对盆栽香雪兰生长发育的影响,通过观测营养生长阶段及开花阶段等多项指标,综合评价Topflor对盆栽香雪兰生长及开花的影响,以期筛选获得适宜的Topflor浓度及施用方式,为香雪兰盆栽生产提供科学依据。

一、材料与方法

(一) 材料

试验植物材料为上海交通大学自育香雪兰园艺杂交品种(*Freesia hybrida*),选择大小一致、无病害、无损伤的种球。试验所用的植物生长调节剂为美国进口的Topflor,其有效成分Flurprimidol的含量为0.38%。

(二) 试验方法

将种球放置于通风良好的仓库中经自然高温打破休眠后种植于上海交通大学七宝校区实验农场。选择盆口直径15 cm、高20 cm的塑料花盆栽种,基质为蛭石、珍珠岩、草炭土、园土(按等体积比例混合)。栽种时将种球分布均匀,覆土约2～3 cm,每盆种植6个球。

试验共设计3种处理方式,分别为浸泡种球、叶面喷施和浸湿基质,采用不同浓度的Topflor进行不同时间的处理。以不做任何处理的植株为对照,正常肥水管理。于2011年10月19日将种球定植于上海交通大学七宝校区实验农场塑料大棚内,单个种球质量约7.0～8.5 g。根据2011年的试验结果,2012年再进行了部分优化试验,设置了浸种球与叶面喷施两种处理,以期继续探讨最佳浓度。其中,浸种球材料的定植时间为2012年10月28日,单个种球质量约5 g;叶面喷施材料的定植时间为2012年10月1日,单个种球质量约7 g。

1. 浸泡种球

2011年共设3个浓度梯度,2个处理时间,在定植前进行浸球处理;2012年设3个浓度梯度,1个处理时间(表12-1)。

表 12 - 1　浸泡种球处理

Table 12 - 1　Treatments of bulb immerging with Topflor

编号 No.	种植年份 Planting year	浓度(ppm) Dose	浸泡时间(min) Immerging time	编号 No.	种植年份 Planting year	浓度(ppm) Dose	浸泡时间(min) Immerging time
Q-1-1	2011	25	10	Q2-2-1	2012	10	30
Q-1-2	2011	50	10	Q2-2-2	2012	20	30
Q-1-3	2011	75	10	Q2-2-3	2012	50	30
Q-2-1	2011	25	30	CK2	2012	0	0
Q-2-2	2011	50	30				
Q-2-3	2011	75	30				
CK	2011	0	0				

2. 叶面喷施

2011 年设计 3 个处理浓度,在出苗后 2 周进行叶面喷施,以后每 2 周喷一次,共喷 6 次;2012 年也设计了 3 个处理浓度,同样在出苗后 2 周进行叶面喷施,以后每 2 周喷一次,共喷 4 次(表 12 - 2)。

表 12 - 2　叶面喷施和浸湿基质处理

Tab. 12 - 2　Treatments of leaf spraying and substrate drench with Topflor

叶面喷施 Leaf spraying			浸湿基质 Substrate drench		
编号 No.	种植年份 Planting year	浓度(ppm) Dose(ppm)	编号 No.	种植年份 Planting year	浓度(mg/盆) Dose(mg/pot)
Y-1	2011	50	J-1	2011	0.5
Y-2	2011	100	J-2	2011	1.0
Y-3	2011	200	J-3	2011	2.0
Y2-1	2012	25			
Y2-2	2012	50	CK3	2012	0
Y2-3	2012	100			

3. 浸湿基质

将不同用量的 Topflor 分别用 300 mL 的水配成溶液(表 12 - 2),在种球栽植前将基质用所配溶液浸湿,下置托盘,有水溶液渗出再倒回盆中,直至完全吸收为止。

4. 观测指标

生长期间定期观测记录相关形态指标。用直接计数统计或用直尺测量记录各项指标,每个指标每盆测定 5 次,取其平均数作为一个重复。

营养生长期观测指标:采用直接计数法记录每个球长出的分蘖数及总的小叶数;用直尺测量株高(从地面到最高处)、叶宽(最宽处);用叶片厚度仪(托普公司)测量叶片厚度。其中,叶面喷施株高的第一次测定时间是在第一次喷施前,浸球处理和浸湿基质第一次测定是在定植后一个月,以后每隔一个月测定一次,共测 3 次。以最后一次测定的株高值计算抑制率,抑制率(%)= 处理组株高 / 对照植株株高×100%。

开花期观测指标:记录开花株数、每株始花期早晚(以花序基部第一朵小花完全着色为始花期)、主花枝数、小花数(主枝上的小花数量)、花型是否畸形、花色是否变化;测量花径(花序基部第一朵小花完全开放时花瓣平展时的直径)、花梗长度(每球上主花枝的长度,从地面到花序上第一朵花开放时的距离为标准)。

5. 数据分析

所有试验均设 4 个重复,取其平均值用于分析。利用 Microsoft Excel 2007 软件、SPSS 17.0 软件进行试验数据的统计,采用 Duncan 检验进行显著性分析。

二、结果与分析

(一) Topflor 对盆栽香雪兰株高的影响

通过定期测定 Topflor 处理后的香雪兰株高,结果发现,应用 Topflor 对香雪兰进行浸球、浸湿基质及叶面喷施处理,对其株高均起到了明显的抑制效果,其抑制作用多在处理前期实现,而且随着药剂浓度的增加,抑制效果增强(表 12 - 3,12 - 4)。从第一年的数据来看,浸球、浸湿基质及叶面喷施处理的抑制率分别为 33%～50%,30%～54%,34%～43%,以浸球处理对株高的抑制最大,浓度最高的浸球处理组(75 ppm),其平均株高相对于其他所有组为最低,仅相当于对照植株高度的50%。但是,高浓度(50 ppm 以上)Topflor 处理过的植株,香雪兰叶片均有一定的激素伤害症状,表现为部分叶片扭曲、皱缩、生长方向由直立转为斜展(图 12 - 1)。相对而言,浸湿基质对株高的抑制程度较低,且浓度之间的差异也不显著,因此第二年未再设置此处理。叶面喷施对香雪兰植株高度也有显著的抑制作用,且在试验浓度范围内,随处理浓度的增加而显著增大。

表 12-3　第一年 Topflor 处理对香雪兰生长的影响

Table 12-3　The effects on *freesia* growth under Topflor treatments in the 1st year

性状 features		CK1	浸球 bulb immerging		
			Q-1-1	Q-1-2	Q-1-3
株高/cm	第1次测定	17.14±0.97a	11.10±1.36d	7.24±0.69e	5.58±0.65f
	第2次测定	22.88±0.48a	14.93±1.13bc	11.00±0.87ef	10.03±0.96ef
	第3次测定	22.63±0.52a	15.04±0.18bc	13.06±0.63d	11.22±0.38e
	抑制率/%	/	34	42	50
叶宽/cm		1.47±0.023fgh	1.63±0.036de	1.81±0.044a	1.63±0.054e
分蘖数/个		2.2±0.313abcd	1.35±0.109e	2.35±0.182abcd	2.55±0.266abc

性状 features		CK1	浸球 bulb immerging		
			Q-2-1	Q-2-2	Q-2-3
株高/cm	第1次测定	17.14±0.97a	10.18±0.41d	6.33±0.11ef	6.10±0.64ef
	第2次测定	22.88±0.48a	14.64±0.67bc	11.71±0.53de	9.62±0.33f
	第3次测定	22.63±0.52a	15.17±0.40bc	12.02±0.49de	11.94±0.93de
	抑制率/%	/	33	47	47
叶宽/cm		1.47±0.023fgh	1.77±0.056ab	1.73±0.071abcd	1.74±0.046abc
分蘖数/个		2.2±0.313abcd	1.3±0.105e	1.3±0.105e	1.3±0.105e

性状 features		CK1	浸湿基质 substrate drench		
			J-1	J-2	J-3
株高/cm	第1次测定	17.14±0.97a	15.58±0.16b	13.43±0.39c	13.16±0.38c
	第2次测定	22.88±0.48a	15.65±0.40b	13.39±0.61cd	13.44±0.60cd
	第3次测定	22.63±0.52a	15.03±0.33bc	14.66±0.24c	15.84±0.83b
	抑制率/%	/	34	35	30
叶宽/cm		1.47±0.023fgh	1.67±0.033cde	1.69±0.038bcde	1.73±0.041abcd
分蘖数/个		2.2±0.313abcd	1.85±0.182de	2±0.205cd	2.05±0.185bcd

性状 features		CK1	叶面喷施 foliar spray		
			Y-1	Y-2	Y-3
株高/cm	第1次测定	8.02±0.08a	7.91±0.31a	7.70±0.36a	7.33±0.28a
	第2次测定	21.99±1.29a	14.48±0.41b	12.21±0.47c	12.10±0.70c
	第3次测定	22.10±0.92a	14.59±0.77b	13.49±0.50bc	12.69±0.73c
	抑制率/%	/	34	39	43

注：同一小写字母表示没有显著差异。株高差异显著性以每次测定值进行横向分析，其中叶面喷施的测定时间不一样，其方差分析单独进行。

* Note：The same lowercase letter indicates no significant difference. The significance of the difference in plant height was analyzed horizontally with each measured value. The measurement time of foliar spray was different，and the analysis of variance was conducted separately.

第二年优化试验表明，浸球及叶面喷施 2 种处理均表现出与第一年相似的规律,但绝对值上存在差异,这应与当年气候及日常管理水平存在差异有关(表12-4)。浸球处理各浓度均能抑制其株高,高浓度组(50 ppm)的抑制率高达55%,但植株的激素伤害症状依然明显,低浓度组(10～20 ppm)则不太明显,因此可以选择低浓度应用于今后生产。叶面喷施的抑制率为28%～43%,最高抑制率出现在100 ppm处理组,与第一年200 ppm处理组的抑制率相同,说明不同环境条件对试验结果存在影响;同时,两年的株高存在较大差异,可能与当年气候和日常管理水平存在差异以及喷施药液的次数不同有关。

图 12-1　Topflor 浸球处理 10 min 后生长 3 个月的植株生长情况(左)和激素伤害症状
(右)。左图中从左至右依次为 CK(对照)、Q-1-1、Q-1-2、Q-1-3
Fig. 12-1　The growth status of three-month-old *freesia* seedlings under treatment of bulb
soak for 10 min (left) and phytotoxicity (right)
In left figure, from left to right: CK, Q-1-1, Q-1-2, Q-1-3

表 12-4　第二年 Topflor 处理对香雪兰生长的影响
Table 12-4　The effects on *freesia* growth under Topflor treatments in the 2nd year

性状 features		CK2	浸球 bulb immerging		
			Q2-2-1	Q2-2-2	Q2-2-3
株高/cm	第1次测定	18.30±1.58a	13.00±0.87b	12.11±0.97b	6.23±0.36c
	第2次测定	27.09±0.79a	18.33±0.90b	16.67±0.84b	8.54±0.67c
	第3次测定	36.65±1.73a	27.80±1.78b	24.94±1.33b	16.63±0.80c
	抑制率/%	/	24	32	55
叶宽/cm		1.12±0.07c	1.44±0.04b	1.48±0.05b	1.66±0.07a
叶厚/μm		224.79±10.36b	292.08±28.12ab	328.33±38.62a	332.92±20.25a

性状 features		CK3	叶面喷施 leaf spraying		
			Y2-1	Y2-2	Y2-3
株高/cm	第1次测定	21.29±0.70a	21.95±0.37a	21.11±0.65a	19.36±0.27b
	第2次测定	28.43±0.31a	24.04±0.72b	23.46±0.51b	19.50±0.47c
株高/cm	第3次测定	33.68±2.02a	24.35±0.36b	23.22±0.62b	19.09±0.61c
	抑制率/%	/	28	31	43
叶宽/cm		1.12±0.07c	1.23±0.05c	1.41±0.04b	1.23±0.03c
叶厚/μm		224.79±10.36b	265.50±36.23ab	278.75±22.49ab	283.33±23.15ab

注：同一小写字母表示没有显著差异。株高差异显著性以每次测定值进行横向分析，因为两种处理测定时间不一样，方差分析均单独进行。

* Note：The same lowercase letter indicates no significant difference. The significance of the difference in plant height was analyzed horizontally with each measured value. As the measurement time of the two treatments was different, the analysis of variance was conducted separately.

（二）Topflor 对盆栽香雪兰叶宽、叶厚和分蘖的影响

第一年的叶面喷施处理试验，由于后期两组高浓度处理的植株多数死亡，只取得一组数据（Y-1），因而叶宽和分蘖数均没有列入分析。

结果表明，适宜浓度的 Topflor 处理对香雪兰叶宽有一定影响（表 12-3，12-4）。除第二年叶面喷施两个处理不明显以外，其他处理均能增加叶宽，浸球处理和浸湿基质的效果更加突出，最大值出现在 50 ppm 的浸球处理组，平均值达 1.81 cm。

第一年对香雪兰分蘖数进行了观测，结果表明（表 12-3，12-4）：与对照植株相比，Topflor 处理普遍对分蘖的增多无益，甚至有个别处理还会出现抑制分蘖。因此第二年没有再测定，增设了另一个指标叶厚，结果发现，20～50 ppm 的 Topflor 浸球处理能显著增加叶片厚度，其他处理绝对值上虽有增加，但差异并不显著。

（三）Topflor 对香雪兰开花性状的影响

连续两年的观察表明，Topflor 不会对香雪兰的花色及花型造成不利影响，花色与对照一致，也没有观察到明显的畸形花朵的出现。但处理后会在一定程度上影响盆栽香雪兰的开花株数、始花期、花梗长度、小花数量、花径等开花性状（表 12-5）。

统计分析两年各处理条件下的始花期，发现 Topflor 对香雪兰的始花期有一定影响，但规律性不强，重复之间也存在较大差异，说明即使是同一种处理，其影响也是

处理 Treatment		花枝数/枝 Scape number	小花数/朵 Floret number	花径/cm Flower diameter	花梗长度/cm Scape length	开花株数 Blossoming plants	备注 Note
浸球处理	Q-1-1	1～2	2～3	4.2	18.70	3	
	Q-1-2	1	2～3	4.5	17.39	5	
	Q-1-3	—	—			0	未见开花
	Q-2-1	—	—			0	未见开花
	Q-2-2	—	—			0	未见开花
	Q-2-3	—	—			0	未见开花
	CK1	1～3	3～6	4.3	21.2	12	2011 年种植
	Q2-2-1	1～2	4～7	3.7	18.5	18	
	Q2-2-2	1～2	3～6	4.1	15.2	11	
	Q2-2-3	1	4～6	4.5	8.5	8	
	CK2	1～3	5～6	3.6	28.2	18	2012 年种植
浸湿基质	J-1	1～2	1～4	4.2	10.2	2	对照同 CK1
	J-2	1～2	1～5	4.3	11.2	3	
	J-3	1	3	4.1	10	1	
叶面喷施	Y2-1	1～2	2～7	3.6	17.4	14	
	Y2-2	1～2	3～6	3.9	13.4	14	
	Y2-3	—	—			0	未见开花
	CK3	1～3	4～10	3.6	30.6	22	2012 年种植

参差不齐的。多数处理则基本与对照植株的始花期在同一时期。需要说明的是,叶面喷施处理中,除低浓度 Topflor 之外,较高的两个浓度处理后的植株在后期均全部死亡,可能是后期喷施次数多使植株和土壤中积累的量过多而导致了致命性的伤害,或者是管理中低温季节未及时保温,因此没有采集到开花相关数据,未列入分析。

统计开花植株数、每株花枝数、花序梗长度、各主花枝上的小花数以及花序基部第一朵单花的花径,结果表明:各种处理对其植株的花枝数没有明显影响,而小花数、花径、花梗长及开花株数等开花性状上则存在一定差异。第一年因开花季节(2～3 月份)遭遇一次寒潮并且未及时盖内棚保温,导致所有植株开花均受到一定影响,主要表现在开花植株少。第一年浸球处理中,仅低浓度、短时间的 Topflor 处理开花,其花梗长明显矮于对照,但开花植株明显比对照少,花径则没有显著差异,其他浸球处理则未见开花;浸湿基质处理可使花梗长明显缩短,但开花株数远远少于对照,其他指标则无明显差异。

第二年优化试验结果表明,除 100 ppm 叶面喷施处理(Y2-3)植株未见开花外,其他处理均能够开花。浸球处理明显抑制香雪兰的花梗伸长,并随浓度增加抑制效果越显著,同时随浓度升高其开花植株数也明显减少,但其花径却随浓度增加而增加,而对花枝数及小花数的影响则不显著。叶面喷施处理对其花枝数及花径的影响不明显,能明显抑制花梗的伸长,但开花株数少于对照,同时会减少花枝上的小花数。

三、结论与讨论

控制株高是实现盆栽香雪兰生产的关键。Topflor 的 3 种处理方式均明显抑制香雪兰的株高,这与向日葵、东方百合、风信子、郁金香等花卉的研究结果基本是一致的。不同处理方式对株高的抑制程度有一定差异。就本文试验结果来看,种植前浸球处理对盆栽香雪兰株高的抑制程度最高,最大抑制率可高达 68%,且与浓度基本成正比,但高浓度(高于 50 ppm)浸球处理会使叶片表现出一定的激素伤害症状;叶面喷施次之,最大抑制率可达 43%,但叶面喷施处理中有不少后期死亡,可能与浓度过度、喷施次数过多有关;浸湿基质相对抑制作用小一些,最大抑制率可达 34%。因此,从控制株高结合叶面形态来看,以低浓度(低于 25 ppm)的浸球处理最为适宜。Krug 等基于风信子的研究结果表明,Topflor 浸球时间在 2~40 min之间没有明显差异,我们的试验结果也发现处理时间与抑制株高没有明显对应关系。在对株高的抑制程度方面与部分文献的结果存在一定差异,这应该与植物品种以及栽培条件有关系。如基于东方百合的研究表明,浸球对品种'Star Gazer'的株高抑制率从 23%~56%不等,而对另一品种'Mona Lisa',其最大抑制率为45%。对叶面喷施和浸湿基质的最适用量方面也有不同报道。Krug 等研究认为,叶面喷施时低于 80 ppm 对东方百合的株高抑制不明显,浸湿基质以 0.5 毫克/盆比较好;而 Whipker 等指出,对向日葵而言,叶面喷施时高于 30 ppm 时才有效果,浸湿基质则以 2 毫克/盆比较好,且认为浸湿基质要优于叶面喷施;Whipker 等对龙胆科藻百年试验也表明浸湿基质要优于叶面喷施,叶面喷施时宜高于 80 ppm,而浸湿基质的用量则低至 0.03 毫克/盆。可见不同物种之间的适用处理方式与用量均有不同要求。我们的试验表明,对香雪兰而言,浸湿基质的用量宜1毫克/盆,叶面喷施宜低于50 ppm。

Topflor 对叶宽、分蘖和叶厚等性状的影响目前几乎没有文献报道。在香雪兰的浸球和浸湿基质处理中,适宜浓度的 Topflor 对增加叶宽的效果较为明显,而叶面喷施则对其叶宽没有显著影响。对盆栽植物而言,分蘖数多有利于株型的丰满,而我们试验中所有的 Topflor 处理均对香雪兰分蘖没有明显的促进作用。综合 Topflor 对香雪兰营养生长的影响结果来看,就达到矮化目的而言,用 Topflor 进行处理是完全可以实现的,比较前人研究结果发现,Topflor 对植株高度的抑制幅度要大于 PP$_{333}$、CCC、B$_9$ 等生长延缓剂。

作为观花植物,要实现香雪兰盆栽的观赏价值,必须提高其观赏价值或不影响其观花性状。研究表明,Topflor 对盆栽小花兰的开花性状有一定影响,主要表现在对开花株数、花径以及小花数等指标上,对花色及花型没有不利影响。这与东方百合、菊花等其他花卉中的研究结果基本一致。从整体来看,低浓度浸球和叶面喷施以及适中用量的浸湿基质处理对开花的负面影响比较小,有利于保持其应有的观花价值。

因此,综合 Topflor 对香雪兰生长发育的影响,低浓度浸球(10~25 ppm)和叶面喷施(25~50 ppm)以及适中用量的浸湿基质处理(1 mg/盆)均有利于香雪兰的盆栽生产,可以用于指导今后生产实践。

第三部分　香雪兰花朵发育与衰老机理

第十三章

香雪兰花朵发育与衰老的生理生化研究

香雪兰切花较易衰老,观赏寿命短,在生产和应用上易于发生花朵萎蔫、花瓣变色等现象,同时还伴随着花朵香味的改变,如何延长香雪兰花朵的寿命已成为限制其发展的瓶颈之一。积极开展香雪兰采后保鲜的研究,制定鲜切花采收、采后技术规范和质量等级标准等有重要的现实价值。因此,系统研究香雪兰花朵衰老生理过程,进而揭示香雪兰花朵衰老的分子机理有着切实意义。

本章研究选用不同发育阶段的香雪兰花朵,对其自然衰老过程中花朵(重点为花被片)的生理生化代谢过程进行研究。通过测定相关的生理生化指标,旨在探究香雪兰花朵的衰老机理,分析掌握香雪兰切花衰老过程中的生理生化代谢,为今后研究香雪兰切花保鲜、延长香雪兰切花瓶插寿命提供理论依据,并为促进其在国内外花卉产业中的应用提供科学依据。

一、材料与方法

(一) 试验材料及样品采集

植物材料采用上海交通大学农业与生物学院自育的两个香雪兰园艺杂交品种

'上农金皇后'（花黄色，单瓣品种）和'上农红台阁'（花红色，重瓣品种）。试验所用材料栽植于上海交通大学七宝校区实验农场，采用标准管棚栽培，常规水肥管理。

待花蕾初现时，开始采样进行试验。同一时间从同一地块上剪取处于不同发育阶段的具有代表性、生长状态良好、无病虫害的香雪兰花枝若干，每花序保留花序基部5个花蕾，用水打湿报纸包裹花茎后，立即带回实验室，插入盛水容器中，置于无阳光直射的室内。将不同花枝相同部位且发育程度相近的花蕾或花朵按发育与衰老程度分为5级（附图10）。分级参考Spikman提出的标准，略有改动，具体如下：

1级：绿蕾期。花蕾小，紧实，颜色未见或稍显。

2级：显色蕾。花蕾呈蓬松状，花苞显现出该品种特有的颜色。

3级：初开期。花瓣稍微开展，未达到最大花径，呈漏斗状。

4级：盛开期。花瓣完全开展，花的形状、颜色、质地均达到最佳状态。

5级：衰老期。花瓣失水明显，花冠下垂，花粉成熟散落。

（二）方法

1. 外观形态变化周期记录

采用田间观测的方式，对两个香雪兰品种在自然状态下的开放与衰老周期进行密切跟踪记录。选取各品种中生长健壮的，具有代表性的、无病虫害的20株植株作为观察对象，并以每株花序的第一朵花作为衰老级别标准。主要记录两个品种分别经历上述5个分级阶段的时间点，并且通过对外部衰老特征的仔细观察，从外观上判断出香雪兰花朵始现衰老状态的级别及时间。

2. 呼吸速率的测定方法

呼吸速率的测定采用微量定积减压法。用瓦式呼吸计分别测定不同发育级别的整朵花及不同花器（花被片、雌蕊、雄蕊）的呼吸速率，记录以15 min为一个单位时间，在25℃下的瓦式呼吸计读数，每个样品重复3次，取平均值。

$$呼吸速率(O_2 \mu L/h) = (h \times k \times 60)/t$$

h 为校正后的高度差 $=$（测定瓶终值－初值）－（温压瓶终值－初值）；

k 为反应瓶常数$(O_2 \mu L/mm) = (V_g \times 273/T + V_f \times \alpha)/P_0$；

式中，V_g 为反应瓶气相体积(μl)＝反应瓶体积－固相体积－液相体积（200 μL）；T 为水槽绝对温度；V_f 为液相体积＝200 μL；P_0 为标准大气压＝10 000 mm(Brodie 液柱高)；α 为待测气体的溶解度(压力＝P_0，温度＝T 时)，25℃时 $\alpha=0.028\,31$；t 为测定时间。

3. 可溶性糖、可溶性蛋白质和花青素含量的测定

采用蒽酮比色法测定可溶性糖含量。可溶性蛋白质采用考马斯亮蓝 G-250 染色法测定。花青素的含量变化测定采用分光光度法。

4. 丙二醛(MDA)含量和细胞膜相对透性的测定

采用硫代巴比妥酸 TBA 显色法，测定丙二醛 MDA 含量。用电导率仪(Ecoscan Hand-held Series con6，Malaysia)测定不同级别花瓣组织的细胞膜相对透性。

5. 抗氧化酶活性的测定

采用愈创木酚法测定过氧化物酶(POD)的活性。以每分钟内 A_{470} 变化 0.01 为 1 个过氧化物酶活性单位(U)表示。采用氮蓝四唑(NBT)法测定超氧化物歧化酶(SOD)活性。SOD 活性单位以抑制 NBT 光化还原的 50％为一个酶活性单位表示。

6. 统计分析方法

各指标测定均设置三次重复，图表中以平均值和标准误差表示。运用分析软件 SPSS 14.0 中的 ANOVA 方法进行方差分析。检验采用 Duncan's New Multiple Range Test($P<0.05$)。相关分析采用 SPSS 14.0 中的 Pearson Correlation 方法。

二、结果与分析

(一) 花朵自然开放过程中的外观形态变化周期

花期一般是指花朵从花蕾期到出现花瓣变色、萎蔫，直至出现死斑的周期。观察发现，'上农金皇后'相对'上农红台阁'而言，其可观期要长 1～2 d，自然状态下观赏期为 7～8 d，而'上农红台阁'的自然观赏期仅为 5～6 d。两个品种的香雪兰花朵在自然开放及衰老的整个过程中，其花瓣的外观形态的日变化如表 13-1 所示。

花开放天数(d)	上农金皇后花朵表型	发育级别	上农红台阁花朵表型	发育级别
1	花蕾小而饱满,颜色青黄	1级	花蕾大而紧实,颜色青紫红	1级
2	花蕾变大,花色稍微显现	1级	花蕾呈蓬松状,显现出红色	2级
3	花蕾蓬松,显现出黄色	2级	花朵开放,花瓣饱满	3级
4	花蕾尚未开放,仅内轮花瓣开始松动,膨压足	3级	花开放度更大,花瓣的内外轮都充分开展	4级
5	花完全开放,花瓣饱满紧实	4级	花形松散,少数花瓣边缘出现略微脱水现象	4级
6	开放度更大,雄蕊完全露出	4级	花形残缺,观赏价值大大下降,花瓣边缘出现褐色	5级
7	外轮花瓣出现松散变曲现象	4级	仅存少数花瓣失水萎蔫,基部呈褐色,边缘干枯	5级
8	花瓣失水,观赏价值大大降低	5级	花朵明显干枯,不具观赏价值	5级
9	花形凌乱,花瓣一触即落且表面出现褐斑	5级		
10	花朵明显干枯,不具观赏价值	5级		

从上表可知,两个香雪兰品种在花朵自然开放过程中,只有从 2 级花朵转变为 3 级花朵的时间基本一致,其余的转变过程长短均略有不同,因而导致了两个品种的花期长短有所不同。其中,'上农金皇后'处于 1 级花朵的时间有 2 d,而'上农红台阁'处于 1 级花朵的时间只有 1 d,进而迅速进入 2 级显色期;另外,'上农金皇后'的 4 级期,也就是最佳观赏期也比'上农红台阁'的要长 1 d,5 级期的衰老变化程度也要比'上农红台阁'的要缓慢一些。因而,从外观形态上可以判断出,'上农金皇后'的自然衰老周期要比'上农红台阁'的略长 1~2 d,可能是由于其内部的抗衰老能力相比'上农红台阁'的要强一些,能够有效地减缓衰老的进程而延长观赏期。

(二) 花朵呼吸代谢系统与衰老的关系

1. 整朵花呼吸速率的变化

香雪兰花朵主要包括花被片(花瓣和瓣化萼片)、雌蕊、雄蕊('上农红台阁'的雄蕊瓣化而呈现重瓣花瓣状)三个部分。三个部分既相互独立拥有各自的呼吸代谢系统,又相互联系构成一个整体,为花朵的开放及受精等生理活动提供能量。

由表13-2可知,两个品种的香雪兰整朵花呼吸速率在发育过程中均只出现了一次呼吸高峰,但不同品种呼吸高峰出现的时间和变化幅度有所不同。其中,'上农金皇后'的呼吸速率从花蕾期开始随着花朵的成熟不断上升,直至盛开期发生跃变达到高峰,比花蕾期上升了约56.0%,之后随着花朵步入衰老期而迅速下降至较低的水平,不同发育阶段的呼吸速率的差异性是显著的;'上农红台阁'的呼吸高峰出现的时期要早于'上农金皇后',初开期就发生了跃变,并迅速达到高峰,比花蕾期增加了近2倍,之后随着花朵的完全开放和衰老的加剧,呼吸速率下降至相对稳定的状态,但仍比花蕾期的要强。另外,两个品种之间的呼吸速率绝对值也有一定的差异,'上农红台阁'在各个发育级别的呼吸速率都要比'上农金皇后'的要高,特别是在跃变发生以后,前者的呼吸速率要明显高于后者,则需要消耗更多的呼吸底物。

表13-2　整朵花呼吸速率随衰老的变化(O_2 μL/flower. h)
Table 13-2　Change of the whole flower respiration rates during senescence

品种	花蕾期	初开期	盛开期	衰老期
上农金皇后	21.45±0.65 c	30.29±0.64 b	33.47±0.94 a	18.74±0.85 d
上农红台阁	27.46±0.58 c	49.25±0.88 a	44.13±0.96 b	42.03±0.48 b

＊注：同行数据字母不同表示处理间差异达到$P<0.05$显著水平,下同。
＊Note：Values followed by the same letter in each row are not significantly different at $P<0.05$ based on Duncan's new multiple range test. The same for following tables.

2. 不同花器呼吸速率的变化

1) 花被片的呼吸速率变化

两个品种的香雪兰花朵的花被片呼吸速率变化表现出与整朵花的呼吸速率变化一致的规律,同样只出现了一次呼吸高峰,且出现的时间与整朵花的一致。由表13-3可见,'上农金皇后'的花被片呼吸速率跃变发生的时期同样是在盛开期,并且比花蕾期上升了53.9%,不同发育阶段的呼吸代谢速率的差异是显著的。'上农红台阁'的花被片呼吸高峰也与整朵花的呼吸高峰出现时间相同,而且比花蕾期上升了57.5%,之后随着花朵的完全开放,呼吸速率下降至较为稳定的水平,但仍比花蕾期的要强。此外,'上农红台阁'的各个级别的呼吸强度均比'上农金皇后'的要高一些。

表 13-3　花被片呼吸速率随衰老的变化($O_2\mu L$/tepal. h)

Table 13-3　Change of the tepal respiration rates during senescence

品种	花蕾期	初开期	盛开期	衰老期
上农金皇后	6.75±0.12 d	9.15±0.14 b	14.08±0.32 a	7.88±0.25 c
上农红台阁	14.95±0.19 c	23.55±0.74 a	19.55±0.29 b	18.73±0.22 b

2）雌蕊的呼吸速率变化

两个品种的香雪兰花朵的雌蕊呼吸速率呈现出不同的变化规律。由表 13-4 可见，'上农金皇后'的雌蕊呼吸速率出现了两个呼吸高峰，第一次呼吸跃变发生在初开期，比花蕾期增加了 12.1%，之后随着花朵的完全开放雌蕊的呼吸速率下降，直到衰老期发生第二次呼吸跃变，比盛开期增加了 26.7%，两次跃变后的呼吸绝对值基本一致。而'上农红台阁'的雌蕊呼吸速率随着花朵的开放达到高峰，并维持在较为稳定的水平，进入衰老阶段后，并没有出现类似于'上农金皇后'的第二个呼吸跃变高峰，而是比盛开期要下降了 20% 左右，降到较低的水平。

表 13-4　雌蕊呼吸速率随衰老的变化($O_2\mu L$/pistil. h)

Table 13-4　Change of the pistil respiration rates during senescence

品种	花蕾期	初开期	盛开期	衰老期
上农金皇后	7.44±0.15 b	8.34±0.11 a	6.36±0.15 c	8.06±0.20 a
上农红台阁	8.38±0.06 b	9.17±0.20 a	9.03±0.15 a	7.24±0.13 c

3）雄蕊的呼吸速率变化

由于'上农红台阁'的雄蕊瓣化，因此只对'上农金皇后'的雄蕊进行测定。结果表明，'上农金皇后'的雄蕊呼吸速率在发育前期，随着花药的成熟，花粉的生命活动越来越旺盛而不断增大，并且在花瓣完全开放时发生跃变，达到最高，进入衰老阶段后，随着花药的破裂和花粉的散出，呼吸强度很快就下降到很低的水平，只有盛开期的 22.7%（表 13-5）。

表 13-5　雄蕊呼吸速率随衰老的变化($O_2\mu L$/stamen. h)

Table 13-5　Change of the stamen respiration rates during senescence

品种	花蕾期	初开期	盛开期	衰老期
上农金皇后	4.92±0.07 c	5.60±0.24 b	8.51±0.13 a	1.93±0.10 d

4) 各花器的呼吸速率占整朵花呼吸速率的比例

各个花器在整朵花的呼吸代谢系统中的所占比例是不尽相同的(表13-6)。两个品种的花被片在整个生育期中的呼吸贡献率都是占较大比例的,大多数占到整朵花的1/3以上。'上农金皇后'的雌蕊在花朵尚未完全开放前,要比花被片的贡献率略微大些,但随着花朵的完全开放,雌蕊的贡献率下降至较低的水平,但在衰老期时由于完成受精作用,子房迅速膨大发育,雌蕊呼吸速率发生跃变,贡献率明显增大,占到整朵花呼吸代谢比例的40%以上;雄蕊在发育前期有着较高的贡献率,基本维持在20%左右,但进入衰老阶段后,由于花药的裂开和花粉的散出,呼吸贡献率迅速下降,只占到衰老期整朵花呼吸速率的10%。'上农红台阁'的雌蕊花蕾期花朵尚未完全开放前,有着较高的贡献率;随着花朵的盛开及衰老,雌蕊的贡献率维持在较为稳定的状态,没有出现像'上农金皇后'的呼吸转跃高峰。

表13-6 各花器的呼吸速率占整朵花呼吸速率的比例(%)
Table 13-6 The proportion of the individual organ of the whole flower (%)

品种	花器	花蕾期	初开期	盛开期	衰老期
上农金皇后	花被片	31	30	42	42
	雌蕊	34	27	19	43
	雄蕊	22	18	25	10
上农红台阁	花被片	55	48	44	45
	雌蕊	31	19	20	17

3. 整花朵与不同花器呼吸速率之间的相关分析

对整朵花和花被片、雌蕊、雄蕊等花器的呼吸速率进行相关分析(表13-7),结果表明:两个品种的整朵花呼吸速率与各器官的相关性呈现出基本一致的规律,但略有不同。其中,两个品种的整朵花呼吸速率与花被片呼吸速率均呈明显的正相关,相关系数达到0.01的显著水平,而与雌蕊呼吸速率的相关性均不显著;'上农金皇后'的花被片与雌蕊呼吸速率呈现显著的负相关,而'上农红台阁'花被片与雌蕊呈现不显著的正相关。此外,'上农金皇后'的整朵花和雄蕊、花被片与雄蕊之间的呼吸速率均呈显著的正相关,相关系数达到0.01的水平,而雌蕊与雄蕊之间呈较显著的负相关性,相关系数达到0.05的水平。这些相关系数说明了整朵花的呼吸代谢速率与组成花朵的各个器官相互关联,相互影响,彼此相互协调共同完成了花朵从花蕾期到衰老期的呼吸代谢过程,并且整朵花的呼吸代谢强度主要与花被片和雄蕊(单瓣品种)的呼吸代谢强度有关。

表 13-7 整朵花与花被片、雌蕊和雄蕊呼吸速率的相关系数
Table 13-7 Correlation coefficient of the respiration rates of the whole flower, tepal, pistil and stamen

品种		S1	S2	S3	S4
上农金皇后	S1	1.000	0.812**	−0.470	0.891**
	S2		1.000	−0.709**	0.797**
	S3			1.000	−0.706*
	S4				1.000
上农红台阁	S1	1.000	0.912**	0.304	—
	S2		1.000	0.440	—
	S3			1.000	

注:S1—整朵花;S2—花被片;S3—雌蕊;S4—雄蕊。显著水平:*:P=0.05;**:P=0.01。
Notes: S1—the whole flower; S2—tepal; S3—pistil; S4—stamen. Significant level: *: P=0.05; **: P=0.01

(三) 细胞内含物质与花朵衰老的关系

1. 可溶性糖含量的变化

碳水化合物总含量的下降是花朵自然衰老过程中重要的生理现象之一。由图 13-1 可知,两个品种的香雪兰花被片可溶性糖含量均随着花朵的衰老程度增加而不断降低,各发育级别的差异均达到显著水平。其中,'上农金皇后'的花被片可溶性糖在盛开期的含量已下降至绿蕾期的 50.8%,而衰老期的含量只有绿蕾期的 27.9%;'上农红台阁'的花被片可溶性糖在初开期的含量就已经下降至绿蕾期的 47.3%,衰老期的含量只有绿蕾期的 23.3%,比'上农金皇后'的下降速率要快,减少程度也要大。这说明在花朵的开放与衰老过程中,可溶性糖被大量消耗,可能被作为呼吸底物,也可能转化为了其他物质。

2. 可溶性蛋白质含量的变化

国内外很多学者都一致认为蛋白质含量下降是植物衰老的一个重要指标。香雪兰花朵在衰老过程中,可溶性蛋白质含量发生了明显的变化,并且变化规律与发育程度密切相关(图 13-2)。两个品种的花被片可溶性蛋白质含量总体趋势是随

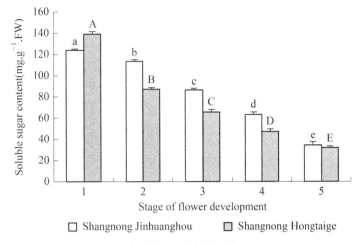

图 13-1 花被片中可溶性糖含量随衰老的变化

Fig. 13-1 Change of soluble sugar content during senescence

* 注：同系列数据小写字母不同表示处理间差异达到 $P<0.05$ 显著水平，下同。

* Note: Values followed by the same letter in each column are not significantly different at $P<0.05$ based on Duncan's new multiple range test. The same for following figures.

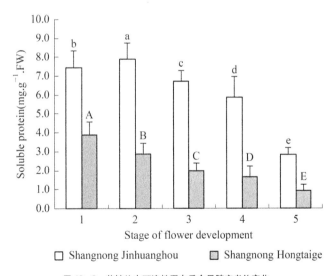

图 13-2 花被片中可溶性蛋白质含量随衰老的变化

Fig. 13-2 Change of soluble protein content during senescence

着花朵的衰老而不断减少的，但不同品种的香雪兰花朵在衰老过程中蛋白质含量的变化规律及幅度略有不同。其中，'上农金皇后'的花被片可溶性蛋白质含量在花蕾期时略有增加，这可能是由在花蕾期的时候花朵尚未完全开放，蛋白质仍以合成为主,合成速率大于分解速率导致的,其合成产物可能是与衰老有关的各种酶和其他物质。此后,随着花朵的完全开放及衰老的加剧,可溶性蛋白质含量迅速降低,盛开期比显色蕾期下降了25.6%,而衰老期比显色蕾期下降了64.0%。此阶段的蛋白质可能以分解为主,含量迅速下降。'上农红台阁'的可溶性蛋白质含量则是逐渐下降的,并没有出现绿蕾期上升的现象,盛开期比绿蕾期下降了41.7%,衰老期比绿蕾期下降了67.1%。此外,两个品种之间的蛋白质含量差异较大,重瓣品种'上农红台阁'的可溶性蛋白质含量明显比单瓣品种'上农金皇后'的要低。

3. 细胞内含物质与花朵衰老的相关分析

花朵在自然衰老的过程中,植物体的生长中心逐渐向其他部位转移,但为了进行正常的生命活动,需要消耗大量的体内储存物质,因此花朵的细胞内含物与花朵衰老有着十分密切的关系。从表13-8中可知,两个香雪兰品种的花朵发育级别与可溶性糖、可溶性蛋白质含量呈现显著的负相关,也就是说随着花朵的发育及衰老,细胞内的可溶性糖和可溶性蛋白质大量被消耗,含量明显减少。此外,两个品种的花被片可溶性糖和可溶性蛋白质之间都呈现显著的正相关,说明在花朵的自然衰老过程中,细胞内的可溶性糖和可溶性蛋白质的含量变化一致,没有或者很少发生两者之间的相互转化,两者的最终去向可能是作为底物被呼吸作用或者其他生命活动消耗掉了。

表13-8　不同发育级别与可溶性糖、可溶性蛋白质含量的相关系数
Table 13-8　Correlation coefficient of different stages, soluble sugar and protein

品种		S1	S2	S3
上农金皇后	S1	1.000	-0.987^{**}	-0.987^{**}
	S2		1.000	1.000^{**}
	S3			1.000
上农红台阁	S1	1.000	-0.960^{**}	-0.960^{**}
	S2		1.000	1.000^{**}
	S3			1.000

注:S1—发育阶段;S2—可溶性糖;S3—可溶性蛋白质。显著水平:*:P=0.05;**:P=0.01。
Notes: S1—stage; S2—soluble sugar; S3—soluble protein. Significant level: *: P=0.05; **: P=0.01。

(四) 膜系统与花朵衰老的关系

1. 细胞膜相对透性的变化

测定结果表明(图 13-3)：随着花朵的开放和衰老，两个香雪兰品种的花被片细胞膜透性都逐渐增大，在前期膜透性上升较为缓慢，后期透性增加相对迅速，两个品种的变化规律基本一致，其中，'上农金皇后'的膜透性从绿蕾期的 24.1% 上升到初开期的 35.6%，然后增大至衰老期的 47.5%，比绿蕾期增加了近一倍；'上农红台阁'的膜透性从绿蕾期的 21.0% 增加至初开期的 31.9%，然后至衰老期的43.2%，上升了一倍多。可见，随着花朵的衰老，膜透性的变化是十分显著的，而且在花朵外观尚未表现出衰老现象时，细胞膜已经受到破坏，细胞质已经开始大量外渗，细胞膜的透性增大，膜的稳定结构已遭到破坏。

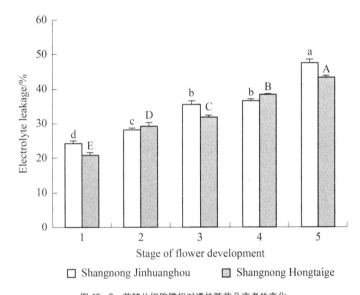

图 13-3　花被片细胞膜相对透性随花朵衰老的变化

Fig. 13-3　Change in membrane relative permeability during flower senescence in *freesia* 's tepal

2. 丙二醛含量的变化

以不同发育阶段的花瓣为材料测定了 MDA 含量的变化，结果表明(图 13-4)：MDA 的含量从绿蕾期至衰老期不断增加，前期上升较为缓慢，后期上升的速度明显加快，两个品种之间的变化趋势基本一致，说明随着衰老的加剧，花被片细胞膜的膜脂过氧化程度是不断增大的。特别在衰老末期,MDA 含量明显增大,花被片膜脂过氧化程度严重,抗氧化的能力大大减弱。从绿蕾期到衰老期,'上农金皇后'增加了3倍多;'上农红台阁'则增加了近5倍。两个品种之间的 MDA 含量差异也十分明显,重瓣品种比单瓣品种要高很多,且初期变化就很明显,这说明在同一发育级别重瓣品种的膜脂过氧化程度要远远高于单瓣品种,也就是说重瓣品种的细胞膜在衰老阶段受损失的严重程度要远远高于单瓣品种。

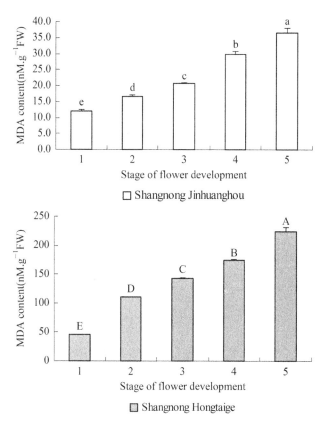

图 13-4　花被片中 MDA 含量随衰老的变化
Fig. 13-4　Change of MDA content during flower senescence

3. 膜系统与花朵衰老的相关分析

由表13-9可见,两个品种的香雪兰花朵的发育级别和细胞膜透性、MDA 含量均显著的正相关,相关系数大于 0.960,说明随着花朵的衰老,细胞膜透性明显变大，MDA含量明显增加。此外，两个品种的香雪兰花朵在开放及衰老的过程中，MDA含量在花朵始开时就已经明显增加，而细胞膜透性则稍晚，在花朵衰老后期才上升明显，说明膜脂过氧化作用的加剧，最终导致MDA的不断积累，加剧细胞膜的破坏，透性加大。它们之间的显著正相关性也说明了这一点。

表13-9　不同发育级别与细胞膜透性、MDA含量的相关系数
Table 13-9　Correlation coefficient of different stages, electrolyte leakage and MDA content

品种		S1	S2	S3
上农金皇后	S1	1.000	0.962**	0.981**
	S2		1.000	0.940**
	S3			1.000
上农红台阁	S1	1.000	0.983**	0.988**
	S2		1	0.981**
	S3			1.000

注：S1—发育阶段；S2—细胞膜透性；S3—MDA含量。显著水平：*：P=0.05；**：P=0.01。
Notes：S1—stage；S2—electrolyte leakage；S3—MDA content. Significant level：*：P=0.05；**：P=0.01.

（五）抗氧化酶系统与花朵衰老的关系

1. SOD活性的变化

SOD是自由基清除剂，专一催化 $O_2^{\cdot-}$ 转变成 H_2O_2 和 O_2，可以保护细胞不受 $O_2^{\cdot-}$ 的伤害，维护细胞膜的结构和功能。测定结果表明，两个品种的SOD活性均在开放前期较高，花朵完全开放后，随着衰老的加剧而迅速降低（图13-5）。其中，'上农金皇后'在衰老期的SOD活性只有显色期的41%；'上农红台阁'在衰老期的SOD活性比绿蕾期降低了43%。此外，两个品种之间的SOD酶活性差距较大，'上农红台阁'的SOD酶活性明显要比'上农金皇后'要低，这可能与两者的可溶性蛋白质含量不同有关。

2. POD活性的变化

POD是自由基清除剂和抑制剂，可将 H_2O_2 分解为 H_2O，起到解毒作用。由图13-5可知，两个品种的POD活性表现出一致的变化规律，都在花朵发育后期（盛开期）达到最大值。其中，'上农金皇后'的POD活性随着花朵开放逐渐上升，从绿蕾期到盛开期，增加了3倍之多，进入衰老阶段后，POD活性迅速下降，只有

盛开期的 63.8%；'上农红台阁'的 POD 变化规律与'上农金皇后'的基本一致，前期随着花朵的发育缓慢上升，由绿蕾期到盛开期，增加了近 3 倍，进入衰老阶段后 POD 活性有所下降。

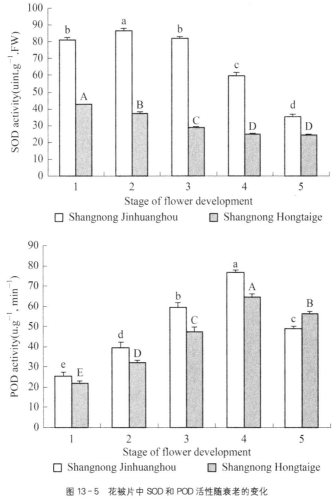

图 13 - 5　花被片中 SOD 和 POD 活性随衰老的变化
Fig. 13 - 5　Change of SOD and POD activity during flower senescence

3. 抗氧化酶系统与花朵衰老的相关分析

酶活性的变化与衰老有着密切的关系。由表 13 - 10 可知，两个品种的香雪兰花朵发育级别均与 POD 活性呈显著的正相关，与 SOD 活性呈显著的负相关，也就是说随着花朵的发育,POD 活性是增加的,而 SOD 活性则是降低的。此外,'上农金皇后'的 POD 与 SOD 活性之间呈不显著的负相关,而'上农红台阁'的 POD 与 SOD 活性之间呈显著的负相关,这说明两者之间可能有协同或遏制作用。从表中还可以看出 SOD 活性与衰老的相关系数绝对值要大于 POD,说明 SOD 活性在花朵自然衰老中所发挥的作用可能要高于 POD。

表 13 - 10　不同发育级别与 POD、SOD 活性的相关系数
Table 13 - 10　Correlation coefficient of different flower stages, POD activity and SOD activity

品种		发育阶段	POD 活性	SOD 活性
上农金皇后	发育阶段	1.000	0.672**	−0.865**
	POD 活性		1.000	−0.336
	SOD 活性			1.000
上农红台阁	发育阶段	1.000	0.909**	−0.960**
	POD 活性		1.000	−0.969**
	SOD 活性			1.000

注:显著水平: * : P=0.05; * * : P=0.01。
Notes: Significant level: * : P=0.05; * * : P=0.01.

(六) 花色变化与花朵衰老的关系

花朵在自然衰老过程中,花朵的颜色会发生变化,从外观上看,颜色一般会变深变暗,甚至蓝变。花青素是构成花瓣颜色的主要色素之一,主要存在于红色和蓝紫色花朵中。从表型观察发现,'上农红台阁'的花被片随着发育程度增加其花色发生明显变化(明显变深),而'上农金皇后'则变化不大,因此本研究以'上农红台阁'花被片为材料测定了其花青素含量。结果显示,随着花朵的发育及衰老,'上农红台阁'花被片内的花青素含量呈现出快—慢—快的增长模式,从绿蕾期到显色蕾,花青素含量增加了 1 倍多,之后增长较为缓慢,花朵完全开放后,花青素含量又迅速增长,衰老期比盛开期增加了 26%(图 13 - 6)。

(七) 各主要指标之间的相关分析

选取显色蕾期到衰老期的四个阶段,通过对影响花朵衰老的主要生理指标进行了相关分析(表 13 - 11)。

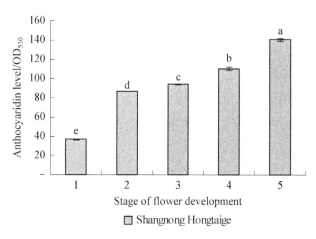

图 13-6　花被片中花青素水平随衰老的变化

Fig. 13-6　Change of anthocyaridin level during senescence

表 13-11　香雪兰花朵发育进程与主要生理指标的相关系数

Table 13-11　Correlation coefficient of different physiological factors during different development stages of *freesia*'s flower

品种		S1	S2	S3	S4	S5	S6
上农金皇后	S1	1.000	−0.123	−0.994**	0.979**	0.354	−0.962**
	S2		1.000	0.138	−0.200	0.850**	0.315
	S3			1.000	−0.964**	−0.329	0.957**
	S4				1.000	0.307	−0.965**
	S5					1.000	−0.170
	S6						1.000
上农红台阁	S1	1.000	0.529	−0.989**	−0.986**	0.818**	−0.920**
	S2		1.000	−0.572	0.465	0.694*	−0.761**
	S3			1.000	−0.968**	−0.840**	0.945**
	S4				1.000	0.757**	−0.869**
	S5					1.000	−0.940**
	S6						1.000

注：S1—发育级别；S2—整朵花呼吸速率；S3—可溶性蛋白质含量；S4—MDA 含量；S5—POD 活性；S6—SOD 活性。显著水平：*：$P=0.05$；**：$P=0.01$。

Notes：S1—stage；S2—the whole flower；S3—soluble protein；S4—MDA content；S5—POD activity；S6—SOD activity. Significant level：*：$P=0.05$；**：$P=0.01$.

　　结果表明：两个品种的香雪兰花朵的发育级别均与可溶性蛋白质含量、MDA含量、SOD 活性呈现显著的相关性，而且'上农红台阁'与 POD 活性也呈显著的正相关，相关系数均达到 0.01 的显著水平。这说明香雪兰花朵的衰老与可溶性蛋白质含量、MDA 含量、SOD 活性有着十分密切的关系,维持可溶性蛋白质含量、抑制 MDA 的增加和提高 SOD 活性是有效延缓其衰老进程的努力方向。虽然整朵花的呼吸强度与发育级别并没有显著的相关性,但整朵花呼吸强度与其他某个或者几个生理指标有着显著的相关性,其中,'上农金皇后'的整朵花呼吸速率与 POD 活性呈现显著的正相关($R=0.850$,$P=0.01$),而与其他指标的相关性不显著;而'上农红台阁'的整朵花呼吸速率与 POD 活性呈较显著的正相关,相关系数达到 0.05 的显著水平,与 SOD 活性呈显著的负相关,相关系数达到 0.01 的显著水平,与可溶性蛋白质含量及 MDA 含量的相关性不显著。同时,其他主要生理指标之间也存在着相互影响的内在联系,但两个品种之间略有差异。'上农金皇后'可溶性蛋白质含量与 MDA 含量和 SOD 活性呈现显著的相关性,相关系数均达到 0.01 的水平,而与 POD 的相关性不显著;MDA 含量与 SOD 活性呈现显著的负相关($R=-0.965$,$P=0.01$),与 POD 活性的相关性不显著;POD 活性与 SOD 活性之间的相关性不显著。'上农红台阁'可溶性蛋白质含量与 MDA 含量、POD 和 SOD 活性均呈显著的相关性,显著水平均达到 0.01;MDA 含量与 POD 和 SOD 活性呈显著的相关性,且 POD 与 SOD 之间的相关系数也达到 0.01 的显著水平。综上所述,指标之间的相关性说明了各个指标之间相互影响,或者协同或者遏制,共同在香雪兰花朵发育进程中发挥作用。

三、讨论

(一) 香雪兰呼吸代谢与衰老关系的探讨

研究发现,两个品种的香雪兰花朵在发育和衰老过程中的呼吸速率均呈现先升后降的变化,具有明显的呼吸高峰,这与桂花、牡丹和芍药等的研究结果基本一致,说明香雪兰也属于典型的跃变型花朵。Rogers 认为呼吸跃变的发生是花朵进入衰老的终期信号,它不仅会导致具有高氧化潜力的过氧化物的形成,还会引发大量自由基的出现,而后者的迅速增加是促进花朵衰老和组织最终解体的催化剂。跃变发生后,香雪兰花朵的呼吸速率迅速下降到一个较低的水平,这可能与呼吸基质的耗竭有关,也可能是由于细胞膜系统伤害引起的,尤其是线粒体膜的伤害。此外,试验所用的重瓣品种'上农红台阁'的呼吸高峰出现较单瓣品种'上农金皇后'要早,并且同一级别下的呼吸强度要高于单瓣品种,那么在同一时间内需要消耗更多的呼吸底物,这可能是导致重瓣品种观赏期较单瓣品种要短的原因之一。相关分析表明,虽然香雪兰花朵呼吸强度与衰老之间并没有直接显著的相关性,但是呼吸跃变的发生,会产生大量的自由基,尤其是活性氧自由基,加速细胞膜组织的破坏与瓦解,间接影响花朵的衰老进程。因此,掌握呼吸高峰的出现时间,并加以适当调控,可以有效地延长香雪兰花朵的最佳观赏期。

对香雪兰花器呼吸速率的研究发现,花被片在整朵花中的呼吸贡献率最高,并且与整朵花的呼吸代谢强度呈显著的正相关。此外,'上农金皇后'的雌蕊与花被片之间呈显著的负相关性,这可能是由于当花朵授粉和内源乙烯产生时,会刺激糖类从花瓣向子房的转移,从而加速花瓣的衰老进程。这说明通过抑制花被片的呼吸代谢强度可以有效地降低整朵花的呼吸强度,这对今后香雪兰切花保鲜的研究提供了一个有效方向。

试验所用单瓣品种'上农金皇后'的雌蕊在发育过程中出现两个较明显的呼吸高峰,主要原因可能是在花蕾期及其以前的时期,雌蕊组织细胞刚开始分化,生理活性较低,处于一个积累过程,因而呼吸水平相对较低;初开期时,量变积累到一定程度,发生质变,出现第一次呼吸跃变;花朵完全开放期间,组织细胞的活动相对平稳,呼吸速率有所下降但变化较为平缓,雌蕊的柱头开始大量分泌黏性液体;随着花药的破裂和花粉的大量释放,此时雌蕊呼吸速率会相应提高,释放出大量的能量,使花粉顺利通过柱头并进入子房完成受精作用。而重瓣品种由于雄蕊的瓣化导致不能正常结实,不会发生后期的受精作用,因此只出现了一个呼吸高峰。此外,雌蕊对整朵花的呼吸贡献主要集中在花蕾期,而且与整朵花的呼吸代谢强度呈不显著的相关性,因此,控制雌蕊的呼吸强度对延缓衰老的意义似乎不是很大。

'上农金皇后'的雄蕊呼吸强度在发育前期有着较高的贡献率,之后随着花药的破裂和花粉的散出,呼吸强度很快就下降到很低的水平,贡献率也会大大降低。在整个开花周期中,雄蕊的呼吸代谢强度与整朵花的呼吸代谢呈显著的正相关,并且后期受精作用会导致雌蕊发生呼吸转跃,消耗大量的能量,加速衰老。因此,笔者认为,在蕾期摘除雄蕊能够有效地降低整朵花的呼吸强度,从而达到延缓衰老的目的。

综上所述,呼吸代谢能够为香雪兰花朵开放和其他生命活动提供大量的能量,但伴随产生的大量自由基,间接加速花朵的衰老。研究得到,香雪兰花朵的呼吸代谢强度主要取决于其花被片的呼吸代谢强度,因此,今后针对香雪兰的切花保鲜可从降低其花被片的呼吸强度入手,研究其呼吸代谢机理,从而通过控制其呼吸代谢强度,有效降低整朵花的呼吸强度,延缓呼吸跃变发生的时间,从而达到延长观赏期的目的。

(二) 香雪兰花朵内含物质代谢与衰老关系的探讨

细胞中的可溶性糖和可溶性蛋白质含量的多少之所以与潜在的花朵寿命密切相关,主要是由于呼吸基质库主要由糖和大分子物质组成,而库的大小主要受到淀粉和其他多糖的水解速度以及糖从其他器官转移至花瓣情况的影响。相关分析表明,香雪兰花朵的衰老进程与其内含物质的代谢有着紧密的联系,细胞内的可溶性糖和可溶性蛋白质含量均与花朵衰老呈显著的负相关,这说明随着衰老的加剧,细胞内含物被大量消耗,因此,可以通过适当补充糖源或者施加保鲜剂以减缓衰老进程。

值得指出的是,在香雪兰花朵开放初期,尚未进入完全衰老前,细胞中的可溶性糖和可溶性蛋白质含量已经迅速下降,这可能是由于呼吸作用的加强消耗了大量的糖源以及继续生长转化为其他物质的消耗造成的。而这时在花朵外观上尚未表现出衰老现象,这表明花朵内部一系列的衰老变化在外观上尚未表现出明显特征以前即已开始,以后随着后期衰老的加剧,外观上才表现出明显的衰老特征,这与王华和张继澎对香雪兰花朵衰老与发育研究的结果基本一致。另外,两个品种之间的含量差异也较为明显,这可能是导致两个品种无论是外部形态表现还是花期长短都有所不同的原因之一。

(三) 香雪兰花朵自由基、MDA、抗氧化酶与衰老关系的探讨

生物体内自由基产生与清除的平衡对维持生物体正常的生命代谢具有重要作

用,当其平衡遭到破坏时,过剩的自由基就会引发或加剧膜脂过氧化作用,造成细胞膜系统损伤,代谢紊乱,导致衰老甚至死亡。

本文研究发现,两个品种的香雪兰花朵在衰老过程中,发育较早阶段 SOD 酶活性比较高,表明了花朵在衰老未启动前能够将 O_2^- 维持在一定的浓度,以维持体内各种代谢之间的平衡。随着花朵衰老的启动与加剧,SOD 酶活性呈下降趋势,说明了在衰老过程中花朵自身的自由基清除能力逐渐减弱,体内自由基的产生和清除之间的平衡破坏,导致自由基的积累,引发膜脂过氧化作用。单瓣品种'上农金皇后'的 SOD 活性要明显高于重瓣品种'上农红台阁',这可能与两者之间的蛋白质含量有显著的差别有关。而后期 POD 活性较高,原因可能是由于 POD 利用 SOD 消除自由基时产生的 H_2O_2 进行与衰老有关的氧化反应,至衰老末期活性下降的原因可能是由于体内水分亏缺导致酶的功能丧失,活性下降。两个品种的香雪兰花朵 SOD 活性与发育级别均呈显著的负相关,说明随着花朵的发育,SOD 活性不断下降,从而导致自身清除自由基的能力减弱,大量剩余的自由基就会在细胞中积累,而过量的自由基又会破坏细胞膜,造成大量的电解质外渗,加速了衰老进程。POD 活性则与发育级别呈显著的正相关关系,说明了随着花朵的发育,POD 的活性不断增加,表明了 POD 主要是在衰老后期发挥作用,而 SOD 活性主要在衰老前期较高,两种抗氧化酶活性高峰出现的时间不同,这可能与顺序调节衰老期间的自由基产生有关。此外,SOD 活性与衰老的相关系数绝对值要大于 POD,说明 SOD 活性在花朵自然衰老中所发挥的作用要高于 POD,相关的作用机理将是今后值得进一步研究的重点。

此外,MDA 含量的明显增加要比膜透性的增加早一个级别,说明随着衰老的加剧,体内自由基平衡遭到严重破坏,植物体内膜脂过氧化产物 MDA 的大量产生,引起了细胞膜透性的加大,从而引起了细胞膜的损伤,导致代谢失调,最终导致衰老的加剧。MDA 含量与衰老程度之间存在明显的正相关性,这也从一个侧面说明了 MDA 可以作为衰老的指标 MDA 含量迅速增加。因此,膜透性和 MDA 含量的大幅度增加是花蕾加速衰老的重要标志之一。另外,重瓣品种的 MDA 含量明显高于单瓣品种,说明前者细胞膜受损的程度要远远高于后者,这可能也是导致两者花期长短不同的原因之一。

总之,植物体通过抗氧化酶系统消除导致衰老的自由基,不同的抗氧化酶作用时间不同,清除机制也不尽相同,说明酶系统是一个精密的系统,不同酶分工合作,能最有效地减缓衰老的进程。

(四) 香雪兰花朵衰老机理的探讨

本章研究发现,在香雪兰花朵衰老的过程中,自由基的代谢贯穿始终,最终导致细胞膜严重破坏,花朵细胞组织结构解体,发生不可逆转的衰老。通过系统研究香雪兰花朵的衰老生理,初步推断香雪兰花朵衰老的生理机制如图 13-7 所示。

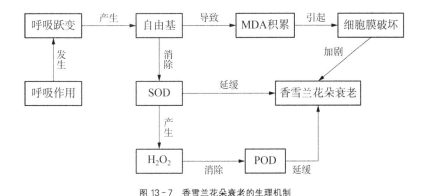

图 13-7　香雪兰花朵衰老的生理机制

Fig. 13-7　The model of physiological mechanism of flower senescence in *freesia*

由此可见,当香雪兰花朵发生呼吸跃变时,会产生大量的自由基,特别是活性氧自由基,能迅速攻击生物膜,自由基与生物膜发生的生理反应变化,会造成 MDA 的大量积累,从而使生物膜的透性迅速加大,大量生物大分子外流,最终导致细胞的死亡和花朵的凋萎。然而,在花朵衰老过程中,自身的保护酶系统也会因此而加强,特别是清除活性氧自由基的 SOD 酶活性会加强,从而延缓花朵的衰老,而它在消除活性氧过程中产生的其他自由基,如 H_2O_2,会被 POD 酶所清除,从而有效地延缓了花朵的衰老进程。

综上所述,香雪兰花朵衰老是一个十分复杂的生理过程,是由内部多个因素的综合作用造成的,对香雪兰花朵的衰老机理研究应该全面考虑这些因素以及它们之间的交互作用。特别需要指出的是,呼吸作用虽然本身与香雪兰花朵的衰老并无显著性联系,但是呼吸跃变的发生会导致自由基的大量生成,从而启动接下来的一系列与衰老相关的生理代谢,因此,在研究切花保鲜时,需要特别注意呼吸跃变发生的时间点,抑制呼吸跃变的发生,对延长切花寿命有着显著的意义。

第十四章

香雪兰 FhACS1 基因调控其花朵衰老的机制

香雪兰(*Freesia hybrida*)又名小苍兰,是世界著名的香花型切花。但同大多数鲜切花一样,花瓣衰老是直接影响香雪兰切花观赏时间长短的重要因子。从机理角度分析,花瓣衰老的最初反应之一便是自动催化产生乙烯,一方面是衰老过程产生乙烯,另一方面是产生的乙烯又激活与衰老相关基因的表达,进一步促进其衰老,并导致花朵最终凋谢变质。香雪兰切花衰老的主要原因也被认为是体内乙烯含量的变化所导致的。Spikman 的系列研究表明,香雪兰是呼吸跃变型花卉,其离体花序对乙烯非常敏感,0.05~1.0 μL/L 的乙烯就足以使花蕾死亡或畸形,外源乙烯处理能够促进花朵开放并加快其花瓣衰老进程。香雪兰花序中产生的乙烯大多数来自花序顶端的小花苞;离体对顶端小花造成一种胁迫,促使这些花苞中的乙烯生物合成被激活,而使用 AVG 抑制乙烯形成或用 STS 封阻乙烯不会影响正在开花期的香雪兰花的衰老,对花序顶端小花苞的发育有利。这充分表明香雪兰花朵的衰老确实与乙烯存在密切关系。但在香雪兰花朵衰老的分子机理和分子调控方面的研究却一直处于空白。

研究已经表明,在植物的乙烯生物合成过程中,ACC 合成酶(ACC synthase, ACS)催化 S-腺苷蛋氨酸(S-adenosylmethionine)形成 ACC(1-aminocyclopropane-

1-carboxylate),是乙烯生物合成的限速酶,ACS 基因的表达量很大程度地影响乙烯的生成。近二三十年以来,研究者们对控制乙烯合成的基因和衰老过程中基因的表达进行了深入研究,证实乙烯通过改变基因表达来调控鲜花的开放。从基因水平上控制和抑制乙烯的合成与释放,从而有效地延长鲜切花寿命,成为鲜切花保鲜领域的发展趋势。迄今为止,人们已从不少物种中克隆到了 ACS 基因并对它们的表达模式进行了研究,在部分物种中通过基因工程导入 ACS 基因已得到了一些延缓衰老的新种质,说明通过调控 ACS 基因的表达来延缓植物的衰老是可行的。

本章首次从香雪兰中克隆鉴定了 ACC 合成酶基因 *FhACS1*,并研究了 *FhACS1* 基因的表达特征。以不同发育等级小花、不同花器官以及瓶插期间的不同的花器官为材料,研究了 *FhACS1* 基因在香雪兰花朵中的时空表达特征;同时,以不同外源化学物质和不同的环境条件作为诱导信号,分析 *FhACS1* 基因的诱导表达模式。旨在探讨香雪兰花朵 *FhACS1* 基因的表达与衰老的关系以及花衰老的分子机理,为香雪兰鲜切花生产和采后保鲜提供科学基础。

一、材料与方法

(一) 植物材料

植物材料为香雪兰品种'上农金皇后',种植于上海交通大学七宝校区实验农场标准管棚中,常规水肥管理。

(二) 香雪兰 *FhACS1* 基因的克隆

1. 中间核心片段的分离

于开花期采集若干香雪兰花枝立即带回实验室插于蒸馏水中,取花序上开放的香雪兰花瓣组织为材料提取 DNA 和 RNA,用于随后的基因克隆。总 DNA 的提取采用 CTAB(Cetyltrimethylammonium Ammonium Bromide)法,总 RNA 用"RNAprep pure 植物总 RNA 提取试剂盒"(天根生化科技有限公司,上海)提取,从总 RNA 反转录生成 cDNA 用于开放读码框序列的克隆。

以香雪兰花瓣 DNA 为模板,根据已报道的其他物种 ACC 合成酶基因序列设计了两条简并引物 ACS‐F 和 ACS‐R(表 14‐1),进行 PCR 扩增。PCR 反应程序为：94℃ 5 min；94℃ 1 min、56℃ 1 min、72℃ 1 min 30 sec,35 个循环；72℃ 10 min。PCR 产物回收后连接到 pMD18‐T Simple Vector,挑取阳性单菌落测序。所有引物合成工作在上海生工生物工程公司进行,测序均由上海英骏生物技术公司完成。

2. 基因全长的克隆及序列分析

基于以上 PCR 扩增得到的基因片段,设计用于 3'和 5'末端序列克隆的基因特异引物。3'端为 3‐GSP1,3‐GSP2 和 3‐GSP3;5'端为 5‐GSP1,5‐GSP2 和 5‐GSP3(表 14‐1)。

表 14‐1　香雪兰 *FhACS1* 基因克隆引物
Table 14‐1　Primers used to isolate *FhACS1* in *Freesia*

引物名称 Primer	序列 Primer sequence
ACS‐F	5'‐CA(A/G)ATG GGCCT CGC(C/A)G AGAA(C/T)CA‐3'
ACS‐R	5'‐CCA(G/A)C A(G/A)AAG AGCCC CGC(G/A)T TGC‐3'
3‐GSP1	5'‐ACTCGGCACGACGATAAACA‐3'
3‐GSP2	5'‐AGCCAAAGACATCCATTTAGTCG‐3'
3‐GSP3	5'‐CGGCGGCTACCAAGATGTCA‐3'
5‐GSP1	5'‐CAAATTATTTATGTGCATGATGCATGC‐3'
5‐GSP2	5'‐CGAGGCAGAACATGAGGGTCTCGTG‐3'
5‐GSP3	5'‐CACCCATGAATTTTGCCAATGCCTG‐3'
ORF‐F	5'‐ATGAATCTCTCTGCAAAAGCTAC‐3'
ORF‐R	5'‐CCTCTCGGCTTTCCGATCAGTCG‐3'

按照 Genome Walking 试剂盒说明书[宝生物工程(大连)有限公司]进行 3'和 5'末端序列的克隆。分别用 3'和 5'末端三条基因特异引物与试剂盒提供的 AP 引物为正反向引物进行三次巢式 PCR,分离得到与已知 DNA 序列相邻的未知序列。反应体系均按说明书配制。取第三轮 PCR 反应液,使用 1%的琼脂糖凝胶进行电泳。切胶回收后连接到 pMD18‐T Simple Vector 上,转化到大肠杆菌,取阳性单菌落测序。

将以上获得的中间序列与 3'TAIL‐PCR、5'TAIL‐PCR 得到的序列进行拼接,获得基因全长 DNA 全长序列,提交 NCBI ORF‐finding,发现了起始密码子和终止密码子,说明已获得该基因的全长编码序列。根据拼接序列设计包含完整开放读码框序列的两条引物 ORF－F 和 ORF－R(表 14－1),分别以 DNA 和 cDNA 为模板进行 PCR 扩增。PCR 反应程序为:94℃ 5 min;94℃ 1 min、58℃ 1 min、72℃ 1 min 30 sec,35 个循环;72℃ 10 min。回收 PCR 产物并连接到 pMD18－T Simple Vector 上,取阳性单菌落测序。

FhACS1 基因及其推导蛋白的基本性质,ORF(Open reading frame)查找和翻译等在 http://www.ncbi.nlm.nih.gov/gorf/gorf.html 完成,基因及蛋白的 BLAST 搜索在 NCBI(http://www.ncbi.nlm.nih.gov/)上进行,蛋白质二级结构分析在 SOPMA 上进行,蛋白质三级结构预测在 http://www.expasy.org(swiss-model)等网站提供连接的各生物信息学网站上进行,系统进化树用 Vector NTI Suite8.0 软件进行构建。

(三) 香雪兰 *FhACS1* 基因的表达特征分析

1. 材料处理与采样

1) 不同发育等级小花和不同花朵器官采样

香雪兰花期随机采集 6～10 枝香雪兰花枝并立即带回实验室。采集花序上小花,参照 Spikman 的划分标准将小花的发育等级分成 9 级(图 14－1):6 级——小绿蕾,绝大部分被苞片包裹;5 级——小绿蕾,只有基部被苞片包裹;4 级——浅绿色蕾,瓣状被片开始显色;3 级——瓣状被片叶绿素颜色消失;2 级——花蕾开始开放;1 级——花蕾大部分开放;0 级——花蕾完全开放;－1 级——花朵正在萎蔫;－2 级——花朵已经萎蔫。每级小花取 3～5 朵形成混合样品。

研究 *FhACS1* 基因的器官表达差异时,采取 5～10 枝花枝花序上处于发育阶段 0～4 级的小花若干。取 3～5 朵包含完整的花瓣、雄蕊、雌蕊、花托的小花形成"整朵花"样品,部分花朵从花托部位切开,分离各小花的雄蕊、雌蕊、花瓣形成混合样品。

2) 清水瓶插期间不同花朵器官的采样

随机采集若干香雪兰花枝,采集标准为花序基部第 1 朵小花处于发育阶段第 3 级。将采后花枝立即带回实验室,插入盛有蒸馏水的烧杯中。瓶插每天随机取出 6

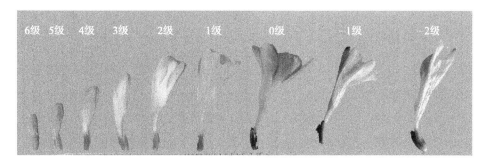

图 14 - 1　香雪兰不同发育等级花蕾(小花)的表型

Fig. 14 - 1　The bud (floret) morphology *Freesia* ateach developmental stages

枝花枝,其中 3 枝分别采取花序上第 3 朵及第 6 朵整朵小花,另 3 枝取下第 3 朵及第 6 朵小花后,分别分离出其雄蕊、雌蕊、花瓣。

3) 外源化学物质的诱导处理及采样

当香雪兰花序上第 1 朵小花处于发育等级第 3 级时,自种植基地采收生长阶段相近的 210 枝花枝,放入水桶后立即带回实验室。将花枝平均分为 7 组,每组 30 枝,分别作如下处理:

① 对照(CK)处理:将花枝插入 300 mL 蒸馏水中;

② 低浓度乙烯利(E1)和高浓度乙烯利(E2)处理:将花枝分别插入 300 mL 浓度为 2 mg/L、200 mg/L 的乙烯利溶液中;

③ IAA 处理:将花枝插入 300 mL 浓度为 0.5 mM 的 IAA 溶液中;

④ 6 - BA 处理:将花枝插入 300 mL 浓度为 60 mg/L 的 6 - BA 溶液中;

⑤ 蔗糖(SU)处理:将花枝插入 300 mL 浓度为 20% 的蔗糖溶液中;

⑥ STS 处理:将花枝插入 300 mL 浓度为 0.4 mM 的 STS 溶液中。

每种处理的时间为 24 小时,处理结束后,将全部烧杯中的溶液换成蒸馏水。蒸馏水瓶插到第 8 天,每天换水一次。从处理时刻开始,分别在第 0、2、4、6、8、24 小时以及 2、4、6、8 天随机取出各处理组 3 枝花枝,再分别采下每花枝花序上第 3 朵及第 6 朵小花,记录下各自小花的表型。

4) 干旱和低温环境的处理及采样

当香雪兰花序上第 1 朵小花处于发育等级第 3 级时,自种植基地采收生长情况相近的 84 枝花枝立即带回实验室。将花枝平均分为 4 组,分别置于下列环境条件中：

① 干旱环境：将花枝放入无水的烧杯中，烧杯置于暗箱中，暗箱放在室温下处理 24 小时。之后在烧杯中倒入 300 mL 蒸馏水，并将烧杯置于光照条件下（光周期 12 h/d）处理到第 6 天；

② 干旱对照环境：将花枝插入 300 mL 蒸馏水中，烧杯置于暗箱中，暗箱放在室温下处理 24 小时作为干旱胁迫的对照。之后换一次水，将烧杯置于光照条件下（光周期 12 h/d）处理到第 6 天；

③ 低温环境：将花枝插入 300 mL 蒸馏水中，将烧杯置于暗箱中并放入 4℃冰箱进行低温处理，持续处理 6 天；

④ 低温对照环境：将花枝插入 300 mL 蒸馏水中，将烧杯置于暗箱中并放在室温下作为低温处理的对照，持续处理 6 天。

从处理当天开始，分别在第 0、1、2、3、4、5、6 天随机取出各处理烧杯中 3 枝花枝，再采下每花枝花序上第 3 朵小花。

所有样品采集后用铝铂纸包好立刻用液氮速冻后放置于－80℃超低温冰箱中贮存备用。

2. 总 RNA 的提取及第一链 cDNA 的合成

将以上采集的样品分别提取总 RNA。用凝胶电泳检测 RNA 的完整度；用分光光度计测定其浓度及纯度。RNA 的反转录按照 TaKaRa PrimeScript™ RT reagent Kit Perfect Real Time 试剂盒［宝生物工程（大连）有限公司，上海］操作说明进行，反应完成后将第一链 cDNA 贮于－20℃备用。

3. 实时荧光定量 PCR 分析 FhACS1 基因的表达模式

根据香雪兰 FhACS1 基因的序列，设计了两条用于 Real - time PCR 的基因特异引物 Q - F(5'- CCCAA GGAGA AATGG AGCTA - 3')和 Q - R(5'- ATTCG ACGAA CGACG TAAGC - 3')。同时，以 Actin 作为内参基因，设计了两条引物为 Actin - F(5'- CATGA AGATC CTGAC GGAGA - 3')，Actin - R(5'- GAGTT GTAGG TGGTC TCATG - 3')用于 PCR。

采用梯度稀释法制备标准样品，绘制目的基因及内参基因的标准曲线。FhACS1 基因的标准曲线为：$Y = -3.289X + 33.52$，$R^2 = 0.993$；内参基因 Actin

的标准曲线为：$Y = -3.714X + 26.21$，$R^2 = 0.999$。其中，Y 表示达到设定的阈值所需要的循环数，X 表示 PCR 体系中 cDNA 模板对应的总的 RNA 的数量的对数值。从标准曲线来看，线性关系良好；从溶解曲线来看，扩增产物单一。目的基因与内参基因的扩增效率并不一致，采用标准曲线法作相对定量。

以上述第一链 cDNA 为模板进行定量分析。Real-time PCR 反应在 BIO-RAD Chromo4 实时定量仪上进行，反应体系为：10 μL SYBR® Premix Ex TaqⅡ(2×)，0.4 μL PCR Forward Primer (10 μmol/L)，0.4 μL PCR Reverse Primer (10 μmol/L)，1.6 μL cDNA 模板，去离子水补充至 20 μL。每个反应 3 个重复。反应采用三步法，95℃ 变性 30 s，接着 41 个循环：95℃ 15 s；56℃ 15 s；72℃ 25 s。每次扩增完成后，均做溶解曲线，以检验扩增产物是否为特异产物。

Real-time PCR 结束后，通过实时荧光曲线得到某一样品中目的基因和内参基因的 Ct 值，然后通过标准曲线分别测出目的基因和内参基因的量，接着利用内参基因的量对目的基因的量进行均一化校正，最后比较不同样品之间目的基因表达的倍数差异。每个样品的 Real-time PCR 均设 3 次重复，经换算后取平均值±标准偏差。用统计软件 SPSS 11.5 的 Duncan's New Multiple Range test($P < 0.05$)和 One-Way ANOVA 方法进行差异显著性分析。

二、结果与分析

(一) 香雪兰 *FhACS1* 基因克隆及序列分析

1. 全长序列的克隆

以香雪兰花瓣 DNA 为模板进行 PCR 扩增，得到了长度为 1 353 bp 的 DNA 片段。在 NCBI 上进行的 BLAST 分析表明，该片段与多种植物的 ACS 基因有很高的同源性，初步说明分离到的 DNA 片段正是我们所感兴趣的序列。

基于上述获得的基因片段，设计基因特异性引物分别用于 3'和 5'末端序列的克隆。通过 3'TAIL PCR 克隆得到了长为 876 bp 的片段，通过 5'TAIL PCR 克隆得到长为 1 023 bp 的片段。将中间序列与 3'TAIL PCR 和 5'TAIL PCR 获得的序列进行比对，拼接得到了基因的 DNA 全长序列(基因命名为 *FhACS1*，GenBank 登

录号为 HQ833204），将此序列提交至 NCBI 的 ORF Finding 网页预测表明，
FhACS1 基因全长 2 576 bp,5'非编码区 433 bp,3'非编码区 373 bp;起始密码子位
于 434 nt,终止密码子位于第 2 201 nt;该基因有 3 个内含子,4 个外显子;内含子的
位置为:578~667 nt, 805~1 010 nt, 1 174~1 277 nt(图 14 - 2)。

```
   1 ctagtcagacttgtggcaaattatttggaatattcaaacaacccatgatctaattgtgtaggtccacttggttca
  76 ttttatggttgacacgcattaacagtgttgggctatgcgttaactgctgtctggttctctaattaacctctgta
 151 atccctctttgtcggcagagactaatttgattaccacttaaaccagcaataaatatattttctactccttcct
 226 tctctctctccgatcgaaacatcctgtcatattcctccaacttgaagatctctatatataccaacaacatctcca
 301 acccaaacatatcattccttgttaattctctctatacctcaaattgtagtactccataccattaaattttcat
   1                                                              M  N  L  S  A  K
 376 cttgattctcttctctcttatcttcttcatatcaatctgcttaagaaattaattaaccATGAATCTCTCTGCAAA
   7  A  T  C  N  S  H  G  Q  D  S  S  Y  F  L  G  W  E  E  Y  E  K  N  P  Y  H
 451 AGCTACATGCAACTCTCATGGGCAAGATTCCTCCTACTTCCTTGGATGGGAAGAGTATGAGAAAATCCATACCA
  32  P  T  L  N  R  S  G  I  I  Q  M  G  L  A  E  N  Q
 526 TCCTACACTTAACCGATCAGGAATCATACAGATGGGCCTCGCCGAGAACCAGgtaagcaattactcgatctctc
  49                                                                      L  S  F
 601 tgccgatattggtatctccattttttcattacattaattataatagtgtttgttgtaaacttgttgcagCTCTCATT
  52  F  R  D  L  A  L  F  Q  D  Y  H  G  L  P  V  F  K  Q
 676 TGATCTTCTCGAGTCTTGGCTCGAGCGCCACCCTGATGCTGCCGCCTTCAAGACAGAAGGCGGGTCGACGTCGGT
  77  F  R  D  L  A  L  F  Q  D  Y  H  G  L  P  V  F  K  Q
 751 TTTCCGCGACCTGGCTCTCTTCCAGGATTACCATGGCCTCCCTGTTTTTAAACAtataagccctatgaagtatt
 826 aaaagtttgattaattaattaattagcactaatcttgaactaaacccatgtgataatgtgggtccttgcctaca
 901 tatacgggaggcatacagaggagaataatgacaaatcttagattccatgggttatttgtaaggactacgattttgtt
  95                                        A  L  A  E  F  M  G  E  L  R  G  N  K  V
 976 gcttacatgactaacactcagaacgaCATTGGCAGAATTCATGGGTGAATTGAGAGGGAACAAGG
 109  G  F  E  P  N  K  L  V  L  T  A  G  A  T  S  A  N  E  T  L  M  F  C  L  A
1051 TTGGATTCGAACCCAACAAGTTGGTCCTGACAGCTGGTGCAACCTCGGCCAACGAGACCCTCATGTTCTGCCTCG
 134  D  P  G  D  A  F  L  L  P  T  P  Y  Y  P  G  F
1126 CCGACCCGGGAGACGCATTCTTGCTCCCTACTCCATACTATCCAGGGTacataataagacttttgcatgcatca
1201 tgcacataaataatttgttcatactgtacaaattataattatggttaacaaattataattggtttcag
 150  D  R  D  L  K  W  R  T  G  V  E  I  V  P  I  H  C  S  S  N  S  F  R
1276 gtTCGATCGAGATCTCAAGTGGAAGAACTGGAGTAGAGATCGTTCCGATACACTGCTCGAGTTCGAACAGCTTCCG
 174  I  T  K  G  A  L  E  Q  A  Y  R  H  A  G  K  C  N  L  R  V  K  G  V  L  I
1351 GATCACCAAGGGCGCCTCGAACAAGCCTATCGGCATGCCGGAAAGTGCAATTTGCGAGTTAAGGGAGTGCTGAT
 199  T  N  P  S  N  P  L  G  T  T  I  N  K  A  E  L  D  I  L  A  D  F  V  E  A
1426 AACCAATCCCTCCAATCCACTCGGCACGACGATAAACAAAGCCGAGCTCGACATCCTCGCCGACTTTGTCGAAGC
 224  K  D  I  H  L  V  G  D  E  I  Y  A  G  T  N  F  D  M  P  G  F  I  S  V  A
1501 CAAAGACATCCATTTAGTCGGTGACGAAATCTACGCCGGAACGAACTTCGACATGCCAGGCTTCATCAGTGTTGC
 249  E  A  I  K  E  R  P  Q  I  S  D  R  V  H  I  V  Y  S  L  S  K  D  F  G  L
1576 AGAGGCAATAAAGGAGAGACCCCAGATATCCGACCGTGTCCACATTGTCTATAGCCTCTCGAAAGACTTCGGGCT
 274  P  G  F  R  V  G  A  I  Y  S  N  N  D  L  V  V  A  A  A  T  K  M  S  S  F
1651 ACCGGGTTTCCGAGTCGGAGCTATTTATTCCAACAATGATCTTGTGGCGCGGCGGCTACGAAGATGTCGAGCTT
 299  G  L  I  S  S  Q  T  Q  Y  L  L  S  A  M  L  A  D  K  E  F  T  R  N  Y  L
1726 CGGGCTGATATCGTCGCAGACTCAGTATCTTCTTCTTCGGCAATGCTAGCTGACAAGGAGTTTACGAGGAACTACTT
 324  V  E  N  K  K  R  L  R  H  K  D  L  V  E  G  L  Q  R  A  G  I  G  C
1801 GGTGGAGAACAAGAAGAGGCTCAGGAAGAGGCATGGCGATCTTGTCGAGGGTCTCCAAAGGGCCGGGATCGGTTG
 349  L  E  S  N  A  G  L  F  C  W  V  D  M  R  H  L  L  K  S  N  S  P  Q  G  E
1876 CTTGGAGAGCAATGCGGGCTTGTTCTGTTGGGTAGACATGAGGCATCTGCTCAAGTCTAATAGTCCCCAAGGAGA
 374  M  E  L  W  K  K  M  L  Y  N  V  G  L  N  I  S  A  G  G  S  S  C  H  S  D  E
1951 AATGGAGCTATGGAAGAAGATGTTGTACAATGTGGGACTAAATTCTGCTGGTGGTTCGTGCCATTCTGACGA
 399  P  G  W  F  R  M  C  F  A  N  M  S  Q  E  T  L  N  L  A  M  D  R  L  T  S
2026 ACCGGGTTGGTTCCGAGTCATGTGCTTTGCTAACATGTCGCAGGAGACTCTCAATCTCGCCATGGATCGGGTTACGTC
 424  F  V  E  L  N  Y  G  V  Q  R  R  R  L  P  S  S  I  V  K  W  V  L  K  L  S
2101 GTTCGTCGAATTAAACTACGGTGTTCTCCAACGCCGACGCCTACCATCGTCGATAGTCAAATGGGTGCTGAAGTTGTC
 449  P  S  T  D  R  K  A  E  R
2176 GCCGTCGACTGATCGGAAAGCCGAGAGGGCTcgctagcacattataaattccatgatcacctactgctcccaact
2251 ctctctctaatttgttaatttttgctgtaattctgttggatgtattttttgtatactttcatttcatttct
2326 ttgccttgacaaggtgcactcaagtccttcttcatggatttagtagtggccaaggtttcatgtgtaagaaagtc
2401 atgtttgacttttgatgtgaagttgtttaaacttgctgccaataactttatgaggtaattaagtcttcttgcaca
2476 attaagtcaagcgtctcagtacatcatagcaccccatattattgattgatttattactatactaatttaatgt
2551 taataataatgaacacccaaagtcgagaat
```

图 14 - 2 *FhACS1* 基因全长及其推导蛋白的氨基酸序列

5'端非编码区在最开始,3'端非编码区在最后,均用小写表示;外显子用大写表示,内含子用小写表示,氨基酸序列位于对应的密码子上方。

Fig. 14 - 2 Full-length DNA sequences and deduced amino acid sequences of *FhACS*1 gene from *Freesia hybrida* 5' and 3' UTRs and introns are represented by lowercase, while exons capital letters; amino sequences are above the corresponding codons.

为验证 *FhACS1* DNA 全长序列的准确性,进一步设计了两条基因特异引物,上游特异性引物 ORF - F 始于起始密码子,下游引物 ORF - R 止于终止密码子,以香雪兰花瓣总 DNA 为模板进行 PCR 扩增,获得的片段测序结果验证了拼接系列的正确性。同时,以香雪兰花瓣 cDNA 为模板,以 ORF - F 和 ORF - R 为引物进行 PCR 扩增,分离获得了该基因的 CDS 开放读码框(ORF)序列。此结果进一步确定了 *FhACS1* 的内含子与外显子的位置。测序结果表明:*FhACS1* 基因 CDS - ORF 全长为 1 371 bp,编码一个含 457 个氨基酸残基,分子量为 51.2 kDa、等电点(pI)为 8.03 的假定蛋白质。*FhACS1* 蛋白氨基酸组成分析结果显示,组成该蛋白的主要氨基酸有 5 种,分别为 Leu 11.4%, Ser 8.3%, Ala 7.7%, Gly 7.2%, Glu 6.6%。

2. FhACS1 蛋白结构、序列分析和分子进化树分析

用 SOPMA 对 FhACS1 推导蛋白的结构进行了预测。结果显示,FhACS1 蛋白由 42.23% 的 α-螺旋(alpha helix)、16.41% 的延伸链(extended strand)、6.78% 的 β-转角(beta turn)和 34.57% 的不规则卷曲(random coil)组成。α-螺旋和不规则盘绕是该蛋白最大量的结构元件,α-螺旋、延伸链、β-转角、不规则卷曲都均匀分布在蛋白质序列当中。通过 Expasy 网站分析 FhACS1 的疏水区域,发现 FhACS1 是一个疏水蛋白。同时,使用 SWISS-MODEL 预测了 FhACS1 蛋白的三维结构,发现 FhACS1 蛋白的外围主要由 α-螺旋构成,β-折叠分散分布。

将 *FhACS1* 基因 CDS 序列及其编码的蛋白序列进行序列比对分析,结果表明,FhACS1 与多种植物的 ACS 蛋白具有较高的同源性。同源性最高的是小果芭蕉(*Musa acuminata*, AAQ13435.1),达 85%,与其他多种植物的 ACS 蛋白同源性也在 70% 以上(图 14 - 3)。同时,对推测的 FhACS1 氨基酸序列进行分析,发现了 ACS 的全部 7 个保守结构域,具备典型的转氨酶类的基因家族成员结构特征(图 14 - 2)。其中位于 265~279 aa 的结构域(YSLSKDFGLPGFRVG)为丝氨酸活性位点(The active-site lysine residue)。

为了研究香雪兰 FhACS1 与其他植物中 ACS 的分子进化关系,构建了 FhACS1 与其他物种的 17 个 ACS 蛋白的系统进化树(图 14 - 4)。结果表明,这些物种的 ACS 在进化上可分为四组,FhACS1 蛋白属于第一组,与孟宗竹(BAC56949.1)、水稻(AAA33888.1)的 ACS 最早聚合,说明它们的进化关系最近;

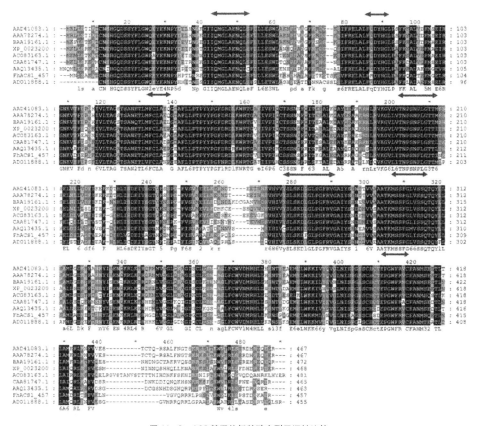

图 14-3　ACS 基因的氨基酸序列同源性比较

Fig. 14-3　The amino acid sequences alignment of ACS from several species

注：图中箭头部分表示 7 个保守区域，黑色部分表示所比较的几个物种的 ACS 氨基酸之间完全相同，灰色部分表示有 3 到 4 个氨基酸相同。图中 ACS 序列分别为绿豆（AAD41083），绿豆（*Vigna radiata*，AAA78274），绿豆 *Vigna radiata* var. *radiata*（BAA19161），美国黑杨（*Populus trichocarpa*，XP_00232），甜瓜（*Cucumis melo*，ACO83163），马铃薯（*Solanum tuberosum*，CAA81747），小果芭蕉（*Musa acuminata*，AAQ13435），石斛属（*Dendrobium hybrid*，ADO11888）。

然后依次与同为单子叶植物的小果芭蕉（AAQ13435）、双子叶的拟南芥（XP_002868965）的 ACS 再聚合；而与大多数双子叶植物的进化关系则较远。这与植物分类中亲缘关系的远近有着一定的契合度。

3. *FhACS1* 基因启动子区域的顺式元件（cis-element）分析

用 Plant CARE 软件对已分离获得的 *FhACS1* 基因的启动子区域（433 bp）进行 cis-element 分析。结果表明：*FhACS1* 基因具有经典的 TATA 盒启动子序列，

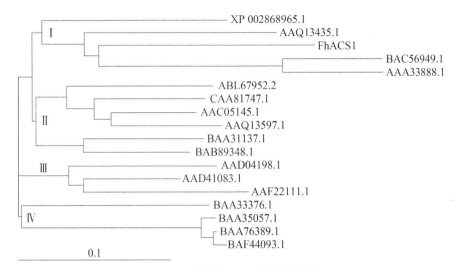

图 14 - 4 植物中部分 ACS 的系统进化关系

Fig. 14 - 4 Phylogenetic relationship of reported ACS from diversity plant species

注: 所分析的 ACS 分别来自小果芭蕉(*Musa acuminata*, AAQ13435. 1)、绿豆(*Vigna radiata*, AAD41083.1)、马铃薯(*Solanum tuberosum*, CAA81747.1)、黄瓜(*Cucumis sativus*, BAA33376.1)、矮牵牛(*Petunia × hybrida*, AAC05145. 1)、猕猴桃(*Actinidia deliciosa*, BAA31137.1)、拟南芥(*Arabidopsis lyrata* sub sp. *Lyrata*, XP _ 002868965. 1)、柿子(*Diospyros kaki*, BAB89348. 1)、沙梨(*Pyrus pyrifolia*, BAA76389. 1)、白羽扇豆(*Lupinus albus*, AAF22111. 1)、海棠(*Malus × domestica*, BAA35057. 1)、豌豆(*Pisum sativum*, AAD04198.1)、番茄(*Solanum lycopersicum*, AAQ13597. 1)、大花牵牛(*Ipomoea nil*, ABL67952.2)、梨(*Pyrus × bretschneideri*, BAF44093. 1)、孟宗竹(*Phyllostachys edulis*, BAC56949.1)、水稻(*Oryza sativa Indica Group*, AAA33888. 1)。

紧靠 TATA 盒上游存在保守的 CAAT 盒以及 I - box, GT1 - motif 等启动子区域特征元件。同时,在其启动子区域发现含有多种调控元件,包括 CAAT - box, TATA - box, I - box, GT1 - motif 等启动子区域特征元件。同时,含有多个响应激素信号与环境胁迫信号的 *cis*-element,包括响应赤霉素信号的顺式作用元件 GARE 和 WRKY71;CTK 响应元件 ARR1;干旱及 ABA 信号响应元件 MYB 和 MYC;脱水响应元件 DRE/CRT 以及低温响应元件 LTRE 等。

(二) FhACS1 基因的表达特征分析

1. 在整朵花、花瓣、雄蕊和雌蕊中的表达差异

以 0~4 级花朵的混合样进行 q - PCR 分析 *FhACS1* 基因的器官特异性表达特征,结果表明 *FhACS1* 基因花瓣、雄蕊、雌蕊中的表达量之间有显著差异(图 14 - 5)。

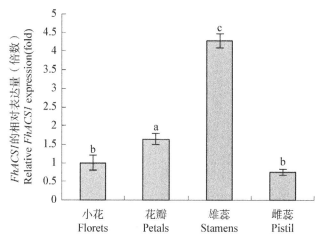

图 14 - 5　香雪兰 *FhACS1* 基因在整朵小花、花瓣、雄蕊、雌蕊中的表达

注：不同字母表示任意两个数值之间在 0.05 水平上有显著差异。下同。

Fig. 14 - 5　Expression of *FhACS1* gene in florets, petals, stamens and pistil of *Freesia*

Note: values followed by the same letter are not significantly different at p＜0.05 based on Duncan's new multiple range test. The same for the following figures.

在雄蕊中的表达量最高，雌蕊中最低，花瓣介于两者之间；整朵花的表达量介于雄蕊、雌蕊、花瓣的表达量之间；以整朵花中 *FhACS1* 基因的表达量为标准 1，则花瓣、雄蕊、雌蕊中的表达量分别为整朵花中的 1.64、4.28、0.75 倍。

2. *FhACS1* 基因在不同发育阶段花朵中的表达差异

FhACS1 基因在各发育阶段花朵中的表达量呈现显著差异性（图 14 - 6）。以第 6 级花朵中 *FhACS1* 基因的表达为标准 1，比较分析其他各阶段的表达量，发现 *FhACS1* 基因在花朵完全开放和大部分开放时的表达量较高，而完全开放时最高，为绿色小花蕾（第 6 级）的 3.26 倍，为最低表达阶段（花蕾花被片显色阶段第 4 级）表达量的 32.6 倍。而第 6 级的表达量并非最低，比第 5 级以及第 4 级中的表达量显著高。其他发育阶段花朵表达量的差异则不显著。

3. 瓶插期间 *FhACS1* 基因在花中的表达特征

1）整朵花水平上的表达

在整朵花水平上，*FhACS1* 在第 6 朵花中的表达量显著高于第 3 朵花，0 天时第 6 朵花中的表达量即为第 3 朵花的 5.8 倍；同时，第 6 朵花的最大表达量为第 3 朵花的 1.7 倍；两朵花中的 *FhACS1* 表达模式存在一定差异（图 14 - 3）。第 3 朵花

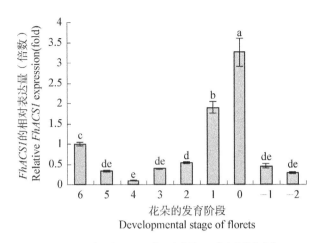

图 14-6　香雪兰 *FhACS1* 基因在花朵不同发育阶段的表达

Fig. 14-6　Expression of *FhACS1* gene in florets at different developmental stages of *Freesia*

中表现为先上升后下降,随着瓶插时间的延长,表达量呈现逐渐上升的趋势,第 6 天时达到最大,为第 0 天的 13.8 倍,随后显著下降;第 6 朵花 *FhACS1* 表达的变化模式与第 3 朵略有不同,表现为持续增加直至第 8 天,前 6 天表达量增加不显著,第 7 天、第 8 天出现跳跃式显著增加,分别为 0 天时的 18.0 倍和 23.6 倍(图 14-7)。

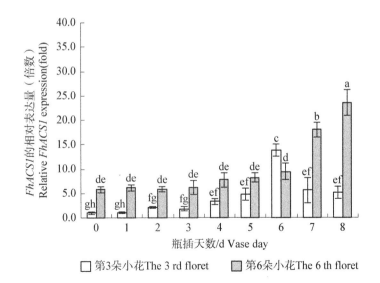

图 14-7　瓶插期间香雪兰第 3 朵和第 6 朵小花整朵花 *FhACS1* 基因表达特征

Fig. 14-7　Expression patterns of *FhACS1* gene in the 3rd and 6th floret of *Freesia* during vase life

2）在花瓣中随花朵衰老的表达变化

FhACS1 基因在第 3 朵、第 6 朵花瓣中的表达模式与在整朵花中的表达模式相似(图 14-8)。在第 3 朵中 *FhACS1* 表达先缓慢上升至第 5 天、第 6 天显著提高,达到最大,为第 0 天的 20.4 倍;随后下降,第 8 天降至第 5 天相当的水平。第 6 朵的表达量则表现为持续上升趋势,前 4 天同样没有明显变化,第 5 天显著增加并持续到第 8 天时达到最大值,为第 0 天的 7.9 倍。

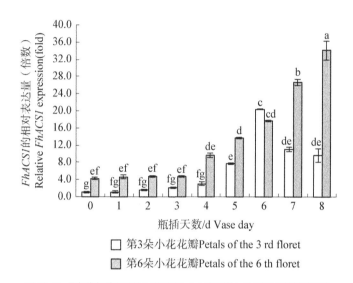

图 14-8　瓶插期间香雪兰第 3 朵和第 6 朵小花花瓣中 *FhACS1* 基因表达特征

Fig. 14-8　Expression patterns of *FhACS1* gene in petals of the 3rd and 6th floret of *Freesia* during vase life

比较分析发现,第 6 朵 *FhACS1* 基因的表达量明显高于第 3 朵。0 天时其表达就显著高于第 3 朵,为其 4.3 倍,同时,第 6 朵中的 *FhACS1* 最大表达量也达到第 3 朵最大表达量的 1.7 倍。

3）在雄蕊中随花朵衰老的表达变化

FhACS1 基因在香雪兰雄蕊中的表达模式明显不同于在整朵花及花瓣中的表达,两朵小花都呈现为先上升后下降的变化趋势(图 14-9)。最大表达量分别出现在瓶插后第 4 天(第 3 朵)和第 3 天(第 6 朵),为第 0 天的 1.8 倍和 2.2 倍。其后表现出显著下降趋势,直到第 8 天。虽然变化趋势相似,但在表达量上还是存在差异:在

第 6 朵雄蕊中的表达量从瓶插初始就显著高于第 3 朵雄蕊,为其 2.2 倍,这种显著差异延续到瓶插第 6 天;同时 *FhACS1* 基因的表达量变化幅度也大于第 3 朵小花。

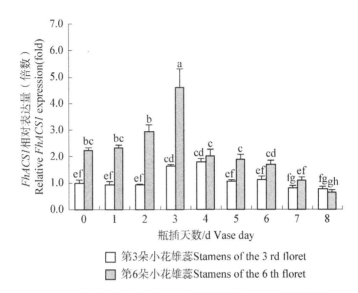

图 14-9　瓶插期间香雪兰第 3 朵和第 6 朵小花雄蕊中 *FhACS1* 基因表达特征

Fig. 14-9　Expression patterns of *FhACS1* gene in stamens of the 3rd and 6th floret of *Freesia* during vase life

4) 在雌蕊中随花朵衰老的表达变化

在雌蕊中,*FhACS1* 基因的表达模式均为先上升后下降,其表达高峰出现在瓶插后期(图 14-10)。瓶插前 5 天,*FhACS1* 基因在雌蕊中的表达差异均不明显,到第 6 天开始急剧增加,第 7 天和第 6 天分别在第 3 朵和第 6 朵的雌蕊中观察到最大表达量,分别为第 0 天表达量的 7.1 倍和 12.8 倍。高峰过后,其表达量显著下降直至第 8 天。第 3 朵雌蕊的表达量在第 8 天时仅为第 7 天和第 0 天的 0.18 倍和 1.3倍,而第 6 朵雌蕊中的表达水平在第 8 天时还维持较高水平,为第 0 天的 5.7 倍。

5) 在花朵不同器官中随花朵衰老的表达特征比较

分别针对第 3 朵和第 6 朵小花,综合比较花朵衰老过程中 *FhACS1* 基因在整朵花、花瓣、雄蕊、雌蕊等 4 个水平上表达模式的差异。

以清水瓶插第 0 天第 3 朵小花整朵花中 *FhACS1* 基因的表达量为标准 1,比较

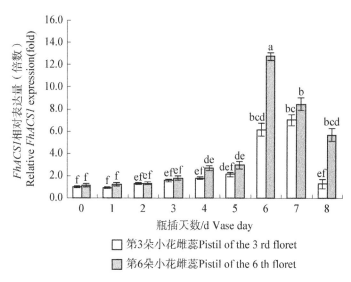

图 14 - 10　瓶插期间香雪兰第 3 朵和第 6 朵小花雌蕊中 *FhACS1* 基因表达特征

Fig. 14 - 10　Expression patterns of *FhACS1* gene in pistil of the 3rd and 6th floret of *Freesia* during vase life

分析花朵各器官在不同瓶插天数里的表达量差异。分析表明：该基因的表达在前期的变化都比较缓慢，到达一定时期时，表达量便产生大的飞跃。在表达高峰及表达量上，*FhACS1* 基因在第 3 朵小花整朵花、花瓣、雄蕊、雌蕊中均存在差异。从表达高峰来看，整朵花和花瓣中的表达高峰同步，均出现在第 6 天；雄蕊中的表达高峰则早于花瓣，出现在第 4 天；而雌蕊中的表达高峰出现得比花瓣晚，在第 7天。从表达量来看，在瓶插前 4 天，*FhACS1* 基因在雄蕊中的表达量一直显著高于花瓣和雌蕊，对整朵花中该基因的表达量贡献最大；到瓶插后期，伴随着花朵的衰老，花瓣、雄蕊、雌蕊中 *FhACS1* 基因的表达比例开始发生变化，从而使得整朵花 *FhACS1* 基因的表达量出现变化（图 14 - 11A）。

比较 *FhACS1* 基因在第 6 朵小花的表达模式差异时，以清水瓶插第 0 天整朵花中的基因表达量为标准 1，比较分析花朵各器官随瓶插时期的表达量差异。结果表明：*FhACS1* 基因在整朵花和花瓣中的表达高峰同步，在第 8 天；在雄蕊中的表达高峰则明显要早，出现在第 3 天；而在雌蕊中的表达高峰则出现在第 6 天。瓶插前，*FhACS1* 基因在雄蕊中的表达量保持较高的水平，而雌蕊中的表达水平较低，花瓣中的表达量则介于两者之间。瓶插后期，伴随着花朵的衰老，*FhACS1* 基因在花瓣、雄蕊、雌蕊的表达比例也开始发生变化,但雌蕊中 *FhACS1* 基因的表达量始终低于花瓣和整朵花中的表达量(图 14 – 11B)。

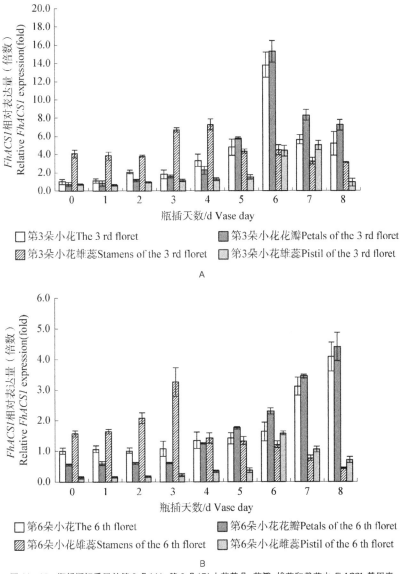

图 14 - 11　瓶插期间香雪兰第 3 朵(A)、第 6 朵(B)小花整朵、花瓣、雄蕊和雌蕊中 *FhACS1* 基因表达的特征

Fig. 14 - 11　Expression patterns of *FhACS1* gene in separate parts (petals, stamens, and pistil) of the 3rd (A) and 6th (B) floret of *Freesia* during vase life

4. *FhACS1* 基因在外源化学物质诱导下的表达特征

1) *FhACS1* 基因在乙烯利诱导下的表达模式

分别以对照处理第 0 天 *FhACS1* 基因在第 3 朵和第 6 朵小花中的表达量为标准 1,分析乙烯利诱导后的 *FhACS1* 基因在小花中的表达模式。

对照处理下,第 3 朵小花在瓶插前 4 天生长、发育缓慢,第 4 天开始开放,第 6 天完全开放,第 8 天花朵萎蔫(图 14 - 12)。与此对应,其 *FhACS1* 基因的表达量在第 4 天显著增加,第 6 天时达到最大值,分别是第 0 天、第 4 天表达量的 13.8 倍和 4.2 倍。随后表达量迅速下降,第 8 天时与飞跃上升前第 4 天无显著差异,为第 0 天的 5.2 倍。对照处理下第 6 朵小花在瓶插前 6 天生长、发育缓慢,第 7 天大部分开放,第 8 天完全开放。与此相对应的是 *FhACS1* 基因在第 6 朵小花中的表达量在前 6 天增加不显著,第 6 天时仅为第 0 天的 1.6 倍,第 8 天时表达量显著增加,达到最大值,为第 0 天的 5.0 倍。

低浓度乙烯利诱导后,小花的开放、衰老进程明显加快:第 3 朵在第 5 天完全开放,比对照提早 1 天;第 6 天开始萎蔫,比对照提早 2 天。第 6 朵小花第 4 天开始开放,比对照提早 2 天;第 7 天开始萎蔫,花朵提早衰老(图 14 - 12)。*FhACS1* 基因在花朵中的表达在诱导期间以及随后的瓶插过程中也出现相应的变化:第 3 朵花中 *FhACS1* 基因对外界乙烯利信号作出积极响应,第 2 天即检测到表达量显著增加,为对照下同一时间的 3.2 倍,响应时间提早了 2 天;在瓶插期间的表达量持续增加;瓶插结束时表达量为第 0 天表达量的 21.4 倍,为对照处理相应时间的 4.1 倍(图 14 - 12A)。对第 6 朵小花而言,*FhACS1* 基因在乙烯处理期间并未检测到明显响应,但诱导后瓶插期间,诱导效果显现,*FhACS1* 基因表现明显响应,瓶插第 2 天检测到表达量显著增加,为对照处理下第 2 天表达量的 1.8 倍,之后表达量持续增加,瓶插结束时,*FhACS1* 基因的表达量达到第 0 天表达量的 7.4 倍,相当于对照处理下瓶插结束时表达量的 1.5 倍(图 14 - 12B)。

高浓度乙烯利诱导下,小花的开放和衰老进程加速更剧烈:第 3 朵小花第 2 天开始开放,比对照提前 2 天;第 5 天完全开放,相比对照提早 1 天;第 6 天开始萎蔫,相当于对照下第 8 天的状态,第 8 天完全枯萎,花瓣颜色加深;第 6 朵小花第 3 天

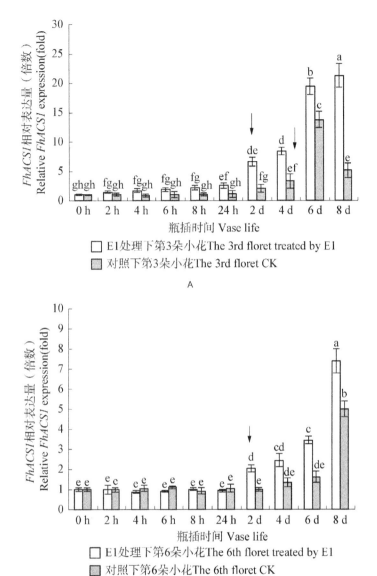

图 14 - 12　低浓度乙烯利(E1)诱导下第 3 朵(A)和第 6 朵(B)小花 FhACS1 基因在瓶插期间的表达

Fig. 14 - 12　Expression of *FhACS1* gene in the 3 rd (A) and the 6 th (B) floret during vase life under low level ethylene inducted condition

开始开放,相比对照提前 4 天;第 6 天完全开放,第 8 天完全枯萎,衰老程度远大于对照(附图 11)。*FhACS1* 基因在两朵小花中的表达变化表明,*FhACS1* 基因对高浓度乙烯利也作出明显响应：对第 3 朵小花而言，*FhACS1* 基因在乙烯利处理结束时检测到表达量的显著增加，表明此时基因已做出响应，比对照处理下的响应时间提早 3 天，是对照处理下相应时间的 3.2 倍，比低浓度乙烯利处理下相应时间的表达量也要高。*FhACS1* 基因在瓶插期间的表达量持续上升，第 6 天达到表达高峰，相当于第 0 天表达量的 25.5 倍。随后表达量显著下降，但仍明显高于对照，瓶插结束时表达量为第 0 天表达量的 18.6 倍，为对照处理相应时间的 3.6 倍（图 14 -13A）。对第 6 朵小花而言，高浓度乙烯利处理更强烈地诱导了 *FhACS1* 基因的表达，*FhACS1* 基因在诱导第 24 小时时检测到响应，比对照提早了 7 天；*FhACS1* 基因在瓶插期间的表达量持续显著增加到第 4 天，第 4 天达到表达高峰。表达高峰比对照提前 4 天，高峰量为对照高峰量的 1.5 倍，为第 0 天表达量的 7.7 倍；随后 *FhACS1* 基因的表达量开始下降，瓶插结束时表达量仅为第 0 天表达量的 2.8 倍（图 14 -13B）。

综上所述，高、低浓度的乙烯利均能明显加快第 3 朵和第 6 朵小花的生长、开放和衰老进程，诱导 *FhACS1* 基因表达量增加，其中高浓度的作用更显著。小花在

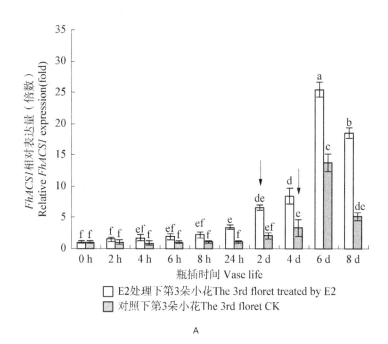

A

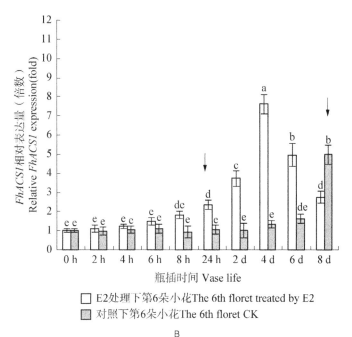

图 14-13　高浓度乙烯利(E2)诱导下第3朵(A)和第6朵(B)小花 *FhACS1* 基因在瓶插期间的表达模式

Fig. 14-13　Expression patterns of *FhACS1* gene in the 3 [rd] (A) and the 6 [th] (B) floret during vase life under high level ethylene inducted condition

（附图 11）。第 3 朵小花 *FhACS1* 基因对不同浓度乙烯利信号均有明显响应，表现为 *FhACS1* 基因的表达提前以及表达量的显著增加。不同的是，低浓度乙烯利信号诱导了 *FhACS1* 基因的表达模式发生改变，而高浓度乙烯利信号诱导则没有。第 6 朵小花 *FhACS1* 基因在不同浓度的乙烯利信号诱导下均提早响应且表达量显著增加，不同的是高浓度乙烯利信号能更早地激发 *FhACS1* 基因的响应并改变 *FhACS1* 基因的表达模式，低浓度乙烯利没有诱导 *FhACS1* 基因的表达模式发生改变，只显著增加了基因的表达量。

2）*FhACS1* 基因在 IAA 诱导下的表达模式

分别以对照处理下 *FhACS1* 基因在第 3 朵和第 6 朵小花第 0 天的表达量为标准 1，分析 *FhACS1* 基因在 IAA 处理期间以及随后瓶插期间的表达模式。

IAA 诱导后，第 3 朵小花在第 2 天开始开放，较对照提前 2 天；第 5 天完全开放，较对照前提 1 天；第 6 天开始萎蔫，较对照提早 1 天（附图 11）。相应地，第 3

小花 *FhACS1* 基因对外源 IAA 信号检测到明显响应：IAA 处理结束时，*FhACS1* 基因的表达量较处理开始时显著增加，为对照同时期的 2.6 倍，表明此时基因对诱导信号有了响应，响应时间较对照提早 3 天。随后瓶插过程中，*FhACS1* 基因的表达量持续显著上升，第 6 天达到最大值，为第 0 天的 24.0 倍，为对照最大表达量的 1.7 倍。随后该基因表达量急剧下降，瓶插结束时其表达量仅为第 0 天的 3.2 倍，相当于对照的一半左右(图 14 - 14A)。

第 6 朵小花在 IAA 诱导下，在第 3 天开放，较对照提早 4 天；第 5 天完全开放，较对照提早 3 天；第 6 天出现萎蔫，表明此时已经启动花朵的衰老(附图 11B)。*FhACS1* 基因在外源 IAA 诱导下表达量缓慢增加，第 6 天检测到表达量较诱导前显著增加，表明此时该基因作出了响应，响应时间较对照提早 2 天。此时 *FhACS1* 基因的表达量为第 0 天表达量的 2.6 倍，为对照处理下此时表达量的 1.4 倍。瓶插结束时，*FhACS1* 基因的表达量低于对照处理下此时的表达量，为其 0.6 倍(附图 14 - 14B)。

综上所述，IAA 诱导下，第 3 朵小花发育进程加快，跳跃性发育，衰老提早启动；*FhACS1* 基因的响应提早，表达量显著持续地增加。第 6 朵小花开放速度加

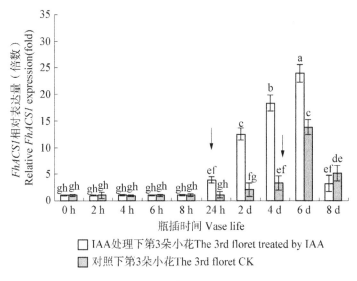

A

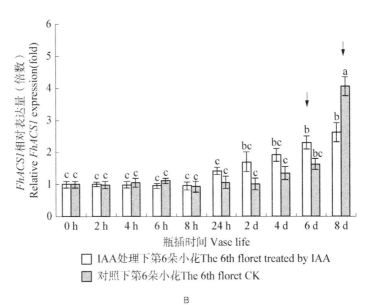

图 14‑14　IAA 诱导下第 3 朵(A)和第 6 朵(B)小花 *FhACS1* 基因在瓶插期间的表达模式

Fig. 14‑14　Expression patterns of *FhACS1* gene in the 3rd (A) and the 6th (B) floret during vase life after induced by IAA

快,瓶插后期衰老速度反而减缓;*FhACS1* 基因响应提早,表达量上升,但上升平缓,瓶插结束时的表达量反而降低。

3)*FhACS1* 基因在 6‑BA 诱导下的表达模式

6‑BA 诱导下,第 3 朵小花第 5 天开始开放,较对照晚 1 天;第 7 天完全开放,较对照晚 1 天;瓶插结束时花瓣仍未萎蔫,衰老的启动推迟(附图 11A)。以 *FhACS1* 基因在第 3 朵小花第 0 天的表达量为标准 1,分析第 3 朵小花 *FhACS1* 基因在瓶插过程中的表达变化。结果显示,对第 3 朵小花而言,*FhACS1* 基因的表达在 6‑BA 诱导下受到明显抑制:瓶插前 4 天,*FhACS1* 基因的表达量无明显变化,第 6 天,表达量较诱导前显著增加,表明此时 *FhACS1* 基因被诱导响应,响应时间较对照处理推迟 2 天。*FhACS1* 基因的表达在第 6 天达到高峰,为第 0 天的 4.5 倍,仅为对照高峰值的 0.3 倍。随后 *FhACS1* 基因的表达量开始下降,瓶插结束时仅为对照下相应时间的 0.6 倍(图 14‑15A)。

第 6 朵小花在 6‑BA 诱导下,从第 6 天开始开放,较对照提早 1 天;瓶插结束时花朵仅部分开放,相比对照处理下的完全开放,诱导后的小花开放速度减缓(图14-12B)。以瓶插第0天时 FhACS1 基因在第6朵小花中的表达量为标准1,分析第6朵小花 FhACS1 基因在瓶插过程中表达量的变化。结果显示,第6朵小花 FhACS1 基因的表达受到6-BA更显著的抑制,FhACS1 基因在瓶插前2天表达量无明显变化,第4天,表达量显著下降,仅为第0天的0.3倍,为对照第4天的0.2倍,之后表达量一直保持着较低水平。相比对照下 FhACS1 基因表达量的持续上升,瓶插结束时,经6-BA诱导的 FhACS1 基因的表达仅为对照处理下瓶插结束时的0.06倍(图14-15B)。

综上所述,6-BA诱导能推迟第3朵和第6朵小花衰老的启动,抑制 FhACS1 基因的表达。

4) FhACS1 基因在蔗糖诱导下的表达模式

蔗糖处理后,第3朵小花从第3天开始开放,较对照提早1天;第6天完全开放,与对照相同,但之后保持开放的状态,瓶插结束时花瓣仅局部萎蔫(图14-12A)。以 FhACS1 基因在第3朵小花第0小时的表达量为标准1,分析第3朵小花 FhACS1 基因在瓶插过程中表达量的变化。结果表明:第3朵小花 FhACS1 基

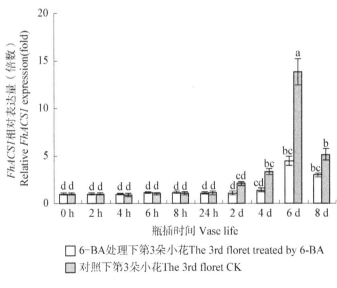

A

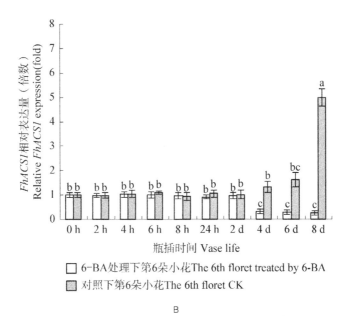

B

图 14 - 15 6 - BA 诱导下第 3 朵(A)和第 6 朵(B)小花 *FhACS1* 基因在瓶插期间的表达模式

Fig. 14 - 15 Expression patterns of *FhACS1* gene in the 3 rd floret (A) and the 6 th floret (B) during vase life after induced by 6 - BA

因的表达在蔗糖的处理下受到抑制,表达量在瓶插前 6 天无显著增加,瓶插结束时才检测到显著增加,表明 *FhACS1* 基因在此时才对外界信号作出响应,较对照推迟了 4 天,此时 *FhACS1* 基因的表达量达到最大,为第 0 天的 3.5 倍,相当于对照的 0.3 倍(图 14 - 16A)。

第 6 朵小花在蔗糖的诱导下从第 5 天开始开放,发育缓慢,瓶插结束时大部分开放,较对照处理下的小花开放提早(附图 11B)。*FhACS1* 基因的表达量在蔗糖诱导下前 6 天无明显变化,瓶插最后一天检测到显著增加。此时 *FhACS1* 基因的表达量达到最大值,为第 0 天的 2.1 倍,相当于对照瓶插最后一天的 0.4 倍(图 14 - 16B)。

可见,蔗糖处理促进了小花的生长和开放,减缓了小花的衰老速度。第 3 朵小花 *FhACS1* 基因在蔗糖的诱导下表达高峰推迟,表达量下降。第 6 朵小花 *FhACS1* 基因在蔗糖诱导下基因的表达量上升减缓,表达高峰值减小。

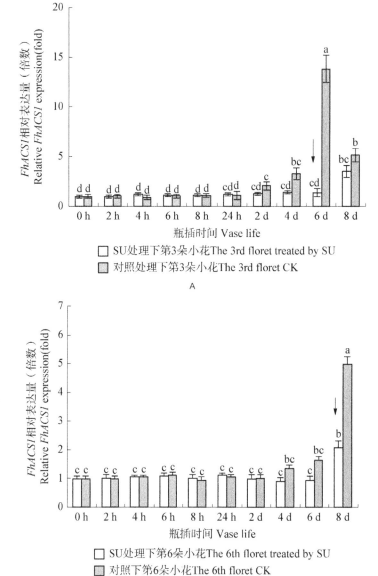

图 14 - 16　蔗糖(SU)诱导下第 3 朵(A)和第 6 朵(B)小花 *FhACS1* 基因在瓶插期间的表达模式

Fig. 14 - 16　Expression of *FhACS1* gene in the 3[rd](A) and the 6[th](B) floret during vase life after induced by sugar

5) *FhACS1* 基因在 STS 诱导下的表达模式

STS 诱导下,第 3 朵小花第 4 天开放,与对照处理下的开放时间相同;第 8 天完全开放,较对照推迟了2天(附录图11),表明STS对第3朵小花的生长无明显影响但能推迟小花衰老的启动,抑制小花的衰老。以 *FhACS1* 基因在第3朵小花中第0小时的表达量为标准1,分析第3朵小花 *FhACS1* 基因在瓶插期间表达量的变化。结果显示,STS的诱导下,小花中 *FhACS1* 基因的表达量在瓶插前2天无明显变化,第4天显著增加,表明此时 *FhACS1* 基因对外界STS信号做出了响应,响应时间与对照相同。不同的是,STS诱导下,*FhACS1* 基因在第4天作出响应的同时达到表达高峰,为第0天的6.1倍,之后表达量开始下降,而对照中 *FhACS1* 基因在第4天做出响应后表达量仍继续上升,在第6天达到表达高峰。STS诱导下 *FhACS1* 基因的表达高峰值比对照低,仅为其0.44倍(图14-17A)。

第6朵小花在STS诱导下第7天开始开放,与对照相同;第8天大部分开放,较对照处理下的开放程度低(附图11)。这表明STS减缓了第6朵小花从开放开始到衰老启动的进程。以第6朵小花 *FhACS1* 基因第0天的表达量为标准1,分析第6朵小花 *FhACS1* 基因在瓶插期间的表达变化。结果显示:第6朵小花 *FhACS1* 基因在STS诱导下前6天里表达量无明显增加,与对照也无明显差异;瓶插第8天 *FhACS1* 基因的表达量出现显著上升,达到最大值,但显著低于对照的最大值,为其0.58倍(图14-17B)。这表明第6朵小花 *FhACS1* 基因在STS诱导下的表达受到了抑制。

综上所述,STS诱导能减缓第3朵和第6朵小花的衰老进程,抑制两朵小花 *FhACS1* 基因表达量的增加。

5. *FhACS1* 基因在干旱和低温诱导下的表达特征

以干旱对照环境处理第0天 *FhACS1* 基因在第3朵小花中的表达量为标准1,分析第3朵小花 *FhACS1* 基因在干旱环境中的表达特征。干旱对照环境中,第3朵小花 *FhACS1* 基因的表达量在瓶插前5天缓慢上升,第6天剧烈增加,为第0天的11.0倍。*FhACS1* 基因对干旱环境做出了响应,表达量在瓶插初期逐渐上升,第3天显著增加,此时表达量为第0天的7.2倍,为对照的3.4倍。随后,*FhACS1* 基因的表达量缓缓下降,第5天时的表达水平与对照的表达水平相当。第6天 *FhACS1* 基因的表达量又突然飞跃式上升,表达量陡增至第0天的14.9倍,显著高于对照第6天的表达量(图14-18A)。

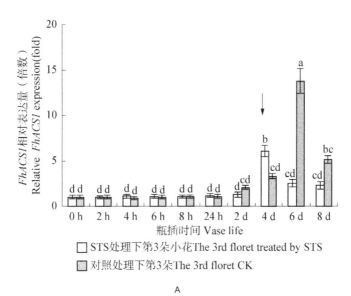

A

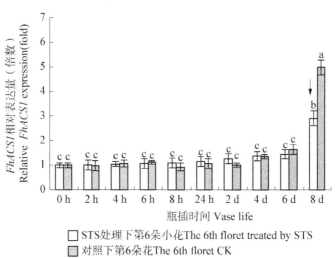

B

图 14-17　STS 诱导下第 3 朵(A)和第 6 朵(B)小花 *FhACS1* 基因在瓶插过程中的表达模式

Fig. 14-17　*FhACS1* gene Expression in the 3rd floret (A) and the 6th floret (B) during vase life after induced by STS

　　以低温对照环境处理第 0 天 *FhACS1* 基因在第 3 朵小花中的表达量为标准 1，分析第 3 朵小花 *FhACS1* 基因在低温环境中的表达特征。结果表明，对照中，第 3 朵小花 *FhACS1* 基因的表达量持续增加，而 *FhACS1* 基因在低温环境中表达受到抑制,表达量增加缓慢,低温处理结束时 *FhACS1* 基因的表达量仅为第 0 天的 2.8 倍,为对照结束时的 0.2 倍(图 14-18B)。

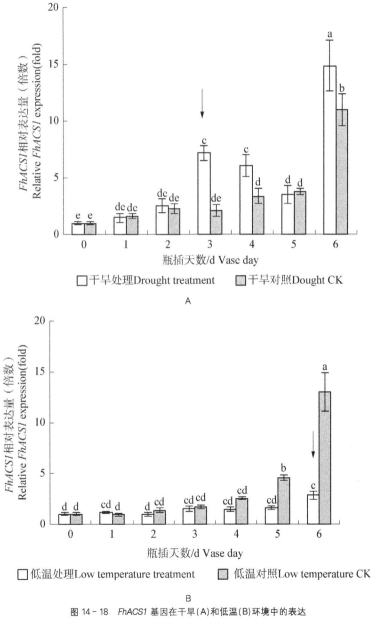

图 14-18　*FhACS1* 基因在干旱(A)和低温(B)环境中的表达

Fig. 14-18　Expression of *FhACS1* gene under drought (A) or low temperature (B) condition

三、讨论

（一）FhACS1 基因的特征分析

ACS 是乙烯生物合成途径的限速酶，在香雪兰属植物中未见报道。本研究首次从香雪兰中分离得到了 ACC 合成酶基因 FhACS1 的全长。进而分析 FhACS1 推定蛋白的氨基酸序列，发现它具有 ACS 蛋白氨基酸序列的主要特征。同时，通过与其他物种 ACS 蛋白的多重比对分析，进一步表明该基因确实是 ACS 家族成员之一。FhACS1 基因序列含有 3 个内含子，4 个外显子，而且内含子均位于该基因的靠近 5'端的位置，这与 ACS 基因内含子位置的特点是一致的。根据 ACS 基因分为含 2、3 和 4 个内含子三类，FhACS1 属于含有 3 个内含子的一类。此外，FhACS1 基因内含子序列具有相同的保守剪切位点 5'-GT 和 AG-3'位点。

生物信息学分析发现，FhACS1 启动子中含有多个响应 CTK、ABA 和 GA 等激素信号及环境胁迫信号的调控元件，推测该基因可能受激素信号及环境胁迫所诱导，所编码的蛋白可能参与了不同激素间及胁迫信号间的互作。在它物种 ACS 基因的研究中已经得到相似的结果，如水稻三个不同的 ACS 基因受 ABA、GA、ACC、JA 等的诱导；拟南芥种子中的 ACS 基因能在细胞分裂素、芸薹素内脂、Cu^{2+} 等的诱导下表达；拟南芥黄化苗在机械伤害的刺激下可诱导 ACS4 和 ACS2 基因的表达，抑制 ACS5 基因的表达；马铃薯叶片的 ACS4 和 ACS5 基因在臭氧、病原体感染、Cu^+ 等胁迫下被诱导表达；番茄根中的 LA-ACS2 基因在水淹胁迫下诱导表达；石竹的 ACS 基因在光温的改变刺激下诱导表达。因此，我们进一步研究了香雪兰 FhACS1 基因在激素信号和环境胁迫下的表达模式。

（二）FhACS1 基因在花朵中的时空表达特征

1. 在不同发育等级花朵和不同花朵器官中的表达特征

有研究发现，月季花苞开放以前 ACS 基因的表达量以及乙烯释放量并无显著增加，而在花朵开放期间，ACS 基因表达量以及乙烯释放量都发生突跃，剧烈上升。在霞草中发现，其花朵在衰老开始时乙烯释放量最大，完全衰老时，乙烯释放量反而下降。香雪兰 *FhACS1* 基因的表达量随着花朵的发育进程呈现下降—上升—下降的变化趋势：在刚显色的花蕾中表达量最低,在全开放花朵中最高;在靠近花序顶端的绿色花蕾中的表达量比在显色蕾中要高。这与 Spikman、Wang 以及 Hoeberichts 等的研究结果一致。究其原因可能是香雪兰小花从花蕾发育到显色蕾的过程中,*FhACS1* 基因的表达量缓慢上升,乙烯合成量慢慢增加,形成生长发育中的基础量乙烯——系统 I 乙烯,此时对小花的开花和衰老不产生直接作用。系统 I 乙烯持续合成到花朵大部分开放,积累的系统 I 乙烯诱导了 *FhACS1* 基因的大量表达,在花朵完全开放时达到最大。此时系统 I 乙烯生物合成转向系统 II 乙烯,乙烯大量生成,成为启动香雪兰花朵衰老的信号,导致花朵加速衰老。

花朵的衰老比较复杂,因为花朵由花萼、花瓣、雄蕊、雌蕊、花柄等组成,结构比较复杂。衰老过程中,花朵的各部分器官可能表现出不同的特点,并且花朵各部分器官的衰老可能还表现出相互作用,给花朵衰老的研究带来困难。Spikman 曾指出,香雪兰花蕾中检测到的 90%ACC 均来自花药,且花药产生大部分的乙烯。本研究中发现 *FhACS1* 基因在不同花器官中的表达量最高出现在雄蕊中,为 Spikman 的上述研究结果提供了基因水平上的证据,同时也意味着该基因的表达能够调控香雪兰花朵中 ACC 及乙烯的合成。雄蕊中 *FhACS1* 基因的高表达,尤其在瓶插前期,说明雄蕊对香雪兰花朵的衰老影响较大。在前一章中,我们研究也发现,雄蕊的呼吸代谢强度与整朵花的呼吸代谢呈显著的正相关。这两个结果均暗示,摘除雄蕊能够达到延缓花朵衰老的目的,在香雪兰鲜切花采后应该可以通过去雄的方式延长其瓶插寿命。Have 和 Woltering 的研究表明,鸢尾在衰老过程中花瓣中乙烯的释放量显著高于子房和花柱,Jones 研究 ACS 基因在康乃馨花朵中特异性表达的结果也与鸢尾的研究结果一致,本研究中 *FhACS1* 基因在雌蕊中的表达水平较低,与上述结果也是相似的。

2. 瓶插期间在不同花朵器官中的表达特征

FhACS1 基因在花序上不同位置小花中的表达量在瓶插前期均表现为平缓上升,可能这是花朵自身系统 I 乙烯生物合成的过程,乙烯生成量少,基因表达缓和。到达某个时间节点时发生飞跃,可能是系统 I 乙烯积累到一定程度时诱发了系统 II 乙烯的生成,系统 II 乙烯的生成是一种跃变,因此 *FhACS1* 基因的表达也出现跃

变。到瓶插后期,基因的表达量开始慢慢下降。这与 Reid 和 Wu 研究瓶插期间月季切花中 ACS 含量变化的结果相似。

瓶插前期 *FhACS1* 基因在第 3 朵和第 6 朵小花不同花器官中的表达始终保持"在雄蕊中最高、在雌蕊中最低"的规律,到瓶插后期,伴随着花朵的衰老,*FhACS1* 基因在雄蕊、雌蕊中的表达量逐渐减少,在花瓣中的表达量慢慢增加。雄蕊中 *FhACS1* 基因的表达高峰先于雌蕊达到,是因为香雪兰花朵中雄蕊的发育要早于雌蕊,当雄蕊成熟时,雌蕊还没发育完全。雄蕊 *FhACS1* 基因的表达高峰先于花瓣到来是因为当花瓣完全展开,花瓣 *FhACS1* 基因达到表达高峰时,花粉囊已经破裂,花粉散落,雄蕊中的表达量已显著减少。

FhACS1 基因在花瓣中的表达模式与在整朵花中的相似,这与鸢尾的研究结果一致。*FhACS1* 基因在花瓣中的表达变化较大程度地左右着整朵小花该基因的表达量,表明香雪兰小花的花瓣与整朵小花开放、衰老的关系密切。*FhACS1* 基因在同一花序上不同位置小花中的表达水平差异的产生,应该与各位置小花的发育进程有关。当近基部小花完全开放时,近顶端的小花还处于发育前期。故而当第 3 朵小花 *FhACS1* 基因的表达量已经达到最大值或已开始下降时,第 6 朵小花 *FhACS1* 基因的表达量仍处于上升中或刚到最大值。*FhACS1* 基因在第 6 朵小花中的表达量整体上高于在第 3 朵小花中的表达量,这与 Spikman 的研究结果一致,也再次证实了 *FhACS1* 基因的表达能够调控香雪兰花朵乙烯的产生。

近些年来,对月季、霞草、石竹、康乃馨、百合、兰花等观赏花卉的衰老研究比较广泛。香雪兰为穗状花序,同一花序上有 7～14 朵小花不等,不同于月季、百合、康乃馨等单花类植物,对花序上不同位置小花衰老进程差异的研究甚少,可参考的研究结果也很有限。通过分析 *FhACS1* 基因在香雪兰不同发育等级小花、在花序上不同位置小花中的表达特征,比较瓶插期间 *FhACS1* 基因在不同花朵器官中的表达模式差异,证实了 *FhACS1* 具有器官表达差异性。同时,本研究中 *FhACS1* 基因在花朵衰老过程中的表达模式与已研究表明的乙烯敏感型切花在衰老过程中乙烯产量的动态变化相一致,可以推测 *FhACS1* 基因的表达对香雪兰花朵的衰老确实有调控作用。这些结果可为以后利用基因工程的手段,控制香雪兰 ACS 基因家族中某一成员在特定时间或特定部位的表达从而延长切花寿命提供切实有效的参考。

(三) FhACS1 基因的诱导表达模式

1. 外源乙烯和 STS 对 *FhACS1* 基因表达的影响

乙烯对切花乙烯生成的调节,包括乙烯的自我催化和乙烯的自我抑制。前者称为正反馈调节,指乙烯对乙烯生物合成的诱导,是跃变型切花衰老和跃变型果实成熟的重要特征。外源乙烯处理能使月季花瓣中乙烯生成量、ACS 活性和 ACO活性均显著提高,花瓣中 *ACS1* 基因被诱导表达,*ACS3* 基因的表达高峰提前且表达量显著增加;能诱导康乃馨 *ACS1*、*ACS2*、*ACS3* 基因表达量显著提高,使康乃馨花朵各器官的乙烯合成量显著增加;同样的,外源乙烯能显著提高甘蔗 *Sc -ACS1*、*Sc - ACS2*、*Sc - ACS3* 基因在茎中的表达量和乙烯的释放量;促进绿豆中*VR - ACS1* 基因的表达,加速其 SAM 生成 ACC 的过程;刺激笋瓜中 *CM - ACS3*基因的表达。香雪兰小花 *FhACS1* 基因对外源不同浓度的乙烯均做出了积极响应,响应时间提早,表达量显著提高。这与上述研究结果相似,说明外源乙烯信号的确能作用于香雪兰体内乙烯生物合成途径,影响 *FhACS1* 基因的表达。

香雪兰不同位置的小花在不同浓度乙烯的诱导下生长、开放速度加快,与此对应的是不同位置小花的 *FhACS1* 基因在乙烯的诱导下表达量上升;当小花完全开放时,*FhACS1* 基因的表达量也达到最大;瓶插后期,小花迅速衰老、萎蔫,此时*FhACS1* 基因的表达量也开始下降;外源乙烯浓度越大,促进小花发育、衰老的效果越显著,*FhACS1* 基因的响应以及表达量的上升也越剧烈。外源乙烯诱导下小花在瓶插期间的表型变化与 *FhACS1* 基因表达变化的种种对应关系表明,外源乙烯的确可以通过诱导上调香雪兰花朵中乙烯生物合成途径关键酶基因 *FhACS1* 的表达,促进花朵中乙烯的生物合成,从而加速花朵的衰老。

STS 作为乙烯拮抗剂,在各种鲜切花的保鲜上应用广泛,证实能有效延缓切花的衰老。STS 处理能导致月季 ACC 合成酶的活性随切花的衰老不断下降,抑制*Rh - ACS2* 基因在花朵衰老过程中的表达,能有效地降低花序上小花的死亡率,而且能显著延长小花的开花寿命。本研究中,香雪兰同一花序上不同位置小花*FhACS1* 基因的表达在 STS 的诱导下受到抑制,表明 STS 诱导能对花朵中乙烯生物合成途径关键酶基因 *FhACS1* 基因起负调控作用。STS 诱导下，小花的生长、开放进程在瓶插前期与对照无明显差异，*FhACS1* 基因的表达也没有受到直接影响。随着小花的开放，花朵的开放状态能保持较长时间，衰老的启动被推迟。此时 *FhACS1* 基因的表达相应地受到抑制，表达量少。这种表达模式出现的原因可能是因为 STS 作用于乙烯与其受体结合的环节，STS 中的 Ag^+ 通过改变乙烯受体分子的构象，阻止了第一个受体结合乙烯，因此乙烯的信号传导途径被拮抗，从而阻止了 ACS 的增加，花朵中 *FhACS1* 基因的表达跃变受到了抑制。因此 STS 的诱导作用并不是直接作用于乙烯生物合成途径，而是通过抑制乙烯的信号传导过程来阻止上游的乙烯合成过程，从而抑制 *FhACS1* 基因的表达，乙烯积累的抑制为因，基因表达被抑制为果。正是花朵中 *FhACS1* 基因的表达受到抑制，小花衰老的启动才被明显推迟。

2. IAA 对 *FhACS1* 基因表达的影响

研究表明，外源 IAA 处理能上调拟南芥、羽扇豆、水稻、绿豆、笋瓜中 ACS 基因的表达；能促进绿豆 VR‑ACS1、VR‑ACS6、VR‑ACS7 的大量生成；大大提高豌豆节间组织中 ACS 的生化活性。在拟南芥中，外源 IAA 处理对 ACS 基因的诱导作用具有选择性，ACS 基因家族的 5 个成员中只有一个成员检测到表达。本章研究发现，香雪兰第 3 朵小花中 *FhACS1* 在 0.5 mM 的外源 IAA 诱导下，响应提早，表达量显著增加，表明外源 IAA 作为一种信号能作用于第 3 朵小花乙烯生物合成途径，影响关键酶基因 *FhACS1* 的表达。

IAA 诱导加快第 3 朵小花的发育进程，提前启动小花的衰老，加速小花萎蔫，与此同时，第 3 朵小花 *FhACS1* 基因在瓶插期间表达量持续显著上升，表明 IAA 诱导下第 3 朵小花 *FhACS1* 基因的上调与其诱导下小花的加速发育、衰老之间可能有直接的因果关系；第 6 朵小花在外源 IAA 的诱导下生长、发育进程加速明显，开放时间显著提前，这与 IAA 诱导后第 6 朵小花 *FhACS1* 基因的表达量持续上升的变化一致。当第 6 朵小花进入衰老阶段后，衰老的进程减缓，小花萎蔫速度缓慢，小花推迟进入完全萎蔫的状态，这与 IAA 诱导后 *FhACS1* 基因表达量上升平缓、瓶插后期表达量低于对照处理下的表达量的变化模式相符。IAA 诱导后第 6 朵小花在表型上的变化和 *FhACS1* 基因表达上的变化基本一致，进一步证实

FhACS1 基因的表达可直接影响香雪兰小花的发育和衰老。

综合分析第 3 朵和第 6 朵小花在 IAA 诱导下表型的变化和 *FhACS1* 基因的表达模式，可以看出，外源 IAA 信号在香雪兰花朵乙烯生物合成途径中起着正调节的作用，能上调乙烯合成关键酶 *FhACS1* 基因的表达，增加乙烯产量，增加的乙烯又反过来刺激 *FhACS1* 基因的表达，使 *FhACS1* 基因的表达不断增加，从而促进花朵的发育，提早启动花朵的衰老。

3. 6 - BA 对 *FhACS1* 基因表达的影响

6 - BA 可以促进花材吸水，降低切花的敏感性，有抑制乙烯的作用，也会诱导拟南芥种子 *ACS* 基因的表达。我们研究发现。6 - BA 诱导后，香雪兰切花的生长、发育进程减缓、花朵开放晚、开放持续时间长、花朵饱满，与香雪兰小花 *FhACS1* 基因的表达在外源 6 - BA 诱导下受到了抑制的结果在一定程度上是相呼应的。这表明 6 - BA 信号对乙烯合成关键酶基因 *FhACS1* 的表达有负调控作用，能通过抑制 *FhACS1* 基因的表达活性来抑制系统 II 乙烯的积累或是系统 I 乙烯向系统 II 乙烯转化的过程，从而抑制花朵的生长发育进程，抑制乙烯高峰的到来，延缓花朵衰老的启动，延长花朵的开放时间。

4. 蔗糖对 *FhACS1* 基因表达的影响

近年来，在康乃馨、飞燕草、金鱼草、月季等许多种类的切花衰老中，糖类被证明能抑制乙烯生物合成与信号转导途径中相关基因的表达，抑制切花的乙烯敏感性，而不仅仅是作为呼吸底物。香雪兰小花中 *FhACS1* 基因在蔗糖的诱导下，表达活性降低，表达水平下降，这与 Kosugi、Frank、Nige 的研究结果一致，表明蔗糖也能影响香雪兰花朵中 *FhACS1* 的活性，从而影响乙烯产量的积累。

蔗糖诱导下，香雪兰切花的衰老进程明显减缓，花序上开放的小花数目明显增加，这与花朵中 *FhACS1* 基因一直保持低表达量的结果吻合。这表明蔗糖除了通过抑制乙烯信号转导途径中关键调节基因 EIN3 的活性，或通过影响半胱氨酸蛋白酶活性及其基因表达而减缓衰老症状外，还有可能通过抑制花朵 *FhACS1* 基因的表达来减少花朵中乙烯的合成，从而延缓花朵的衰老。Spikman 发现蔗糖处理推迟了花朵中乙烯释放高峰到来的研究结果也能支持这个猜想。

(四) 干旱和低温对 FhACS1 基因表达的影响

研究表明,在干旱环境下植株体内的乙烯产量会增加,会促进器官衰老,而低温环境可以有效增加花卉的贮藏寿命。已有研究表明,香雪兰花序在干旱胁迫下乙烯释放量增加,且乙烯释放高峰提前到来,高峰过后乙烯释放量开始下降。本研究中,香雪兰 FhACS1 基因对干旱条件做出了响应,基因的表达提高,之后随着花朵对逆境的适应,花朵中 FhACS1 基因的表达开始逐渐回归正常,到瓶插后期,由于干旱胁迫下积累的乙烯启动了花朵的衰老,FhACS1 基因的表达量发生飞跃。

低温对切花保鲜效果显著,这在许多切花的贮藏保鲜应用上得到了验证。低温对香雪兰 FhACS1 基因的表达有明显影响,能阻止花中 FhACS1 基因表达量的增加,维持较低表达水平。暗示着低温也可以通过抑制 FhACS1 的表达来影响乙烯的生物合成,从而延缓花朵的衰老。这可能是因为低温通过抑制乙烯的积累,减慢了系统Ⅰ乙烯向系统Ⅱ乙烯转化的速度,再加上低温钝化了乙烯结合位点,从而延缓了乙烯高峰的到来,推迟了花朵衰老的启动。这与对百合和郁金香衰老的研究结果一致。

干旱胁迫和低温环境已经被证实能明显影响乙烯生成,香雪兰花朵中 FhACS1 基因的表达在两种胁迫环境下明显受到诱导。可见,这两种环境胁迫条件可以通过 FhACS1 基因的表达变化来影响花朵中乙烯的生成,从而影响切花的衰老过程。这个结果从分子水平上提供了一个解释环境胁迫条件影响香雪兰花朵衰老的可能原因。

总之,通过分析 FhACS1 基因在香雪兰花朵中的时空表达特点,比较外源化学物质诱导下切花的表型变化与 FhACS1 基因的表达模式,以及研究 FhACS1 基因在干旱和外界环境下的表达特征,发现 FhACS1 基因的表达活性能直接影响香雪兰切花的衰老进程,意味着今后可以或可通过调控 FhACS1 基因的表达活性来调控香雪兰离体切花的衰老。以上研究为深入探讨香雪兰花朵衰老的分子机理以及今后利用基因工程的手段调控香雪兰花朵衰老进程、延长切花寿命提供了科学理论依据。

第十五章

香雪兰切花采后生理研究

作为世界著名的小型芳香切花的香雪兰,其切花采收后如何妥善保存、延长其周转期及瓶插寿命、改善切花品质、提高观赏价值等一系列问题,多年来一直是研究人员关注的重点。国内外对香雪兰切花生理的系统研究比较薄弱,目前文献主要集中在不同保鲜剂、化学药剂等对其切花观赏品质、瓶插寿命的影响等方面。香雪兰花朵的发育和衰老进程受到多种因素的影响和制约,如品种特性、内源激素水平、营养状况、环境条件等,导致其开花集中、花期较短,切花采后花朵衰老进程加速,且易发生花朵萎蔫、花瓣变色等现象,从而影响其观赏寿命。如何延长瓶插寿命、采后保鲜成为限制香雪兰切花生产的关键问题。因此,在前期香雪兰花朵发育与衰老的生理生化的研究基础上,研究香雪兰切花瓶插期间的生理生化特性变化,探讨其离体切花的生理机制,是改善香雪兰切花发育质量、延缓切花衰老进程的重要理论基础,可以为其切花采后保鲜技术的开发及应用提供科学基础,具有重要的理论和实践意义。

在切花衰老过程中,尤其是乙烯敏感型植物,已证实乙烯是导致花朵衰老的重要内因。同时,基于目前科学界的认识,普遍认为植物的生长发育是糖和多种植物激素共同作用的结果,糖与包括乙烯在内的各种激素信号途径之间有复杂而广泛的联系。已有研究表明,可溶性糖可以使包括香雪兰在内的许多种类的切花在采后瓶插过程中达到延缓衰老的效果。我们课题组前期研究结果显示,在香雪兰花朵发育与衰老进程中,花瓣中的可溶性糖明显降低,其含量随衰老进程急剧下降,意味着糖与其离体切花的衰老存在着某种内在联系。在成功克隆得到了香雪兰乙烯合成途径中的限速酶——乙烯合成酶基因 *FhACS1* 的基础上,我们研究了蔗糖诱导下 *FhACS1* 基因的表达特征,发现糖处理确实能大大降低香雪兰切花中 *FhACS1* 的表达量。据此,我们推测糖与乙烯生物合成存在一定的交互作用,在香雪兰切花的衰老过程中共同发挥作用。目前,尚未见报道糖在香雪兰切花中的代谢、可溶性糖对香雪兰切花衰老过程的调节机制以及糖与乙烯生物合成之间的研究。因此,本章通过研究香雪兰采后切花瓶插期间的生理生化特性以及外源糖处理对其生理指标的影响,旨在探讨香雪兰切花采后的衰老机理,为香雪兰切花采后保鲜实践提供理论依据。

一、材料与方法

(一) 植物材料及处理

试验材料为本单位香雪兰自育园艺品种‘上农金皇后’(*Freesia hybrida* ‘Gold Queen’),样品采集自上海交通大学农业与生物学院七宝校区实验基地。

试验一(水插):剪取大小一致、花序基部第一朵花完全显色的健康花枝 45 枝,去除侧花枝,仅保留其主花枝,立即带回实验室置于蒸馏水中并剪去基部一段,每个花枝保留约 15 cm 长,插入盛有 250 mL 蒸馏水的三角瓶。采后当天及瓶插后第1、2、3、4、5、6、7、8 天,分别取各组中花枝花序从基部向上数第二朵花蕾或小花的花瓣组织,剪碎混合后用以测定各项指标。

试验二(糖处理 VS 水插):当花序基部(pos1)小花显色时,从种植基地花圃内采集生长状况相近的花枝,保湿运回实验室,将香雪兰试材插在盛有蒸馏水的桶中恢复 2 h,保留切花花枝长度 25 cm,分别瓶插于蒸馏水(以下简称水处理,图表中标示为 W)及 6% 葡萄糖水溶液(以下简称糖处理,图表中标示为 T)中。其中糖处理先用葡萄糖水溶液瓶插 24 h,然后转入蒸馏水中,而水处理则是整个瓶插期间采用蒸馏水进行瓶插处理。每隔2d取样一次,且每隔1d定时换1次蒸馏水,每2d剪去花茎基部1 cm。

材料采集当日即取样一次(记为0 d),以后每隔2 d取样1次。取实验材料即花序基部(pos1)、中部(pos4)和上部(pos7)位置小花的花瓣,剪碎后充分混匀,称重(约0.5 g)包装后于液氮中速冻,然后保存在-80℃超低温冰箱中,用于后期相关生理生化指标的测定。取花序中部(pos4)及上部(pos7)完整花苞若干(因pos1在瓶插后期多脱落,难以满足实验要求,所以未取用),置于300 mL的气体采集瓶中,敞口静置2 h后密封瓶口。4 h后用注射器抽取气体转移至50 mL气体采集袋中,测定内源乙烯释放速率。

(二) 测定指标及方法

1. 瓶插期间花的表型观察和瓶插寿命

瓶插期间,定期记录采后花序上小花的发育阶段及外观变化。花发育阶段参照Spikman的方法进行划分,共分为9个阶段(表15-1)。瓶插寿命则是指从瓶插之日起到切花失去观赏价值的天数。

表15-1 香雪兰花朵发育等级
Table15-1 Flower development level of *Freesia*

发育等级	花蕾(花朵)形态特征
6	绿色花蕾,花蕾长<1 cm,花蕾大部分被苞片包被
5	绿色花蕾,花蕾≥1 cm,只有基部被苞片包被
4	浅绿色花蕾,花被片显色
3	花蕾膨大,花被片叶绿素颜色消失
2	花蕾初开
1	花蕾大部分开放
0	花朵完全盛开
-1	花朵开始萎蔫
-2	花朵完全萎蔫

2. 测定指标及方法

花瓣中自然含水量的测定采用热烘干法。花枝吸水量的测定采用称重法;前后两天花枝鲜重之差即为切花吸水量。

可溶性蛋白含量采用考马斯亮蓝 G-250 染色法测定;脯氨酸含量的测定采用磺基水杨酸法。SOD 活性的测定采用氮蓝四唑(NBT)法;采用紫外吸收法通过测定 H_2O_2 的减少量来测定 CAT 的活性;POD 活性的测定采用愈创木酚法;APX 能催化抗坏血酸(AsA)与 H_2O_2 反应,使 AsA 被氧化,随着 AsA 被氧化,溶液的 OD_{290} 值下降,根据单位时间内 OD_{290} 的减少量,计算 APX 的活性。MDA 含量的测定采用硫代巴比妥酸(TBA)法;电导率用电导率仪测定;$O_2^{·-}$ 含量的测定采用羟胺氧化法。

生长素(IAA)、赤霉素(GA)、玉米素核苷(ZR)、脱落酸(ABA)含量的测定采用酶联免疫法(ELISA);乙烯(C_2H_4)释放速率用液相色谱测定。

(三) 数据分析

所有试验均重复 3 次,采用 Excel 软件进行数据整理和作图,取其平均值用于图表制作。试验一用 SPSS 11.5 软件进行统计分析,统计方法采用 Duncan's New Multiple Range test($P<0.05$)和 One-Way ANOVA。试验二用 SAS 9.1.3 软件进行数据统计分析,方差分析采用 PROC ANOVA 过程(ALPHA=0.05)。采用字母法标示。

二、结果与分析

(一) 试验一

1. 瓶插期间小花的发育进程

香雪兰花序为穗状花序,小花从基部到顶部逐步开放。观察发现,在瓶插期间,香雪兰切花衰老进程加快。统计花序上不同位置小花在瓶插过程的发育进程,列于表 15-2。从单朵花来看,其瓶插寿命不足一周,而整个花序的观赏期则可达 10 天左右。花序基部第 1、2 朵小花前 4 天中逐步开放,其他小花也随之不断成长开展,从第 5 天开始第 1、2 朵小花出现了萎蔫的症状,随着瓶插时间的延长,萎蔫的小花数不断增加,到第 8 天时,萎蔫小花数已经达到 5 朵,整体观赏价值大大下降。花色在瓶插期间也发生了明显改变,从花蕾期到盛开后萎蔫,其黄色成分逐渐加大,色素增加。同时,此品种香雪兰花朵萎蔫后不易脱落。瓶插期间,花序顶端往往会有1～3朵小花不开放或畸形。

表 15-2 香雪兰瓶插期间花序上小花的发育进程
Table 15-2 The developmental process of cut *Freesia* flowers during vase holding

瓶插时间/d Vase day	不同小花的发育阶段 Developmental stage of individual flowers					
	第1朵	第2朵	第3朵	第4朵	第5朵	第6朵
0	3	4	5	6	6	6
1	3	4	5	5	6	6
2	3	4	5	5	5	6
3	2～1	3～2	3	4	5	6
4	0	1～0	2	3	4	5
5	0～-1	0～-1	1	2	3	4
6	-2	-2	0～-1	-2	0	3
7	-2	-2	-1	0	0	0
8	-2	-2	-2	-1	0～-1	0

2. 自然含水量变化

瓶插过程中,花瓣中自然含水量呈现先上升后下降的变化趋势。瓶插初期,随着花蕾的生长以及吸水量的增加,花瓣鲜重增加,自然含水量也缓慢增加,第4天达到最大(图 15-1)。瓶插前4天花瓣自然含水量从81.0%显著上升到94.4%;从采后第5天开始,花瓣中自然含水量开始降低,一直持续到处理结束。从表型上看,前4天处于花朵逐步开放的过程,第4天花蕾完全开放,而后4天花瓣逐步发展至衰老,从第5天开始花瓣开始失水萎蔫,到第8天花瓣完全干枯萎蔫,失去光泽。

3. 抗氧化酶活性的变化

测定发现,瓶插过程中,香雪兰切花中抗氧化酶系统发生了很大改变。其中,SOD、CAT 和 APX 三种酶的活性表现出类似的变化趋势,而 POD 活性的变化与前3种不同。SOD 活性在前4天逐渐上升至最高值,比刚采时上升了83.8%,第4天后其活性逐渐下降,第8天时的活性仅为第4天的43.3%,相当于刚采后 SOD 活性的79.4%。CAT 活性同样在第4天达到峰值然后下降,而且下降幅度(61.2%)

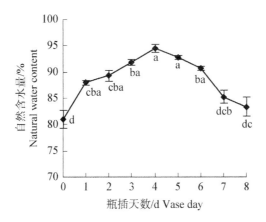

图 15 - 1　香雪兰切花采后花瓣中自然含水量的变化

Fig. 15 - 1　Changes of the water content in cut *Freesia* flowers during vase holding

注：不同字母表示任意两个数值之间在 0.05 水平上有显著差异。下同。

Note：Values followed by the same letter are not significantly different at p<0.05 based on Duncan's new multiple range test. Same for following figures.

大于上升幅度(44.2%)，到第 8 天时 CAT 活性仅为刚采时的 55.9%。APX 活性的变化同 SOD、CAT 基本相似，前 4 天表现为缓慢上升，上升幅度为 20.9%，到第 4 天达到一个高值后其活性则呈现快速下降趋势，各时间点之间差异显著，到第 8 天时，APX 活性仅为第 4 天的 36.1%，为刚采收时活性的 43.6%。在整个瓶插期间，POD 活性处于持续上升趋势，刚采时活性最低，到第 8 天时 POD 活性达到最高，相当于刚采时的 2.24 倍(图 15 - 2)。

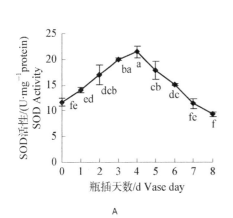

A

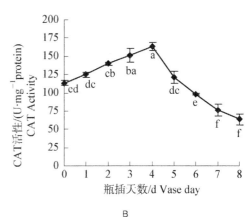

B

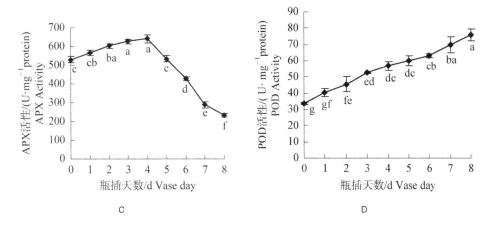

C   D

图 15-2 香雪兰切花采后抗氧化酶活性变化
A: SOD；B: CAT；C: APX；D: POD
Fig. 15-2 Changes of antioxidant enzymes activities in cut *Freesia* flowers during vase holding
A: SOD；B: CAT；C: APX；D: POD

4. $O_2^{-\cdot}$ 产生速率、MDA 含量及 EL 的变化

香雪兰切花在采后瓶插期间，其花瓣中的 $O_2^{-\cdot}$ 产生速率、MDA 含量及 EL 值均呈现持续上升的趋势，第 8 天时达到最高（图 15-3）。$O_2^{-\cdot}$ 产生速率相比刚采时提高了 3 倍多；第 8 天时的 MDA 含量相当于刚采时的 227.9%；同样 EL 值也在第 8 天达到最高（50.0%），相当于刚采时的 6 倍多。可见，其细胞膜受到了明显破坏。

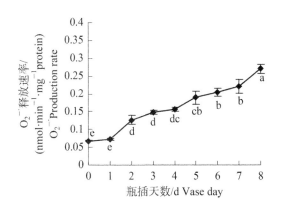

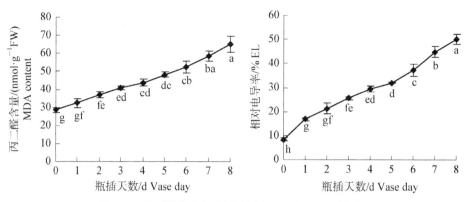

图 15-3　香雪兰切花采后 O_2^{-} 释放速率,MDA 含量和 EL 的变化

Fig. 15-3　Changes of O_2^{-} production rate, MDA content and EL in cut *Freesia* flowers during vase holding

(二) 试验二

1. 外源糖对香雪兰切花发育进程和瓶插寿命的影响

瓶插期间定期观察记录香雪兰切花材料的小花发育状态,统计发现,整个花序的观赏期为 10 d 左右,而单朵小花瓶插寿命却不足一周(表 15-3)。

表 15-3　香雪兰瓶插期间花序上小花的发育阶段

Table 15-3　The developmental process of cut *Freesia* flowers during vase holding

瓶插时间/天 Vase Time /d	处理 Treatment	不同小花的发育阶段 Developmental stage of individual flowers						
		第1朵	第2朵	第3朵	第4朵	第5朵	第6朵	第7朵
0		4	5	5	6	6	6	6
1	W	3	3~4	5	5	6	6	6
	T	3	4	4	5	5~6	6	6
2	W	2	3	3~4	4	5	5~6	6
	T	1	2	3	4	5	5	6
3	W	0	1	2	3	4	4~5	5~6
	T	0	1	2	3~4	4	4	5
4	W	-1	0	1	2	3	3	4
	T	0~-1	0	1	1~2	3	3~4	4
5	W	-2	-1	-1	1	1~2	2	3
	T	-1	-1	0~-1	1	2	2~3	4
6	W	-2	-2	-1	-1	0	1	2
	T	-2	-2	-1	0~-1	1	2	2~3

瓶插时间/天 Vase Time /d	处理 Treatment	不同小花的发育阶段 Developmental stage of individual flowers						
		第1朵	第2朵	第3朵	第4朵	第5朵	第6朵	第7朵
7	W	−2	−2	−2	−2	−1	−1	1
	T	−2	−2	−1〜−2	−1	−1	1	2
8	W	−2	−2	−2	−2	−2	−1	−1
	T	−2	−2	−2	−2	−2	−2	−1〜2
9	W	−2	−2	−2	−2	−2	−2	−2
	T	−2	−2	−2	−2	−2	−2	−2
10	W	−2	−2	−2	−2	−2	−2	−1〜6
	T	−2	−2	−2	−2	−2	−2	−2

水处理中,花序基部第1、2朵小花前4 d逐步开放,其他位置小花也随之生长,从第5 d开始,前3朵小花出现萎蔫症状,随着瓶插时间的延长,萎蔫的小花数不断增加,到第8 d时,第7朵小花也开始萎蔫,整体观赏价值大大下降。到瓶插末期,花序基部小花多有脱落,且上部小花多出现不发育状态。

糖处理中,瓶插第3 d,花序基部第1朵小花盛开,而在此之前,花序基部前3朵小花发育进程明显加快。花序顶端(第7朵)小花较水处理变化显著,随瓶插期的延续,小花逐渐发育完整并衰老。而瓶插第4~8 d时,花序上小花较水处理呈现不同程度的发育延缓现象。因而我们可以看出,糖处理中香雪兰切花较水处理总体观赏价值较高,糖影响香雪兰切花的发育,在瓶插前期促进开放,而后期起延缓衰老作用。

2. 外源糖对香雪兰切花吸水量的影响

香雪兰切花瓶插过程中花枝吸水量发生明显变化,外源添加糖在瓶插前期促进花枝吸水而在后期则减缓花枝失水(图15-4)。前4 d花枝吸水量呈下降趋势,花枝鲜重随之增加,糖处理的花枝吸水量要高于水插花枝,瓶插前3 d,糖处理中花枝吸水量分别相当于水插花枝的1.08倍、1.29倍和1.37倍。在瓶插第4 d,水处理呈失水状态,而此时糖处理花枝吸水量为正,鲜重达到最大值。第4 d后所有切花均转为失水状态,含水量逐渐下降,到第7 d时水插切花的吸水量为−0.83 g,是糖处理的1.11倍。瓶插8 d后花枝失水现象有所缓解,但整体鲜重仍呈下降趋势。在瓶插末期,糖处理花枝失水比水处理多,这可能是因为此时清水瓶插的花枝萎蔫现象较糖处理严重。

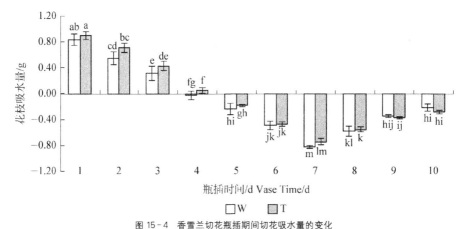

图 15-4　香雪兰切花瓶插期间切花吸水量的变化

Fig. 15-4　Change of moisture content in cut *Freesia* during vase holding

3. 外源糖对香雪兰切花花瓣中内含物质含量的影响

1) 可溶性蛋白质含量

香雪兰切花瓶插期间,花瓣内可溶性蛋白质含量整体呈下降趋势,但外源添加糖显著提高了基部与中部小花的蛋白质含量,而对上部小花则仅在第 4 d 有显著促进作用(表 15-4)。

表 15-4　香雪兰切花瓶插期间花瓣内可溶性蛋白质含量的变化

Table 15-4　Change of soluble protein content in petals of *Freesia* during vase holding

瓶插时间/d Vase Time/d	处理 Treatment	可溶性蛋白质含量 Protein content/(mg/gFW)		
		pos1	pos4	pos7
0		6.02±0.12efg	12.53±0.48c	15.88±1.77b
2	W	4.02±0.33hijkl	9.59±0.70d	13.21±1.99c
	T	5.07±0.29fghi	5.32±0.30efghi	9.91±0.19d
4	W	2.90±0.45klmn	5.61±0.32efgh	9.32±0.15d
	T	5.58±0.45efgh	8.71±0.24d	18.04±1.22a
6	W	2.89±0.15klmn	4.36±0.10ghijk	8.53±0.24d
	T	5.21±0.60efghi	5.55±0.06efgh	8.90±0.05d
8	W	2.76±0.23klmn	2.65±0.12lmn	6.74±0.53e
	T	3.74±0.29ijklm	4.89±0.41fghij	4.79±0.10ghij
10	W	2.35±0.18mn	1.69±0.11n	6.46±0.64ef
	T	3.27±0.24jklmn	2.01±0.34n	2.89±0.26klmn

注：数据后不同字母表示差异显著($P < 0.05$),下同。

Note：Different letters after data indicate significant difference($P < 0.05$). Same for the following tables.

刚采收时(0 d),花瓣内可溶性蛋白含量较高,花序基部、中部和上部小花内的含量分别为6.02、12.53、15.88 mg/gFW。随着瓶插期的延长,水处理中花瓣内可溶性蛋白整体呈下降趋势,在瓶插末期达到最低,分别相当于采收期(0 d)的39.04%(基部)、13.49%(中部)和40.68%(上部)。而糖处理在瓶插第4 d时出现一峰值,此时分别相当于水处理1.92倍(基部)、1.55倍(中部)和1.94倍(上部),随后含量继续下降。

糖处理对不同位置小花在不同瓶插期影响不同,对于上部小花来说,糖处理与水处理在第2 d和第4 d均存在显著差异,在第2~8 d期间在中部小花上影响显著,而在第2 d、第4 d和第6 d内对于基部小花影响显著。

2)脯氨酸含量

脯氨酸是细胞质渗透调节中的有效物质,在逆境胁迫中起到保持细胞原生质与环境的渗透平衡,以防止水分流失。在瓶插过程中,香雪兰花瓣内脯氨酸含量在水处理和糖处理中变化趋势一致,均为逐渐上升,即采收期含量最低,在瓶插末期最大(表15-5)。

表15-5 香雪兰切花瓶插期间花瓣内脯氨酸含量的变化
Table 15-5 Change of the proline content in petals of *Freesia* during vase holding

瓶插时间/d VaseTime/d	处理 Treatment	脯氨酸含量 the proline content/(μg/gFW)		
		pos 1	pos 4	pos 7
0	/	29.40±1.36k	49.74±2.34ijk	101.19±6.31hij
2	W	64.78±5.17ijk	37.33±1.89jk	67.40±3.57ijk
	T	45.01±1.96jk	24.13±1.02k	43.05±1.08jk
4	W	115.24±3.97ghi	101.20±2.01hij	51.07±5.45ijk
	T	100.63±6.51hij	82.28±7.92ijk	47.75±4.87ijk
6	W	180.27±7.42g	168.27±8.27gh	161.71±2.00gh
	T	163.28±21.13gh	164.39±6.19gh	113.88±7.45ghi
8	W	527.67±66.52b	436.67±81.13c	296.64±21.70ef
	T	395.94±22.89cd	302.62±45.76ef	281.17±12.12f
10	W	695.98±23.43a	559.77±15.10b	428.41±46.75cd
	T	582.03±11.45b	445.91±20.80c	362.44±14.06de

水处理中,0 d时,上部小花花瓣内脯氨酸含量最高,分别是基部和中部小花的

3.44倍、2.03倍。而第 2 d 时,中部小花脯氨酸含量最低,相当于采收期的75.05%。在之后的瓶插过程中,香雪兰切花花序中小花基本呈现基部>中部>上部的规律。第 10 d 时,基部、中部、上部小花之间存在显著差异,此时,基部小花脯氨酸含量最高,是中部的 1.24 倍和上部的 1.62 倍。

糖处理中,在瓶插前 4 d,香雪兰切花中脯氨酸含量变化不明显,而第 6 d 至瓶插结束间变化幅度明显。0 d 时,上部小花脯氨酸含量最高,与基部和中部小花间差异显著,分别相当于 3.44 倍(基部)和 2.03 倍(中部)。在第 2 d 时,中部小花含量最低,但三个位置间差异不明显。瓶插第 4 d 直至瓶插末期,三个位置间表现为基部>中部>上部,且在第 10 d 时彼此间差异显著,基部小花中脯氨酸含量分别为中部和上部的 1.31 倍、1.61 倍。

在香雪兰切花开花和衰老过程中,花瓣内脯氨酸含量逐渐增加,且在瓶插前期增加的趋势相对平缓,后期差距逐渐加大。与糖处理相比,在同一位置同一瓶插期内,水处理组脯氨酸含量普遍较高,且两处理在瓶插第 8 d 和第 10 d 时基部、中部小花上存在显著差异。

4. 外源糖对香雪兰切花活性氧平衡的影响

1) SOD、CAT、POD 活性的变化

香雪兰切花瓶插期间,花瓣抗氧化酶活性发生明显变化。瓶插前期,花瓣内SOD 酶活性逐渐上升,随后达到一个最大值,在瓶插后期呈下降趋势(表 15-6);CAT 酶活性与其相同,均表现为先上升后下降的变化规律(表 15-7);POD 酶活性变化趋势与 SOD、CAT 不同,其在瓶插过程中表现为持续上升趋势(表 15-8)。

表 15-6　香雪兰切花瓶插期间花瓣 SOD 活性的变化
Table 15-6　Change of SOD activity in petals of *Freesia* during vase holding

瓶插时间/d Vase Time/d	处理 Treatment	SOD/(U/mgprotein)		
		pos1	pos4	pos7
0	/	48.51±7.41klmn	30.76±0.88mno	23.29±2.72no
2	W	132.16±14.48de	55.03±4.89jklm	36.65±6.18lmno
	T	99.20±7.57fgh	64.10±6.49ijk	51.65±0.25klm
4	W	211.76±15.84a	120.51±7.86ef	61.92±1.67jkl
	T	182.12±20.43b	158.33±5.54bcd	117.30±7.13ef

瓶插时间/d Vase Time/d	处理 Treatment	SOD/(U/mgprotein)		
		pos1	pos4	pos7
6	W	140.04±15.11cde	115.16±10.43efg	21.14±7.61o
	T	164.00±9.28bc	131.71±6.08e	63.70±2.94ijk
8	W	129.23±25.21e	50.73±18.19klm	15.59±10.15o
	T	89.48±8.40ghi	115.76±4.12efg	53.44±6.52jklm
10	W	69.82±3.14ijk	54.56±5.44jklm	54.97±8.08jklm
	T	67.45±12.49ijk	78.92±7.78hij	30.27±1.83mno

表 15-7　香雪兰切花瓶插期间花瓣 CAT 活性的变化
Table 15-7　Change of CAT activity in petals of *Freesia* during vase holding

瓶插时间 Vase Time/d	处理 Treatment	CAT/(U/mgprotein)		
		pos1	pos4	pos7
0		2.16±0.14hijk	0.98±0.19m	0.76±0.03m
2	W	3.39±0.17ef	1.41±0.25lm	0.82±0.01m
	T	4.10±0.32cd	1.38±0.33lm	0.84±0.10m
4	W	5.21±0.45ab	2.97±0.24efg	1.09±0.09m
	T	5.40±0.30a	2.98±0.09efg	1.38±0.33lm
6	W	3.47±0.26de	3.08±0.19efg	2.04±0.01ijkl
	T	4.54±0.42bc	3.46±0.30de	2.23±0.17hijk
8	W	1.96±0.36jkl	2.77±0.07fgh	2.62±0.27ghij
	T	1.94±0.41jkl	3.03±0.16efg	2.70±0.22fghi
10	W	1.03±0.20m	2.02±0.13ijkl	3.19±0.19efg
	T	1.86±0.39kl	2.01±0.26ijkl	4.31±0.25c

表 15-8　香雪兰切花瓶插期间 POD 活性的变化
Table 15-8　Change of POD activity in petals of *Freesia* during vase holding

瓶插时间 Vase Time/d	处理 Treatment	POD/(U/min·mgprotein)		
		pos1	pos4	pos7
0		25.03±2.14lmn	10.66±1.83o	10.11±1.29o
2	W	32.18±5.21l	24.63±4.36lmn	17.71±2.31mno
	T	27.82±4.27lm	22.31±6.65lmno	14.14±3.27no
4	W	61.27±5.04hi	45.86±6.60jk	33.14±1.22kl
	T	68.46±3.85gh	66.24±6.81gh	33.85±0.88kl
6	W	107.50±7.80d	64.80±7.23gh	51.27±1.69ij
	T	119.68±5.62bcd	83.90±2.60ef	60.68±0.53hi

瓶插时间 Vase Time/d	处理 Treatment	POD/(U/min · mgprotein)		
		pos1	pos4	pos7
8	W	117.79±7.09bcd	85.54±8.32ef	73.33±5.25fgh
	T	124.42±2.70bc	94.17±5.01e	75.49±0.47fg
10	W	130.63±1.41ab	112.48±4.19cd	84.84±6.54ef
	T	140.59±3.07a	121.06±1.42bc	92.27±6.65e

香雪兰切花瓶插期间 SOD 活性呈现先上升后下降的变化趋势,在瓶插第 4 d 出现 SOD 活性最大值,同时香雪兰切花花序上三个位置小花花瓣内 SOD 活性表现出基部>中部>上部的规律。采收时,三个位置小花 SOD 活性无显著差异,均值为 34.19 U/mgprotein。瓶插第 4 d 时,水处理中花序基部、中部、上部小花 SOD 活性分别相当于 0 d 时的 4.37 倍、3.91 倍和 2.66 倍,且此时三者之间差异显著。随后 SOD 活性迅速下降,直到瓶插末期,此时分别相当于 0 d 时的 1.44 倍、1.77 倍和 2.36 倍。与之相比,糖处理在瓶插第 4 d 时达到峰值,分别相当于水处理的 0.86 倍、1.31 倍和 1.89 倍,而第 10 d 时基部小花 SOD 活性较低,与 0 d 时无显著差异。

与水处理相比,糖处理的基部小花在瓶插第 8 d 时存在显著差异,同时糖处理下第 4 d、第 6 d 和第 8 d 时的花序中部小花影响显著,第 4～10 d 期间花序上部差异显著。

在瓶插过程中,不同位置小花的 CAT 活性变化趋势不同,基部和中部小花变化趋势一致,均为先上升后下降,上部小花呈持续上升趋势。其中,基部小花瓶插第 4 d 达到最大值,分别相当于 0 d 时的 2.5 倍(糖处理)和 2.41 倍(水处理);而中部小花在第 6 d 达到峰值,此时糖处理和水处理分别是 0 d 时的 3.53 倍和 3.14 倍,随后逐渐下降直到瓶插末期。花序上部小花 CAT 活性在整个瓶插期间持续上升,在瓶插第 10 d 时 CAT 活性达到最大,此时,糖处理和水处理分别相当于采收期的 5.67 倍和 4.20 倍,且处理间差异显著。与水处理一致,糖处理中,瓶插前 6 d,香雪兰切花花序上小花呈基部>中部>上部的规律。

糖处理与水处理相比,在瓶插期间能提高香雪兰切花花瓣内 CAT 活性,但仅在瓶插第 6 d 时花序基部小花和瓶插第 10 d 时花序上部小花影响显著,整体而言两处理间 CAT 活性绝对值有差异。

瓶插期间,香雪兰花瓣内 POD 活性呈上升趋势,且花序上不同位置小花呈现出"基部＞中部＞上部"的规律。在采收期，基部小花 POD 活性为 25.03 U/min·ngprotein，分别相当于中部和上部的 2.35 倍、2.48 倍，差异显著。第 2 d 时，糖处理花瓣内 POD 活性虽低于水处理，但差异不明显。随后，糖处理花瓣内 POD 活性均高于水处理，尤其对于中部小花而言，瓶插第 4 d 时糖处理是水处理的 1.44 倍，第 6 d 时为 1.29 倍，均差异显著。在瓶插第 10 d 时，花瓣内 POD 活性达到最大值，且花序上三个位置小花之间存在显著差异，此时糖处理中 POD 活性分别相当于 0 d 的 5.62 倍（基部）、11.36 倍（中部）和 9.13 倍（上部）。

2）MDA 及 O_2^{-} 含量的变化

香雪兰切花花序上不同位置小花花瓣中 MDA 含量变化规律一致，均呈持续上升趋势，总体上满足"基部＞中部＞上部"的规律，且变化幅度不同（表 15 - 9）。整个瓶插期间，基部小花的 MDA 含量显著高于中部和上部。0 d 时，基部小花 MDA 含量为 0.89 nmol/mg protein，分别相当于中部和上部的 2.87 倍和 4.24 倍。花序上三个位置小花 MDA 含量均在瓶插第 10 d 达到最大值，水处理中基部、中部和上部分别为 0 d 时的 3.29 倍（基部）、5.61 倍（中部）和 3.19 倍（上部），且彼此间差异显著；与此同时，糖处理是 0 d 的 2.26 倍（基部）、5.61 倍（中部）和 4.76 倍（上部），且基部与中部小花间无显著差异，但与上部小花差异明显。

表 15 - 9 香雪兰切花瓶插期间 MDA 含量的变化
Table 15 - 9 Change of MDA content in petals of *Freesia* during vase holding

瓶插时间/d Vase Time/d	处理 Treatment	MDA/(nmol/mg protein)		
		pos1	pos4	pos7
0	/	0.89±0.05hijk	0.31±0.03mn	0.21±0.01n
2	W	1.74±0.05cd	0.59±0.03klmn	0.34±0.02mn
	T	1.18±0.19fghi	0.43±0.07lmn	0.31±0.02mn
4	W	2.03±0.12bc	0.71±0.09jklm	0.35±0.02mn
	T	1.24±0.15efgh	0.61±0.02jklmn	0.37±0.02mn
6	W	2.27±0.27b	0.82±0.04ijkl	0.51±0.03klmn
	T	1.30±0.05efg	0.81±0.02ijkl	0.42±0.04lmn
8	W	2.31±0.40b	1.49±0.05def	0.54±0.06klmn
	T	1.58±0.08de	0.87±0.17hijk	0.46±0.15lmn
10	W	2.93±0.23a	1.74±0.13cd	0.67±0.03jklm
	T	2.01±0.26bc	1.74±0.33cd	1.00±0.17ghij

对于基部小花而言,在第 4～10 d 间,糖处理和水处理均存在显著差异,糖处理能有效降低基部小花花瓣中 MDA 含量。而糖处理对于中部小花来说,只在瓶插第 8 d 时影响显著。水处理中上部小花发育不完全或在瓶插早期致死,这也可能影响了上部小花花瓣中的 MDA 含量。

瓶插期间,香雪兰切花花序上三个位置小花花瓣内 $O_2^{\cdot-}$ 含量在瓶插第 2 d 明显上升,之后有一短暂下降,之后又逐渐上升直到瓶插末期(表 15 - 10)。采收期时花序上基部、中部、上部小花之间 $O_2^{\cdot-}$ 含量无显著差异,三者均值为 2.83 $\mu mol/gFW$。瓶插第 2 d 时,$O_2^{\cdot-}$ 含量达到峰值,此时,糖处理对基部小花影响显著,相当于水处理的 89.63%,而此时糖处理中中部和上部小花 $O_2^{\cdot-}$ 含量均低于水处理,但差异不明显,但与采收期相比,分别上升了 65.79%(基部)、62.99%(中部)和 41.20%(上部)。随后 $O_2^{\cdot-}$ 含量下降,基本在第 4 d 时达到低谷,此时糖处理中上部小花 $O_2^{\cdot-}$ 含量最低,仅占采收期上部小花的 82.39%。直至到瓶插结束,$O_2^{\cdot-}$ 含量又逐渐升高,尤其是在第 10 d 时,基部小花 $O_2^{\cdot-}$ 含量达到最大,与第 2 d 相比分别上升了 21.54%(糖处理)、38.41%(水处理)。

表 15 - 10 香雪兰切花瓶插期间 $O_2^{\cdot-}$ 含量的变化
Table 15 - 10 Change of $O_2^{\cdot-}$ content in petals of *Freesia* during vase holding

瓶插时间 Vase Time/d	处理 Treatment	$O_2^{\cdot-}$ 含量/($\mu mol/gFW$)		
		pos1	pos4	pos7
0	/	2.66±0.04ijkl	2.81±0.14hijkl	3.01±0.06hijk
2	W	4.92±0.04cd	4.83±0.36cde	4.35±0.12fg
	T	4.41±0.07efg	4.58±0.05defg	4.25±0.07g
4	W	3.11±0.05h	3.03±0.13hij	2.63±0.11jkl
	T	2.94±0.05hijk	2.50±0.04l	2.48±0.05l
6	W	3.13±0.08h	2.74±0.04hijkl	3.06±0.19hi
	T	2.99±0.04hijk	2.71±0.03hijkl	2.60±0.03kl
8	W	4.72±0.07cdef	4.76±0.07cdef	4.39±0.05fg
	T	4.36±0.10fg	4.43±0.01efg	4.50±0.03defg
10	W	6.81±0.46a	4.87±0.18cd	5.47±0.44b
	T	5.36±0.06b	4.20±0.03g	5.14±0.02bc

糖处理和水处理的切花 $O_2^{\cdot-}$ 含量变化趋势一致,均为先上升后下降随后又上升

的过程。但在瓶插不同时期及花序不同位置上，O_2^- 含量有所区别，明显可以看出糖处理中 O_2^- 含量绝对值低于水处理，即外源糖处理能降低香雪兰切花 O_2^- 产量，尤其对于瓶插第 2 d 和第 10 d 的基部小花、第 4 d 和第 10 d 的中部小花而言，糖处理效果显著。

5. 外源糖对香雪兰切花内源激素水平的影响

1）内源 IAA 含量的变化

瓶插过程中，香雪兰花瓣中 IAA 含量均呈先上升后下降的趋势（表 15-11）。

表 15-11　香雪兰瓶插期间花瓣内 IAA 含量的变化
Table 15-11　Changes of endogenous IAA contents in Freesia petal during vase holding

瓶插时间/d Vase Time/d	处理 Treatment	IAA 含量 IAA Content/(ng/gFW)		
		pos1	pos4	pos7
0	/	65.93±3.91g	65.97±1.78g	72.20±1.56fg
2	T	104.78±8.38c	118.65±9.63b	116.19±9.89bc
	W	140.56±1.44a	114.64±7.11bc	114.56±8.23bc
4	T	73.38±3.76efg	83.81±8.63def	82.38±7.54 def
	W	87.97±3.32d	80.60±5.93def	86.77±7.67 de
6	T	46.39±1.97hi	48.83±1.47h	42.26±2.57hi
	W	37.32±2.95hij	33.14±3.66ijk	47.01±6.32h
8	T	20.06±1.03kl	25.75±4.41jkl	24.76±0.67jkl
	W	18.45±1.07l	17.03±3.68l	17.90±1.55l
10	T	17.49±8.87l	18.16±5.00l	13.51±0.72l
	W	14.12±0.74l	15.03±0.93l	15.98±1.56l

水处理中，瓶插前 2 d IAA 含量迅速上升，第 2 d 达到峰值，随后下降，第 8 d 时达到最低值，而第 10 d 与第 8 d 差异不显著。对于基部（pos1）小花 IAA 含量来说，从 0 d 到第 2 d 上升了 113.2%，然后到第 10 d 下降了 90%；对于中部（pos4）而言，第 2 d 时 IAA 含量是 0 d 的 1.74 倍，第 10 d 的 10 倍；上部（pos7）与中部小花变化幅度相近。统计分析表明：采收期（0 d）及瓶插第 4 d、8 d、10 d 时，基部、中部和上部之间 IAA 含量无显著差异；而第 2 d 时，基部显著升高，达到瓶插过程的最高值，与中部、上部差异显著；第 6 d 时，中部含量明显低于上部。

糖处理同样是瓶插第 2 d 达到峰值，随后一直下降，第 10 d 达到最低值。IAA 总体含量上呈现 2 d＞4 d＞0 d＞6 d＞8 d＞10 d 的趋势，但第 10 d 与第 8 d 差异不显

著。基部小花中 IAA 含量在瓶插初期(0 d)上升 58.9% 后到第 2 d,然后下降 83.3%
到瓶插末期(10 d);中部小花第 2 d 时 IAA 含量达到峰值 118.65 ng/mL・gFW,是 0 d
的 1.80 倍,第 10 d 的 6.53 倍;上部与中部小花变化幅度相近。统计分析表明:瓶插
期间,基部、中部和上部小花之间 IAA 含量略有不同,但均无显著差异。

与糖处理对比,水处理的基部小花第 2 d 时 IAA 含量最高,相当于糖处理第
2 d 的 1.34 倍,存在显著差异($P<0.05$)。而第 2 d 后,IAA 含量显著下降,但两处
理间仍存在明显差别,至瓶插后期,两者含量变化趋势则基本趋于一致。但糖处理
在瓶插前 4 d 前,其含量低于水处理,而之后则下降趋势变缓,其含量变为高于水
处理。

对于中部小花来说,水处理与糖处理同样在第 2 d 达到峰值,除第 6 d 外,两者
之间均无明显差别。但在采切、开花直至衰老整个过程中,糖处理含量值始终高于
水处理。上部与基部、中部小花变化趋势一致,即先上升后下降,两者之间均无显
著差异。但不同的是,除第 2 d 和第 8 d 外,水处理均低于糖处理。

2) 内源 GA 含量的变化

香雪兰切花花瓣发育初期 GA 含量均处于较高水平,随着花瓣的伸长生长加
快,GA 含量呈现下降趋势(表 15 - 12)。

表 15 - 12　香雪兰瓶插期间花瓣内 GA 含量的变化
Table 15 - 12　Changes of endogenous GA contents in *Freesia* petal during vase holding

瓶插时间/d Vase Time/d	处理 Treatment	GA 含量 GA Content/(ng/gFW)		
		pos1	pos4	pos7
0	/	121.85±11.30b	128.98±10.63b	178.48±8.17a
2	W	22.97±2.72hij	45.94±5.44def	56.75±4.63c
	T	31.68±1.33fgh	46.53±5.66def	60.24±2.89c
4	W	39.58±8.70fg	43.83±3.31ef	52.32±1.94cde
	T	46.59±5.07def	53.58±2.58cd	61.48±2.60c
6	W	15.68±2.63ijklm	16.52±5.10ijk	24.28±7.41hi
	T	15.94±3.22ijkl	22.73±0.69hij	31.47±3.35gh
8	W	14.71±2.93jklmn	15.06±5.40ijklmn	20.12±6.41ij
	T	9.30±2.46klmno	10.04±2.03klmno	21.83±0.34ij
10	W	4.94±0.18o	5.68±1.04no	5.81±0.48no
	T	6.63±0.36mno	6.82±0.29lmno	6.77±0.66lmno

水处理中,GA 含量在整体上呈下降趋势,且第 2 d 之后始终处于较低水平。但基部小花在第 2 d 时出现一个低谷值,第 4 d 上升后继续下降。采收期(0 d)时水处理 GA 含量显著高于开花及衰老期。整体而言,在瓶插期间,上部＞中部＞基部,但 0 d 时,上部和中部小花花瓣内 GA 含量分别相当于基部的 1.5 倍和 1.4 倍;第 2 d 时,上部仍含较高含量,但与中部差异不明显,比基部提高了 1.5 倍;第 4 d 与第 2 d 规律相近,此时上部小花花瓣中 GA 含量是基部的 1.3 倍;之后 5 d,三者之间差异不显著。

糖处理中,刚采收的香雪兰切花最高,随后急剧下降,在第 4 d 时出现小幅度回升,之后继续下降,在瓶插末期达到最低,但总体上上部＞基部＞基部。0 d 时,上部小花中 GA 含量高达 178.48 ng/gFW,基部与之相差 56.63;而瓶插第 2 d,三者之间出现显著差距,上部较基部和中部分别升高了 90.1% 和 29.5%;2 d 后,上部与中部均无显著变化,而基部升高了 47.1%,但仍与上部存在明显差别;之后 5 d,三位置小花间无显著区别,但上部下降趋势显著,而中部在第 6 d 下降到 44.2% 后无明显变化。

糖处理和水处理第 4 d 时对中部小花存在显著影响,但对于基部和上部小花而言则无显著区别。

3) 内源 ZR 含量的变化

随着瓶插期的进行,内源 ZR 总体呈下降趋势,在瓶插末期达到最低(表 15 - 13)。但总体上看,糖处理和水处理之间在 ZR 含量上无显著差异。

表 15 - 13　香雪兰瓶期间花瓣内 ZR 含量的变化
Table 15 - 13　Changes of endogenous ZR contents in *Freesia* petal during vase holding

瓶插时间/d Vase Time/d	处理 Treatment	ZR 含量 ZR Content/(ng/gFW)		
		pos1	pos4	pos7
0		60.59±0.75b	63.61±5.38ab	67.74±5.97a
2	W	34.64±2.33e	37.04±1.35de	39.33±1.58cde
	T	40.02±1.44cde	40.24±1.41cd	43.03±1.60c
4	W	20.60±0.95fg	20.78±2.12fg	23.64±2.41f
	T	21.57±2.27fg	22.70±1.72fg	23.68±1.53f
6	W	18.14±1.65gh	19.44±2.01fg	19.42±1.48fg
	T	18.59±0.61fg	19.60±0.74fg	20.19±1.58fg

瓶插时间/d Vase Time/d	处理 Treatment	ZR 含量 ZR Content/(ng/gFW)		
		pos1	pos4	pos7
8	W	10.18±0.47i	11.66±0.95i	12.54±2.02i
	T	10.24±0.20i	12.89±1.25hi	12.96±0.13hi
10	W	8.78±1.29i	11.11±1.02i	11.26±2.09i
	T	9.78±1.04i	11.93±1.35i	11.80±2.08i

瓶插过程中,香雪兰花瓣中的 ZR 含量是持续下降的,而不同位置小花中 ZR 含量有一定差异,基本呈现上部＞中部＞基部的趋势。0 d 时,花瓣内 ZR 含量最高,上部与中部差异不显著,分别比基部高 11.8％和 5.0％,而 10 d 后均下降到最低值,分别占采收期相应含量的 16.6％、17.5％和 14.5％。除采收期外,三位置小花在同一瓶插期内 ZR 含量无明显差异。其中,第 4 d 和第 6 d 含量接近,而第 8 d 和第 10 d 含量接近。

糖处理中的 ZR 呈现下降的趋势,且花枝不同位置小花在同一瓶插阶段(除 0 d 外)不存在明显差别,且其中第 4 d 和第 6 d ZR 含量及第 8 d 和第 10 d ZR 含量均趋于一致。而花枝基部、中部和上部三个位置 ZR 总量变化幅度不同,0 d 到第 2 d 间下降幅度最大,达 42.16％;第 2 d 到第 4 d 间以及第 6 d 到第 8 d 间次之,分别为 41.43％、39.68％;最后 2 d 变化不明显,只有 9.40％。

随着瓶插期的延长,花枝上 ZR 总含量逐渐下降,基部、中部和上部小花之间变化趋势相似,而同一瓶插期内 ZR 含量基本存在上部＞中部＞基部的规律。由此可知,小花发育阶段不同,内源 ZR 含量有所区别,采收时花瓣内源 ZR 含量最高,越接近衰老末期,含量越低。上部与中部小花之间在 0 d 时内源 ZR 含量相差 4.13,差异不显著;而瓶插期内 ZR 含量与采收时的 ZR 含量存在显著差异,第 10 d 时达到最低,只有 9 ng/gFW 左右。

4) 内源 ABA 含量的变化

切花瓶插期间的 ABA 含量变化如表 15－14 所示,水插和添加糖小花中的 ABA 变化趋势一致,但瓶插液中添加糖可以降低切花中 ABA 的水平。

表 15 - 14　香雪兰瓶插期间花瓣内 ABA 含量的变化
Table 15 - 14　Changes of endogenous ABA contents in *Freesia* petal during vase holding

瓶插时间/d Vase Time/d	处理 Treatment	ABA 含量 ABA Content/(ng/gFW)		
		pos1	pos4	pos7
0	/	28.75±2.85fghi	27.39±2.09ghi	25.78±1.48hi
2	W	35.63±0.31bcde	32.82±1.24cdef	31.60±3.49defg
	T	37.18±1.33bc	35.67±0.05bcde	34.46±1.20cde
4	W	12.57±2.10mn	14.56±2.93lmn	15.77±1.24klm
	T	9.45±0.76n	12.88±0.86mn	14.05±0.98mn
6	W	20.47±1.59jk	19.52±0.28kl	24.80±0.71ij
	T	19.67±2.75jkl	16.60±2.85klm	19.59±0.84jkl
8	W	45.47±2.22a	47.31±1.34a	48.39±1.06a
	T	35.78±2.79bcde	30.71±2.38efgh	27.01±0.28ghi
10	W	36.63±1.34bcd	38.04±1.32bc	39.82±3.78b
	T	34.10±1.09cde	35.77±2.17bcde	36.97±2.78bc

瓶插第 2 d,ABA 含量上升,而后第 4 d 下降到最低值,接着上升到第 8 d,达到峰值后再次下降。同时,花序基部、中部和上部小花之间无显明差别。除第 6 d 外,三个位置小花之间 ABA 含量均无明显区别。

从花朵外部形态变化与内源 ABA 含量的变化进行比较,可以看出,ABA 高峰均出现在瓶插的第 8 d,这说明 ABA 高峰的出现可能是切花衰老的转折点。

糖处理中,ABA 含量在瓶插前 2 d 上升到第一个峰值,基部、中部和上部小花三个位置 ABA 总含量比刚采时上升了 30.99%;而到第 4 d 时急剧下降到最低,三位置 ABA 含量均值为 12.13 ng/gFW,其含量仅为第 2 d 的 33.90%;随后逐渐上升。瓶插第 8 d 时,基部上升到第二峰值,与上部存在显著区别,相差 8.77,其他瓶插时间内三位置小花 ABA 含量无显著差异。

香雪兰在采后瓶插期间,其花瓣中的 ABA 含量随着花朵的开放而下降,而之后随着衰老进程的延续其含量呈上升趋势。糖处理在瓶插 2 d 后均表现出 ABA 含量低于蒸馏水处理。糖处理及水处理间的显著差异表现在瓶插第 8 d,小花基部、中部和上部三个位置都发现糖处理明显降低了 ABA 含量,其中糖处理中花序基部和上部小花差异显著。但其余瓶插期两处理间无显著区别。

结果表明,同一处理环境下,水处理与糖处理 ABA 含量都有两个峰值,且第 2

个峰值均高于第 1 个峰值。ABA 作为一种胁迫激素,在花朵初开期及瓶插末期其含量较高,初开期 ABA 含量升高可能与它能诱导合成新的蛋白质有关,而瓶插后期 ABA 含量升高则可能是切花衰老的转折点,其后其衰老加速。

5) 乙烯释放速率的变化

香雪兰切花开花及衰老过程中,花序中部和上部小花的乙烯释放出现了一次高峰,但上部小花和基部小花相比,乙烯产生速率较快且高峰出现的时间晚(表 15 - 15)。

表 15 - 15　香雪兰瓶插期间不同位置小花乙烯释放速率的变化

Table 15 - 15　Changes of ethylene releasing rate in different positions of *Freesia* florets during vase holding

处理 Treatment		$C_2H_4(nL/bud \cdot h)$					
		0 d	2 d	4 d	6 d	8 d	10 d
W	pos4	$0.77 \pm 0.04f$	$1.47 \pm 0.09cde$	$1.31 \pm 0.04de$	$0.85 \pm 0.05f$	$0.59 \pm 0.04fg$	no-tested
	pos7	$0.62 \pm 0.02fg$	$0.77 \pm 0.05f$	$3.15 \pm 0.37b$	$1.79 \pm 0.01c$	$0.53 \pm 0.09fg$	no-tested
T	pos4	$0.77 \pm 0.04f$	$1.58 \pm 0.03cd$	$1.23 \pm 0.06e$	$0.82 \pm 0.11f$	$0.66 \pm 0.03fg$	$0.36 \pm 0.01g$
	pos7	$0.62 \pm 0.02fg$	$1.33 \pm 0.04de$	$4.57 \pm 0.31a$	$0.76 \pm 0.01f$	$0.52 \pm 0.02fg$	$0.38 \pm 0.01g$

内源乙烯生成速率因小花位置不同而有所差异。采收时乙烯生成速率较低,2 d 后中部小花出现释放高峰,释放量相当于 0 d 的 1.9 倍,随后释放速率缓步下降;而上部小花的释放速率最大值出现在瓶插第 4 d,高达 3.2 nL/bud·h,相当于瓶插初期的 5.1 倍,随后急剧下降。第 8 d 时,两处理间乙烯释放速率无明显区别,分别占采收期的 76.6% 和 85.5%。而第 10 d 时可能由于生成量过低,无法检测到乙烯产生。

糖处理的变化规律与水处理相似,同样是中部、上部小花乙烯释放速率先上升后下降,但中部小花在第 2 d 时出现释放高峰,而上部小花在第 4 d 达到释放最大量,其释放量相当于 0 d 的 7.37 倍,比同期中部小花高 3.34,差异显著。中部小花在瓶插 2 d 后生成速率下降,而上部在第 4 d 的释放高峰后急剧下降,而第 6 d 后下降速率变缓,直至第 10 d 达到最低值,只占采收期的 61.29%。

与水处理相比,糖处理对中部小花影响不显著,而对上部小花来说,在瓶插第 2 d、第 4 d 和第 6 d 影响显著。第 2 d 时,糖处理上部小花乙烯释放速率相当于水处理的 1.73 倍;第 4 d 时,1.45 倍;第 6 d 时,42.46%。而第 10 d 时,糖处理乙烯生成速率较低。

6）水处理中内源 IAA、GA、ZR 及 ABA 之间比值的变化

比较香雪兰切花花瓣内源激素 IAA/ABA、GA/ABA、ZR/ABA 和（IAA＋GA＋ZR）/ABA 的比值变化后发现，各比值在瓶插第 4 d 出现峰值，随后比值迅速降低，即表现为生长促进物质与生长抑制物质的比值大幅增高，随后迅速下降的趋势（图 15－5），这说明内源激素彼此间的平衡和失调对花瓣的发育及衰老影响重大。

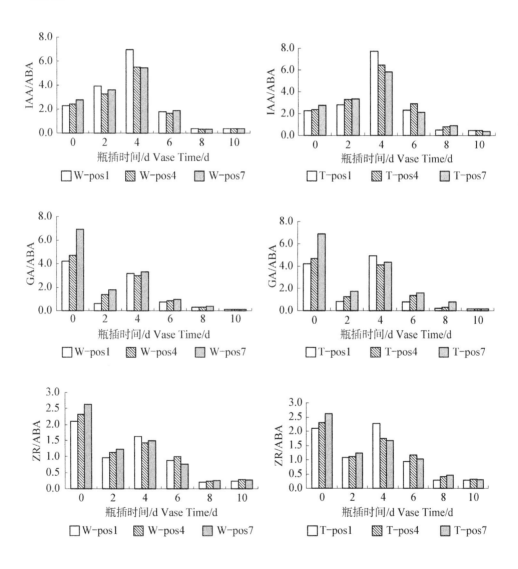

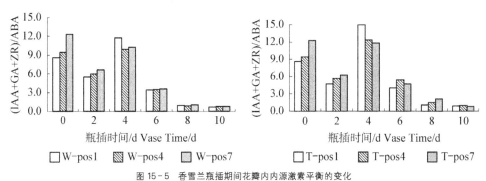

图 15 - 5 香雪兰瓶插期间花瓣内内源激素平衡的变化

Fig. 15 - 5 Changes of endogenous hormone balance of *Freesia* petal during vase holding

三、讨论

(一) 外源添加糖促进香雪兰切花发育并延长其瓶插期

本章研究发现,外源添加糖可提高香雪兰切花开放率及总体观赏价值。这或许是糖作为营养物质和呼吸基质,能改善切花的营养状况,促进生命活动有关。同时,还有研究表明,糖可以延缓切花衰老症状的出现,保护线粒体和细胞膜结构的完整性,维持其功能,阻止蛋白质的水解等。从表型上看,在很多切花上糖处理均提高了其品质并延长瓶插寿命。如用 2%～5% 的蔗糖能显著增强非洲菊切花的保鲜效果;用 3% 的糖溶液能使翠菊、万寿菊等保鲜天数达到 8.7 d;预处理液中加入蔗糖后,非洲菊切花的瓶插寿命延长,同时切花的观赏品质提高,有效地抑制了弯茎现象的发生;香雪兰切花采后用 20% 蔗糖处理 24 h、48 h 可使花序上所有小花开放并能延长瓶插期,降低浓度和延长处理时间效果没有那么明显。观察发现,葡萄糖能影响香雪兰切花上小花的发育进程,表现为在瓶插前期促进开放,而后期起延缓衰老作用,此结果与以上研究结论是一致的。

(二) 香雪兰切花瓶插期间的水分代谢及内含物质变化

水分代谢是鲜切花采后的主要生理过程,当鲜花失水对正常的重量功能产生影响时,即出现水分平衡失调,而水分的失调是导致鲜花衰老的主要原因。香雪兰切花鲜重的85％左右都由水构成,在花发育至盛开的过程中必须保持高水平的紧张度才能维持机体正常的生理代谢活动。香雪兰瓶插初期,切花花枝良好的吸水能力促进了花瓣开放,表现为含水量增加;瓶插后期由于花枝导管阻塞、细菌侵扰等原因,蒸腾速率超过吸水速率,体内水分平衡被破坏,植物组织的水势降低,花瓣中含水量逐步降低,一直到持续到处理结束。花瓣含水量的降低表明植物及其器官趋向衰老。

对月季切花的研究表明,切花瓶插寿命取决于吸水和失水间的平衡关系。对于糖在保持水分平衡方面的作用,存在两种不同的观点。一种观点认为是通过提高切花的吸水量来实现的,而似乎有越来越多的研究则认为是通过减少失水量来实现切花中的水分平衡。统计切花吸水量的变化发现,香雪兰水插前3d,花枝吸水量大于失水量,第4d时,清水瓶插花枝开始表现出失水状态,外观花瓣部分皱缩。而添加糖则发现在瓶插前期利于香雪兰花枝吸水,在后期能阻止花枝失水。

可溶性蛋白质含量降低是衰老的重要指标之一。在植物衰老的过程中,蛋白质的合成能力会减弱,与此同时,由于参与乙醛酸循环的酶、核糖核酸酶、肽酶、蛋白酶等水解酶的活性增强,蛋白质、膜磷脂等大分子发生分解,可溶性蛋白含量下降。我们的研究结果显示,随着瓶插时间的延长,香雪兰小花发育进程加剧,同时花瓣内可溶性蛋白质含量总体呈下降趋势,变化明显。在水插香雪兰切花中,其可溶性蛋白含量从瓶插开始就开始下降,并随着时间延长下降幅度增大,说明香雪兰花朵是从其脱离母体开始衰老的,并随着瓶插时间的延长而加剧,最终在外观上表现出花朵萎蔫、花色变深等衰老特征。而葡萄糖处理的香雪兰花枝,其花瓣内的可溶性蛋白含量在瓶插初期有所增加,可能是由于外源糖处理后被切花转运并吸收,使得小花的发育进程加深,蛋白质合成作用占主导。此结论与郁金香切花的研究结果一致。其后,随着花朵的开放及衰老的加剧,可溶性蛋白质含量迅速降低,说明花瓣内蛋白的分解速率大于合成速率,衰老即开始。整体而言,瓶插初期糖处理有利于延缓香雪兰切花衰老。

糖作为切花碳源的研究也有很多:额外提供呼吸底物(糖)导致康乃馨切花中呼吸速率升高从而延长瓶插寿命;用3‰蔗糖处理月季切花可减慢其呼吸速率、延长其瓶插寿命,同时提高了月季切花花瓣的含水量,可溶性蛋白质的降解速度明显降低,在总体上延缓了月季切花的衰老进程。对于糖在保持水分平衡方面的作用,存在两种不同的观点。一种观点认为是通过提高切花的吸水量来实现的,而似乎有越来越多的研究则认为是通过减少失水量来实现切花中的水分平衡。

植物体内的游离脯氨酸与其组织的脱水程度密切相关,同时,作为细胞质的渗透调节物质,它还可以在植株对抗外界胁迫时平衡细胞代谢,保护细胞内环境的相对稳定;当植物体受到水分胁迫时,其体内游离脯氨酸的含量会发生很大变化。水分亏缺程度越严重,体内游离脯氨酸含量增加,两者之间存在正相关关系,因而,脯氨酸含量在一定程度上反映了植物体内的水分亏缺状况,可作为植物体内脱水的标志。脯氨酸含量增加的另一层释义为切花的衰老,此过程伴随着蛋白质合成减弱而其降解相应增加的现象。

(三) 香雪兰切花瓶插期间的活性氧代谢平衡

切花衰老过程中,自由基和活性氧除了在细胞进行有氧代谢持续产生外,由于其自身清除能力的下降而不断累积,导致自由基损伤程度不断加大,从而细胞的结构和功能遭到破坏,最终造成了细胞及植物体的衰老和死亡。香雪兰切花在瓶插过程中 O_2^- 释放速率总体上表现为不断提高,自由基逐步积累,活性氧胁迫增加,导致膜脂中最易受自由基攻击的不饱和双链酸发生过氧化作用,而过氧化过程中又促进新的自由基产生,从而进一步加剧膜脂过氧化,最终导致膜的完整性受到破坏。这正是香雪兰切花在采后瓶插期间 MDA 含量与相对电导率持续上升的原因所在。在整个瓶插过程中,香雪兰花瓣中 MDA 含量逐渐上升,且基部小花中花瓣内 MDA 含量明显高于中部和上部小花,但添加糖能显著降低基部小花花瓣内的 MDA 含量,说明外源添加糖可在一定程度上缓解切花中的活性氧胁迫。

生物机体内抗氧化剂主要有两大类化学物质,一是抗氧化酶类,主要有 SOD、CAT、POD 和 APX 等;二是非酶类抗氧化剂,主要有维生素 E、维生素 C、谷胱甘肽(GSH)等。研究抗氧化酶活性的变化可以较好地反映植物体内对活性氧胁迫的响应。SOD、CAT、POD 是植物细胞中清除活性氧的主要酶类,即活性氧清除酶;其中,SOD 是公认的与活性氧代谢密切相关的酶类,主要起到清除 O_2^- 的作用,其活性与植物抗氧化胁迫能力呈正相关,呈先升后降的趋势。CAT、POD 和 APX 则负责清除衰老过程中过氧化产生的 H_2O_2。不少研究表明,在切花瓶插期间中,抗氧化酶可以协同发挥作用,保护膜系统,避免其受到迫害,延缓膜脂的过氧化,从而延缓细胞的衰老。如对芍药、香石竹、百合等切花衰老中保护酶系统的研究结果表明,SOD 和 CAT 活性上升主要集中在前期,而在衰老后期其活性下降,这导致花朵自身的自由基清除能力逐渐减弱,MDA 大量积累,膜系统遭到破坏,膜透性加大,花朵进入快速衰老期;POD 活性主要在衰老后期起作用,主要原因可能是 SOD 消除自由基时会产生 H_2O_2,而后 POD 利用 H_2O_2 进行与衰老相关的氧化反应;其次可能是 POD 同时与乙烯的自身催化合成和衰老细胞的活性有关。

我们研究发现,切花瓶插期间,香雪兰花瓣细胞中 SOD、CAT、和 APX 等抗氧化酶的活性在瓶插前期上升,表明保护酶类清除活性氧的能力逐渐提高,以及对轻微逆境的适应结果。到瓶插后期,细胞中抗氧化酶不足以清除过多的自由基,而导致花瓣衰老进程加快。与上述 3 个抗氧化酶活性先上升再下降的趋势不同的是,POD 活性在香雪兰鲜切花衰老过程中一直呈上升趋势,这与 Pauls *et al.*、刘雅莉等、林如等、Paluls & Thompson 以及薛秋华等的研究结果一致。而 POD 活性在瓶插期间持续上升的机理一直不是很清楚,其原因有可能与 POD 利用 SOD 除自由基时产生的 H_2O_2 以及 POD 与乙烯的自身催化合成等因素有关。同时,我们的试验还表明,外源糖处理可在一定程度刺激香雪兰切花 SOD 发挥更大活性,而对CAT 和 POD 酶没有促进作用。

(四) 香雪兰切花瓶插期间的内源激素水平

植物花朵的开放是一个不可逆的生长过程,期间花瓣细胞伸长,同时鲜样质量增加,而花瓣的扩张生长则是水分吸收增加的结果。植物内源激素影响植物营养物质的运输及分配,在开花和衰老过程中起着重要的调控作用,如吸引营养物质向花器官运转,从而促进花器官的发育。总之,花的发育及衰老过程是植物体内各种内源激素之间相互制约平衡的结果。

一般来说,生长素(IAA)的合成部位是与植物体中细胞快速分裂部位相联系的,如茎尖分生组织、幼叶和发育着的果实等。切花离开母体后,短期内会继续合成一定量的 IAA。香雪兰切花瓶插过程中,花瓣中 IAA 含量呈现先上升后下降的趋势,这符合总体规律。IAA对切花的作用比较复杂,低浓度IAA会促进香石竹衰老,而高浓度则可抑制乙烯的产生,阻碍其衰老,但Gibart和Sink曾观察到外源IAA可以推迟一品红花苞片的衰老。我们研究发现,香雪兰瓶插初期IAA含量较高,而随着瓶插时间延长,其花瓣内IAA含量逐渐下降至较低水平,结合薛秋华等对于切花衰老的研究,我们推测,香雪兰可以通过保持较高浓度的IAA可能有利于延缓切花的衰老,而低浓度IAA则可能促进衰老。

赤霉素(GA)在衰老过程中有两种情况,一种是前期含量较高,随后下降到较低水平,如谷祝千等研究发现,长寿花含有较高水平的GA,而短寿花则较低,在桂花盛花期后GA含量迅速下降;现已发现康乃馨切花花瓣的衰老过程中,内源GA下降,而及时提供外源GA可延迟花瓣的衰老,由此推断,较高水平的GA含量可以延缓切花衰老。另一种变化规律不明显,即GA对切花衰老无直接作用,如盛爱武等研究蜡梅切花衰老时发现GA持续上升,推断GA与切花衰老无直接关系,只是在激素平衡中起一定作用。我们研究发现,GA含量在瓶插早期较高,随香雪兰切花衰老而下降。可知,较高水平的GA有利于延缓香雪兰衰老进程,此结论与长寿花的研究结果一致。同时,我们研究发现,在香雪兰瓶插过程中,玉米素核苷(ZR)含量变化与GA趋势一致,初期ZR处于较高水平,随后逐渐下降直到瓶插末期。细胞分裂素能够通过促进营养物质(包括水分)的运输、抑制自由基的形成或者维持液泡膜的完整性等功能来延迟切花的衰老,这说明在香雪兰切花衰老过程中,ZR可能起到延缓衰老的作用。

脱落酸(ABA)在切花衰老中的作用是有分歧的:一种观点认为ABA是促衰因子,如有研究发现,香石竹和玫瑰花瓣在衰老过程中,ABA含量增加,且Nowak和Veen研究指出,外源ABA处理能够促使乙烯的生物合成,最终加速了康乃馨切花的衰老;而另一种观点则认为ABA可能是抵御切花衰老的物质,而并非衰老的关键因子。离体切花花瓣中的ABA合成与水势呈负相关关系,即瓶插期间花瓣中细胞水势增加,而ABA含量随之下降。本研究表明,香雪兰切花瓶插过程中,内源ABA含量出现多次高峰,且每次高峰过后,其衰老进程有所加剧。史国安等对牡丹的研究指出ABA是导致牡丹花衰老的早期信号以及调控的关键节点,因此我们推测ABA可能也是促进香雪兰切花衰老的主要激素之一。

乙烯作为一种结构简单、功能多样的内源性激素，能够促进切花成熟与衰老。Spikman 指出，香雪兰属于乙烯敏感型切花，花序的乙烯释放高峰出现在第 4 d，其中大部分乙烯是花序上部幼嫩小花产生，而非衰老的小花。本文研究结果与此结论基本一致。结果显示，在香雪兰切花瓶插期间，花序不同位置小花有明显不同的乙烯释放高峰，中部与上部小花在瓶插期 2 d～6 d 内差异显著，可能是由于小花花药能快速合成或构建乙烯合成所需要的相关物质或酶。而且，4 级、5 级小花花器官中花柱和雄蕊所占比重较花瓣大，据 Nichols 对跃变型香石竹切花品种研究报道，花器各部位中乙烯释放量均以花柱最高，雄蕊次之，花瓣最低，上部小花较中部释放量大（按单位鲜样质量计算）。比较室温下乙烯释放速率变化和 IAA 含量变化规律可以发现，两者变化趋势相似，均是先增加后减少，且在采后第 2 d 其测定值达到最大，此结果与牡丹切花的研究结果一致。这种变化趋势的同步性预示着在香雪兰切花中，IAA 对乙烯的生成具有一定的诱导作用。

有研究表明，内源激素（IAA＋GA＋ZR）/ABA 比值的变化可以作为控制牡丹切花代谢的重要生理信号；同时，研究还发现，牡丹花可能主要是通过 CTKs、IAA 和 GAs 与 ABA 之间的平衡来调控其发育进程。本研究与以上结论基本一致。在香雪兰切花的发育及衰老过程中，瓶插初期 IAA、GA、ZR 和 ABA 含量较高，这可能有利于吸引花枝内的营养物质向花器官运转从而促进花器官的发育，而在瓶插第 2 d～6 d 时（不同位置小花依次透色、开放），IAA/ABA、GA/ABA 和 ZR/ABA 这些比值处于较高水平，随后 ABA 含量呈现逐渐上升，此时，正是香雪兰花器官中的各个部分进一步发育、成熟，诱导 ABA 含量的增加。

综上所述，香雪兰切花采后瓶插过程中，前期花瓣中含水量增加，瓶插液中适宜添加外源糖能够较好地维持花枝的水分平衡，并有效地延长了香雪兰切花的瓶插寿命。香雪兰切花开花及衰老过程中花瓣内可溶性蛋白质含量下降，蛋白质代谢发生了显著变化。瓶插期间，花瓣内丙二醛含量和细胞膜相对透性不断升高，产生了活性氧胁迫，外源糖能在一定程度上缓解 ROS 胁迫。花瓣细胞内的抗氧化保酶活性增加，表现出对逆境的前期适应；瓶插后期，随着水分平衡的打破，蛋白质不断分解，自由基的不断累积，抗氧化酶活性的下降，最终导致膜脂过氧化程度加强，渗透性增强，细胞膜的结构与功能受损；外源糖对抗氧化酶的影响不大。香雪兰切花瓶插过程中,内源激素的平衡影响着花瓣的发育和衰老,瓶插液中添加糖可以在一定程度上影响内源激素水平从而影响切花衰老进程;同时,内源激素(IAA＋GA$_3$＋ZR)/ABA 比值的变化可以作为调控香雪兰切花花瓣代谢的重要生理信号。这一系列的生理变化为解释香雪兰切花发育与衰老提供了良好科学基础,可以用于科学指导香雪兰的切花保鲜实践。

主要参考文献

第一部分

● 花色表型与花色苷(第一章)

[1] Gonnet J F. CIElab measurement, a precise communication in flower color: an example with carnation (*Dianthus caryophyllus*) cultivars [J]. Journal of Horticultural Science, 1993,68(4): 499 - 510.

[2] Hashimoto F, Tanaka M, Maeda H, et al. Characterization of cyanic flower color of *Delphinium* cultivars [J]. Journal of the Japanese Society for Horticultural Science, 2008,69(4): 428 - 434.

[3] Torskangerpoll K, Andersen O M. Colour stability of anthocyanins in aqueous solutions at various pH values [J]. Food Chemistry, 2005,89(3): 427 - 440.

[4] Voss D H. Relating colourimeter measurement of plant colour to the Royal Horticultural Society Colour Chart [J]. Hortscience, 1992,27(12): 1256 - 1260.

[5] Wang L S, Hashimoto F, Shiraishi A, et al. Chemical taxonomy of the Xibei tree peony from China by floral pigmentation [J]. Journal of Plant Research, 2004,117(1): 47 - 55.

[6] Wu X L, Prior R L. Systematic identification and characterization of anthocyanins by HPLC-ESI-MS/MS in common foods in the United States: fruits and berries [J]. Journal of Agricultural and Food Chemistry, 2005,53(7): 2589 - 2599.

［7］ 白新祥,胡可,戴思兰,等.不同花色菊花品种花色素成分的初步分析[J].北京林业大学学报,2006,28(5)：84-89.

［8］ 陈建,吕长平,陈晨甜,等.不同花色非洲菊品种花色素成分初步分析[J].湖南农业大学学报(自然科学版),2009,35(S1)：73-76.

［9］ 戴思兰,洪艳.基于花青素苷合成和呈色机理的观赏植物花色改良分子育种[J].中国农业科学,2016,49(03)：529-542.

［10］ 伏静,戴思兰.基于高光谱成像技术的菊花花色表型和色素成分分析[J].北京林业大学学报,2016,38(8)：88-98.

［11］ 韩江南,樊金玲,巩卫东,等.中原牡丹品种基于花色测定的聚类分析[J].北方园艺,2010(3)：75-79.

［12］ 洪艳,白新祥,孙卫,等.菊花品种花色表型数量分类研究[J].园艺学报,2012,39(7)：1330-1340.

［13］ 李崇晖,任羽,黄素荣,等.蝴蝶石斛兰花色表型及类黄酮成分分析[J].园艺学报,2013,40(1)：107-116.

［14］ 李崇晖,王亮生,舒庆艳,等.迎红杜鹃花色素组成及花色在开花过程中的变化[J].园艺学报,2008,35(7)：1023-1030.

［15］ 裴仁济,陈小强,孙宁,等.不同花色品种非洲紫罗兰花色素成分初步分析[J].天津农学院学报,2011,18(01)：1-4.

［16］ 秦文英,林源祥.小苍兰研究[M].上海：上海科学技术出版社,1995.

［17］ 孙卫,李崇晖,王亮生,等.菊花不同花色品种中花青素苷代谢分析[J].植物学报,2010,45(03)：327-336.

［18］ 陶秀花,袁媛,徐怡倩,等.风信子花瓣花色苷组成分析[J].园艺学报,2015,42(02)：301-310.

［19］ 王峰,杨树华,常智慧,等.月季种质资源花色基础研究[J].草原与草坪,2017,37(2)：82-88.

［20］ 吴静,成仿云,钟原.紫斑牡丹花色表型数量分类研究[J].园艺学报,2016,43(5)：947-956.

［21］ 徐君,李欣,江君,等.不同花色荷花色素成分及稳定性分析[J].江苏农业科学,2016,44(2)：331-335.

［22］ 徐怡倩,袁媛,陶秀花,等.小苍兰花瓣主要花色苷组分研究[J].植物研究,2016,36(02)：184-189.

［23］ 曾敏.小苍兰品种'香玫'的花期调控及花期生理研究[D].福州：福建农林大学,2012.

［24］ 张杨青慧,王艺光,房伟民,等.菊花衰老过程中花色变红与色素成分变化分析[J].园艺学报,2018,45(03)：519-529.

［25］ 赵昶灵,郭维明,陈俊愉.植物花色呈现的生物化学、分子生物学机制及其基因工程改良[J].西北植物学报,2003(06)：1024-1035.

[26] 钟淮钦,陈源泉,黄敏玲,等.小苍兰花色色素成分及稳定性分析[J].热带亚热带植物学报,2009,17(6):571-577.

[27] 朱满兰,王亮生,张会金,等.耐寒睡莲花瓣中花青素苷组成及其与花色的关系[J].植物学报,2012,47(05):437-453.

● 花香分析与评价（第二章）

[1] Bhatia S P, McGinty D, Foxenberg R J, et al. Fragrance material review on terpineol [J]. Food and Chem Toxi, 2008,46(11): S275-S279.

[2] Flamini G, Tebano M, Cioni P L. Volatiles emission patterns of different plant organs and pollen of Citrus limon [J]. Analytica Chimica Acta, 2007,589(1): 120-124.

[3] Hendel-Rahmanim K, Masci T, Vainstein A, et al. Diurnal regulation of scent emission in rose flowers [J]. Planta, 2007,226: 1491-1499.

[4] Huang M L, Fan R H, Ye X X, et al. The transcriptome of flower development provides insight into floral scent formation in *Freesia hybrida* [J]. Plant Growth Reg, 2018,86: 93-104.

[5] Kondo M, Oyama-Okubo N, Ando T, et al. Floral scent diversity is differently expressed in emitted and endogenous components in *Petunia axillaries* lines [J]. Ann of Bot, 2006,98: 1253-1259.

[6] Li X, Tang D, Shi Y. Volatile compounds in perianth and corona of *Narcissus pseudonarcissus* cultivars [J]. Nat Product Res, 2019,33(15): 2281-2284.

[7] Liu Q, Sun G F, Wang S, et al. Analysis of the variation in scent components of *Hosta* flowers by HS-SPME and GC-MS [J]. Sci Hort, 2014,175: 57-67.

[8] Pichersky E, Dudareva N. Scent engineering: toward the goal of controlling how flowers smell [J]. Trends in Biotechnology, 2007,25(3): 105-110.

[9] Wu S Q, Schalk M, Clark A, et al. Redirection of cytosolic or plastidic isoprenoid precursors elevates terpene production in plants [J]. Nat Biotech, 2006,24(11): 1441-1447.

[10] Zuker A, Tzfira T, Ben-Meir H, et al. Modification of flower color and fragrance by antisense suppression of the flavanone 3-hydroxylase gene [J]. Mol Breed, 2002,9(1): 33-41.

[11] 甘秀海,梁志远,王道平,等.3种山茶属花香气成分的 HS-SPME/GC-MS 分析[J].食品科学,2013,34(6):204-207.

[12] 林榕燕,钟淮钦,黄敏玲,等.小苍兰品种花香成分分析[J].福建农业学报,2016,31(11):1216-1220.

[13] 刘宝峰,高丰展,房强,等.间接顶空固相微萃取-气相色谱-质谱法对红花香雪兰天然花香成分的分析[J].分析化学,2016,44(03):444-450.

[14] 姜冬梅,朱源,余江南,等.芳樟醇药理作用及制剂研究进展[J].中国中药杂志,2015 (18):3530 – 3533.

[15] 乔飞,江雪飞,徐子健,等.'阿蒂莫耶'番荔枝花期挥发性成分和香味特征分析[J].果 树学报,2016,33(12):1502 – 1509.

[16] 秦颖,杨晓霞,冷平生,等.6种丁香花挥发性成分的动态顶空吸附 ATD - GC/MS 分析 [J].西北植物学报,2015,35(10):2078 – 2088.

[17] 任雪冬,程光荣,王永明.顶空萃取-气相色谱-质谱法分析香雪兰的挥发性成分[J].质 谱学报,2007(02):83 – 86.

[18] 杨胆,高翔,王萌,等.红花香雪兰挥发油提取方法及化学成分分析[J].东北师大学报 (自然科学版),2010,42(01):106 – 110.

[19] 张莹,李辛雷,田敏,等.大花蕙兰鲜花香气成分的研究[J].武汉植物研究,2010(3): 381 – 384.

[20] 张辉秀,冷平生,胡增辉,等.'西伯利亚'百合花香随开花进程变化及日变化规律[J]. 园艺学报,2013,40(4):693 – 702.

● **RAPD 与 SSR 分子标记(第三章、第四章)**

[1] Goemans R A. The history of the modern *Freesia* [M]//Brickell C D, Cutler D F, Gregory M, et al. Petaloid Monocotyledons: Horticultural and Botanical Research. London: Academic Press, 1980: 161 – 170.

[2] Goldblat P. Systematics of *Freesia* Klatt (Iridaceae) [J]. Journal of South African Botany, 1982, 48: 39 – 92.

[3] Gupta P K, Rustgi S, Sharma S, et al. Transferable EST-SSR markers for the study of polymorphism and genetic diversity in bread wheat [J]. Molecular Genetics & Genomics, 2003, 270(4): 315 – 323.

[4] Halevy A H, Mor Y. Promotion of flowering in *freesia* plants var. Princess Marijke [J]. Acta Hort, 1969(1): 133 – 137.

[5] 陈桂平,鲁雪林.25个无花果品系间种质资源的 RAPD 分析[J].中药材,2019,42(2): 289 – 293.

[6] 车代弟,秦智伟,王金刚.仙客来(*Cyclamen persicum* Mill.)的种质资源 RAPD 分析 [J].植物研究,2002,22(3):314 – 317.

[7] 陈林姣,缪颖,陈德海,等.中国水仙种质资源的遗传多样性分析[J].厦门大学学报:自 然科学版,2002,41(6):810 – 814.

[8] 郭印山,牛早柱,石广丽,等.基于 SSR 分子标记的葡萄品种遗传多样性分析[J].北方 园艺,2016(7):89 – 92.

[9] 郭照东,夏秀英,安利佳,等.基于 SSR 标记的越橘亲缘关系分析及品种鉴定[J].植物 遗传资源学报,2015,16(5):1020 – 1026.

[10] 韩尚雯,张显.唐菖蒲'江山美人'经(60)Co-γ射线辐射后基因变异的RAPD检测[J].西北农业学报,2007,16(5):155-158.

[11] 罗兵,孙海燕,徐港明,等.SSR分子标记研究进展[J].安徽农业科学,2013(12):5210-5212.

[12] 罗冉,吴委林,张旸,等.SSR分子标记在作物遗传育种中的应用[J].基因组学与应用生物学,2010,29(1):137-143.

[13] 王金刚,车代弟,柳参奎,等.26个唐菖蒲品种RAPD分析[J].植物研究,2008,28(3):321-324.

[14] 周凌瑜.小苍兰ISSR分子标记[D].上海:上海交通大学,2008.

[15] 宗宇,王月,朱友银,等.基于中国樱桃转录组的SSR分子标记开发与鉴定[J].园艺学报,2016,43(8):1566-1576.

[16] 朱震霞.不同类型水仙亲缘关系的分子标记研究[D].南京:南京农业大学,2003.

[17] 曾小英.观赏百合种质资源多样性研究[D].兰州:西北师范大学,2004.

● 繁育系统(第五章)

[1] Cruden R. Pollen ovule ratios: A conservative indicator of breeding systems in flowering plants [J]. Evolution, 1977,31(1):32-46.

[2] Dafni A. Pollination ecology: a practical approach [M]. New York: Oxford University Press: 1992.

[3] Spikman G. The effect of water stress on ethylene production and ethylene sensitivity of *Freesia* inflorescences [J]. ISHS Acta Hort, 1986,181:34-140.

[4] Spikman G. Development and ethylene production of buds and florets of cut *Freesia* inflorescences as influenced by silver thiosulphate, aminoethoxyvinylglycine and sucrose [J]. Sci Hort, 1989,39:73-81.

[5] Uyemura S, Imanishi H. Changes in abscisic acid levels during dormancy release in *Freesia* corms [J]. Plant Growth Reg, 1987,5:97-103.

[6] Wyatt R. Pollination plant interaction and evolution of breeding systems [A]. In Leslie Real (ed): Pollination Biology [M]. Orlando, Florida: Academic Press Inc, 1983.

[7] 黄双全,郭友好.传粉生物学的研究进展[J].科学通报,2000,45(3):225-237.

[8] 李和帅,王承民,王波超,等.我国几个主要椰子品种花粉生活力研究[J].江西农业学报,2013,25(9):11-14.

[9] 刘玉艳,于凤鸣,李永进,等.喷施水杨酸、硼酸和磷酸二氢钾对小苍兰生长发育的影响[J].河北科技师范学院学报,2004,18(2):68-72.

[10] 刘宗才,焦铸锦,董旭升,等.鸢尾的花部结构及繁育系统特征[J].园艺学报,2011,38(7):1333-1340.

[11] 孙颖,卓丽环.百子莲的传粉昆虫及其访花行为研究[J].上海农业学报,2009,25(1):

87 - 91.

[12] 杨利平,孙晓玉.细叶百合的生殖特性和繁育规律研究[J].园艺学报,2005,32(5):918 - 921.

[13] 余朝秀,关文灵.不同化学药剂预处理对小苍兰切花的保鲜效应[J].西部林业科学,2004,33(2):61 - 63.

[14] 张丙林,穆春生,王颖,等.五脉山黧豆开花动态及有性繁育系统的研究[J].草业学报,2006,15(2):68 - 73.

[15] 张文标,金则新.濒危植物夏蜡梅花部综合特征与繁育系统[J].浙江大学学报(理学版),2009,36(2):204 - 210.

● 花粉形态(第六章)

[1] Erdtman G. Pollen morphology and plant taxonomy:angiosperms (An Introduction to Palynology [J]. Taxon,1954,36:779.

[2] Walker J W. Aperture evolution in the pollen of primitive angiosperms [J]. American Journal of Botany,1974,61(10):1112 - 1137.

[3] Wang L. *Freesia*. In:Anderson, N. O. (Ed.), Flower breeding and genetics [M]. Berlin:Springer, 2007.

[4] 杨秋生,万卉敏,孙俊娅,等.牡丹栽培品种群花粉形态的比较[J].林业科学,2010,46(6):133 - 137.

[5] 郝佳波,司马永康,徐涛,等.木兰科16种含笑属植物的花粉形态[J].西北植物学报,2015,35(11):2204 - 2210.

[6] 张少伟,贾文庆,张红兰,等.13个牡丹品种花粉形态及萌发率比较[J].东北林业大学学报,2017,45(10):20 - 23.

[7] 李佐,赵凯歌,赵玫,等.莲种质花粉形态特征研究[J].园艺学报,2015,42(1):75 - 85.

[8] 孙佳,曾丽,刘正宇,等.微型月季品种分类的花粉形态学[J].中国农业科学,2009,42(5):1867 - 1874.

[9] 吴祝华,施季森,席梦利,等.百合种质资源花粉形态及亲缘关系研究[J].浙江农林大学学报,2007,24(4):406 - 412.

[10] 张彦妮,钱灿.12种百合属植物花粉形态扫描电镜观察[J].草业科学,2011,20(5):111 - 118.

[11] 顾欣,张延龙,牛立新.中国西部四省15种野生百合花粉形态研究[J].园艺学报,2013,40(7):1389 - 1398.

[12] 余小芳,张海琴,何雪梅,等.鸢尾属12种(变种)植物花粉形态及其系统学意义[J].园艺学报,2010,37(7):1175 - 1182.

[13] 马玉梅,张云,秦景逸,等.膜苞鸢尾花粉形态、活力与柱头可授性研究[J].新疆农业科学,2017,54(1):110 - 116.

[14] 高星,吕彤,臧凤岐,等.郁金香品种分类的花粉形态学研究[C].中国观赏园艺研究进展,2017：46-54.

[15] 罗乐,张启翔,于超,等.29个蔷薇属植物的孢粉学研究[J].西北植物学报,2017,37(5)：0885-0894.

[16] 许荔,黄苏珍,原海燕.路易斯安那鸢尾和红籽鸢尾花粉形态及种间杂交亲和性研究[J].植物资源与环境学报,2015,24(1)：77-83.

[17] 庄东红,宋娟娟.木槿属植物染色体倍性与花粉粒、叶片气孔器性状的关系[J].热带亚热带植物学报,2005,13(1)：49-52.

[18] 王振江,罗国庆,戴凡炜,等.不同倍性广东桑的花粉形态[J].林业科学,2015,51(4)：71-77.

第二部分

● 基质栽培(第八章)

[1] Anderson N O. Flower breeding and genetics [M]. Berlin：Springer Netherlands, 2006.

[2] El-Sayed A, Safia E H H, Nabih A, et al. Raising *Freesia refracta* cv. Red Lion corms from cormels in response to different growing media and actosol levels [J]. J Hort Sci & Ornam Plants, 2012,4(1)：89-97

[3] Manickam I N, Subramanian P. Study of physical properties of coco peat [J]. Inter J Green Energy, 2006(3)：197-144.

[4] Noguera P, Abad M, NogueraA V, et al. Coconut coir dust waste, a new and viable ecologically-friendly Peat substitute [J]. Acta Hort, 2000,517：279-286.

[5] 林辉.小苍兰无土栽培的基质选择[J].福建热作科技,2008,33(4)：6-8.

[6] 刘莊,潘会堂,张启翔.不同基质对岩生报春盆花生长发育的影响[J].浙江农业学报, 2013,03：509-514.

[7] 刘玉艳,伍敏华,于凤鸣,等.不同氮磷钾配比追肥对盆栽小苍兰生长发育的影响[J].西北林学院学报,2009,24(3)：91-94.

[8] 仇淑芳,杨乐琦,黄丹枫,等.草炭椰糠复合基质对'紫油菜'生长和品质的影响[J].上海交通大学学报(农业科学版),2016,34(2)：40-46

[9] 任志雨,姚萌,切岩祥,等.椰糠与蛭石的不同配比对甜椒幼苗质量的影响[J].湖北农业科学,2015,54(18)：4493-4497.

[10] 田吉林,汪寅虎.设施无土栽培基质的研究现状、存在问题与展望(综述)[J].上海农业学报,2000,04：87-92.

[11] 张晶,毛洪玉,崔文山,等.不同基质配比对仙客来幼苗的影响[J].辽宁农业科学, 2006,04：19-21.

[12] 郑侃,梁栋,张喜瑞.椰子废弃物综合利用现状与分析[J].广东农业科学,2013(5)：

175 - 177.

[13] 朱国鹏,刘士哲,陈业渊,等.基于椰糠的新型无土栽培基质研究(Ⅱ)-配方试种筛选
[J].热带作物学报,2005,26(2):100 - 106.

● 生物肥和缓释肥(第九章)

[1] Andiru G A, Pasian C C, Franta J M, et al. Longevity of Controlled-release Fertilizer
Influences the Growth of Bedding Impatiens [J]. Horttech, 2013,23: 157 - 164.

[2] Arrobas M, Parada M J, Magalhes P, et al. Nitrogen-use efficiency and economic
efficiency of slow-release N fertilisers applied to irrigated turfs in a Mediterranean
environment [J]. Nutri Cycling in Agroeco, 2011,89: 329 - 339.

[3] Chen Y, Regina R P, Owings A D, et al. Controlled-release fertilizer type and rate
affect landscape establishment of seven herbaceous perennials [J]. Horttech, 2011,21:
336 - 342.

[4] Du C W, J M Zhou, Shaviv A. Release Characteristics of nutrients from polymer-coated
compound controlled release fertilizers [J]. J Polymers & the Envir, 2006, 14,
223 - 230.

[5] Hou X L, Zhang M, Duan L L, et al. Effects of controlled release compound fertilizers
on leaching loss of nutrient and growth of calla [J]. J Soil & Water Conserva, 2008,
22,158 - 162.

[6] Ji Y, Liu G, Ma J, et al. Effects of Urea and Controlled Release Urea Fertilizers on
Methane Emission from Paddy Fields: A Multi-Year Field Study [J]. PEDOSPHERE,
2014,24, 662 - 673.

[7] Kozik E, Henschke M, Loch N. Growth and flowering of *Coreopsis grandiflora* Hogg.
under the influence of Osmocote plus fertilizers [J]. Helgoland Marine Res, 2004,63,
59 - 74.

[8] Ni B, Liu M, Lu S. Multifunctional slow-release organic-inorganic compound fertilizer
[J]. Agr & Food Chem, 2010,58,12373 - 12378.

[9] Shaviv A. Environmental friendly nitrogen fertilization [J]. Science in China Series C,
2005,48,937 - 947.

[10] Walker R F, Huntt C D. Production of containerized Jeffrey pine planting stock for
harsh sites: growth and nutrition as influenced by controlled-release fertilization [J].
Western J Applied Forest, 2000,15(2), 86 - 91.

[11] Ye Y, Liang X, Chen Y, et al. Alternate wetting and drying irrigation and controlled-
release nitrogen fertilizer in late-season rice. Effects on dry matter accumulation, yield,
water and nitrogen use [J]. Field Crops Res, 2013,144,212 - 224.

[12] Zhao G Z, Liu Y Q, Tian Y, et al. Preparation and properties of macromelecular slow-

release fertilizer containing nitrogen, phosphorus and potassium [J]. Polymer Res, 2010,17: 119 - 125.

● 水杨酸(第十章)

[1] Delaney T P, Uknes S, Vernooij B, et al. A central role of salicylic acid in plant disease resistance [J]. Science, 1994,266(5188): 1247 - 1250.

[2] Huijsduijnen R A M H V, Alblas S W, Rijk R H D, et al. Induction by salicylic acid of pathogenesis-related proteins and resistance to Alfalfa Mosaic Virus Infection in various plant species [J]. J General Virol, 1986,67(10): 2135 - 2143.

[3] Leslie C A, Romani R J. Salicylic acid: A new inhibitor of ethylene biosynthesis [J]. Plant Cell Rep, 1986,5(2): 144 - 146.

[4] 韩浩章,王晓立,江宇飞.外源水杨酸对番茄开花期抗寒性的影响[J].北方园艺,2009 (12): 69 - 71.

[5] 侯艳.彩色马蹄莲种球膨大发育生理及外源水杨酸影响研究[D].雅安:四川农业大学,2011.

[6] 刘芳,周蕴薇.水杨酸对两个品种百合鳞茎膨大的作用及其与内源激素含量的关系 [J].植物生理学报,2009(11): 1085 - 1088.

[7] 刘玉艳,于凤鸣,李永进,等.喷施水杨酸、硼酸和磷酸二氢钾对小苍兰生长发育的影响 [J].河北科技师范学院学报,2004,18(2): 68 - 72.

[8] 刘玉艳,于凤鸣,李娜.水杨酸和硼酸处理对小苍兰生长发育的影响[J].河北职业技术师范学院学报,2004,16(2): 15 - 17.

[9] 汤楠.生长延缓剂对盆栽小苍兰生长发育的影响[D].上海:上海交通大学,2012.

[10] 王伟英,林江波,邹晖.水杨酸处理对水仙株型及抗氧化酶活性的影响[J].中国农学通报,2009,25(14): 157 - 160.

[11] 吴嘉,宋晓蕾,段玉云,等.水杨酸处理对南美水仙形态指标的影响[J].北方园艺,2012 (22): 47 - 49.

[12] 薛建平,张爱民,方中明,等.水杨酸对半夏植株生长的影响[J].中国中药杂志,2007, 32(12): 1134 - 1136.

[13] 叶梅荣.NaCl胁迫下水杨酸浸种对水稻幼苗生长的影响[J].安徽技术师范学院学报, 2002,16(4): 44 - 46.

[14] 张鸽香,周丽琴.水杨酸对水培风信子生长及开花的影响[J].南京林业大学学报(自然科学版),2013,37(5): 20 - 24.

[15] 张馨之,刘晓敏,张睿婧,等.叶面喷施水杨酸对崇明水仙生长的影响[J].北方园艺, 2016(4): 71 - 74.

● 茉莉酸甲酯(第十一章)

[1] Albrechtová J T P, Ullmann J. Methyl jasmonate inhibits growth and flowering in *Chenopodium rubrum* [J]. Biologia Plantarum, 1994,36: 317 – 319.

[2] Mukherjee I, Reid D M, Naik G R. Influence of cytokinins on the methyl jasmonate-promoted senescence in *Helianthus annuus* cotyledons [J]. Plant Growth Regulation, 2002,38: 61 – 68.

[3] Pak H, Guo Y, Chen M, et al. The effect of exogenous methyl jasmonate on the flowering time, floral organ morphology, and transcript levels of a group of genes implicated in the development of oilseed rape flowers (*Brassica napus L.*)[J]. Planta, 2009,231(1): 79 – 91.

[4] Salimi F, Shekari F, Hamzei J. Methyl jasmonate improves salinity resistance in German chamomile (*Matricaria chamomilla* L.) by increasing activity of antioxidant enzymes [J]. Acta physiologiae plantarum. 2016,38(1): 1 – 14.

[5] Van Doorn W G, Çelikel F G, Pak C et al. Delay of Iris flower senescence by cytokinins and jasmonates [J]. Physiologia Plantarum, 2013,148: 105 – 120.

[6] 宋平,夏凯,吴传万,等. 雄性不育和可育水稻开颖对茉莉酸甲酯响应的差异[J]. 植物学报,2001,43(5): 480 – 485.

[7] 闫芝芬,周燮,马春红,等. 冠毒素和茉莉酸甲酯对诱导小麦、黑麦和高羊茅草颖花开放的效应[J]. 中国农业科学,2001,34(3): 334 – 337.

[8] 李春香,周燮. MeJA 对大蒜鳞茎膨大及内源激素含量的影响[J]. 生命科学研究,2002, 6(2): 183 – 185.

[9] 杨华庚,颜速亮,陈慧娟,等. 高温胁迫下外源茉莉酸甲酯、钙和水杨酸对蝴蝶兰幼苗耐热性的影响[J]. 中国农学通报,2011,27(28): 150 – 157.

[10] 李红利,孙振元,赵梁军,等. 茉莉酸甲酯对东方百合生长发育的影响[J]. 中国农业大学学报,2010,15(1): 25 – 30.

[11] 金美玉,朴炫春,廉美兰. 茉莉酸甲酯对组培'Mona'百合鳞茎及鳞片叶生长的影响[J]. 安徽农业科学报,2009,37(1): 39 – 39.

[12] 李冬杰. 莉酸甲酯对半夏试管块茎形成的影响[J]. 北方园艺,2017,(07): 156 – 159.

第三部分

● 花朵衰老的生理生化研究(第十三章)

[1] Borochov A, Woodson W R. Physiology and biochemistry of flower petal senescence [J]. Hort Rev, 1989(11): 15 – 43.

[2] Fu Y, Gao X, Xue Y et al. Volatile compounds in the flowers of *Freesia* parental species and hybrids [J]. Plant Bio, 2007,49(12): 1714 – 1718.

[3] Spikman G. The effect of water stress on ethylene production and ethylene sensitivity of

freesia inflorescences [J]. Acta Hort, 1986(181): 134 - 140.

[4] Spikman G. Ethylene production, ACC and MACC content of *Freesia* buds and florets [J]. Sci Hort, 1987(33): 291 - 297.

[5] Spikman G. Development and ethylene production of buds and florets of cut *freesia* inflorescences as influenced by silver thiosulphate, aminoethoxyvinylglycine and sucrose [J]. Sci Hort, 1989(39): 73 - 81.

[6] 陈诗林,黄敏玲.化学药剂预处理对小苍兰蕾期切花的保鲜效果[J].亚热带植物通讯, 1991,20(1): 40 - 44.

[7] 李江遐,林文丽.不同保鲜剂对玫瑰切花的保鲜效果[J].安徽农业科学,2002,30(1): 103 - 104.

[8] 林植芳,李双顺,林桂珠,等.衰老叶片和叶绿体中 H_2O_2 的累积与膜脂过氧化的关系 [J].植物生理学报,1988,14(1): 16 - 22.

[9] 任雪冬,程光荣,王永明.顶空萃取-气相色谱-质谱法分析香雪兰的挥发性成分[J].质谱学报,2007,28(2): 83 - 85.

[10] 王荣花,刘雅莉,李嘉瑞.不同发育阶段牡丹和芍药切花开花生理特性的研究[J].园艺学报,2005,32(50): 861 - 865.

[11] 于凤鸣.紫丁香花开放与衰老中几项生化指标的研究[J].河北职业技术师范学院学报,2000,14(3): 36 - 38.

[12] 王华,张继澍.研究小苍兰花朵发育与衰老过程中膜脂过氧化[J].西北农业大学学报, 1994,22(2): 72 - 75.

[13] 苏军,叶文.含抗坏血酸保鲜剂对小苍兰切花几个衰老指标的影响[J].上海农业学报, 1997,13(4): 80 - 82.

[14] 余朝秀,关文灵.不同化学药剂预处理对小苍兰切花的保鲜效果[J].西部林业科学, 2004,33(2): 61 - 63.

● ***FhACS1*** 基因调控其花朵衰老的机制(第十四章)

[1] Beckman E P, Saibo N J M, DiCataldo A, et al. Differential expression of four gene encoding 1-aminocyclopropane-1-carboxylate synthase in *Lupinus albus* during germination and in response to indole-3-acetic acid and wounding [J]. Planta, 2000,21: 1663 - 1672.

[2] Czarny J C, Grichko V P, Glick B R. Genetic modulation of ethylene biosynthesis and signaling in plants [J]. Biotech Advan, 2006,24: 410 - 419.

[3] Dubouzet J G, Sakuma Y, Ito Y, et al. OsDREB genes in rice (*Oryza sativa* L.) encode transcription activators that function in drought, high-salt, and cold-responsive gene expression [J]. Plant J, 2003,33(4): 751 - 763.

[4] Frank A H. Sucrose prevents up-regulation of senescence-associated genes in carnation

petals [J]. J Exp Bot, 2007, 58(11)：2873 - 2885.

［ 5 ］ Hoeberichts F A, Jong A J D, Woltering E J. Apoptotic-like cell death marks the early stages of gypsophila (*Gypsophila paniculata*) petal senescence [J]. Postharvest Biol and Tech, 2005, 35：229 - 236.

［ 6 ］ Ichimura K, Kohata K, Goto R. Soluble carbohydrates in *Delphinium* and their influence on sepal abscission in cut flowers [J]. Physiol Plant, 2000, 108：307 - 313.

［ 7 ］ Jones M L. Ethylene biosynthetic genes are differentially regulated by ethylene and ACC in carnation styles [J]. J. Plant Growth Regul, 2003, 40：129 - 138.

［ 8 ］ León P, Sheen J. Sugar and hormone connections [J]. Trends Plant Sci, 2003, 8：110 - 116.

［ 9 ］ Pun U K, Ichimura K. Role of sugars in senescence and biosynthesis of ethylene in cut flowers [J]. ARQ, 2003, 4：219 - 224.

［10］ Ross E J, Stone J M, Elowsky C G, et al. Activation of the *Oryza sativa* non-symbiotic haemoglobin-2 promoter by the cytokinin-regulated transcription factor, ARR1 [J]. Exp Bot, 2004, 55(403)：1721 - 1731.

［11］ Simpson S D, Nakashima K, Narusaka Y, et al. Two different novel cis-acting elements of erd1, a clpA homologous Arabidopsis gene function in induction by dehydration stress and dark-induced senescence [J]. Plant J, 2003, 33(2)：259 - 270.

［12］ Wang D, Fan J, Ranu R S. Cloning and expression of 1-aminocyclopropane-1-carboxylate synthase cDNA from rosa (*Rosa hybrida*) [J]. Plant Cell Rep, 2004, 22：422 - 429.

［13］ Zhang Z L, Xie Z, Zou X, et al. A rice WRKY gene encodes a transcriptional repressor of the gibberellin signaling pathway in aleurone cells [J]. Plant Physiol, 2004, 134：1500 - 1513.

［14］ Yanagisawa S, Yoo S D, Sheen J. Differential regulation of EIN3 stability by glucose and ethylene signaling in plants [J]. Nature, 2003, 425：521 - 525.

［15］ 高俊平. 观赏植物采后生理与技术[M]. 北京：中国农业大学出版社, 2002.

［16］ 马男, 蔡蕾, 陆旺金, 等. 外源乙烯对月季(*Rosa hybrida*)切花花朵开放的影响与乙烯生物合成相关基因表达的关联[J]. 中国科学 C 辑, 2005, 35(2)：104 - 114.

［17］ 王爱勤, 王自章, 杨丽涛, 等. 乙烯生物合成途径中的两个关键酶基因的研究进展[J]. 广西农业生物科学, 2004, 23：164 - 169.

［18］ 王爱勤, 范业赓, 赵晓艳, 等. 乙烯利诱导甘蔗 ACC 合成酶基因家族三成员在茎中表达与乙烯释放量和糖分积累的关系[J]. 作物学报, 2008, 34(3)：418 - 422.

● **切花瓶插期间的生理生化（第十五章）**

［ 1 ］ Doi M, Reid M S. Sucrose improves the postharvest life of cut flowers of a hybrid

Limonium [J]. HortScience, 1995,30(5)：1058-1060.

［2］Harman D. The free radical theory of aging [J]. Antioxidants and Redox Signaling, 2003,5(5)：557-561.

［3］Otsubo M, Iwaya-Inoue M. Trehalose delays senescence in cut gladiolus spikes [J]. HortScience, 2000,35(6)：1107-1110.

［4］Saks Y, Van Staden J, Smith M T. Effect of gibberellic acid on carnation flower senescence：evidence that the delay of carnation flower senescence by gibberellic acid depends on the stage of flower development [J]. Plant growth regulation, 1992,11(1)：45-51.

［5］Skutnik E, Lukaszewska A, Serek M, et al. Effect of growth regulators on postharvest characteristics of Zantedeschia aethiopica [J]. Postharvest biol and tech, 2001,21(2)：241-246.

［6］Shu Z, Shi Y, Qian H, et al. Distinct respiration and physiological changes during flower development and senescence in two *Freesia* cultivars [J]. Hortscience, 2010,45 (7)：1088-1092.

［7］van Doorn W G, Woltering E J. Physiology and molecular biology of petal senescence [J]. Exp Bot, 2008,59(3)：453-480.

［8］陈新露,王莲英.牡丹冬季到内催花过程中内源激素含量的变化[J].植物资源与环境, 1999,8(4)：42-46.

［9］刘雅莉,王飞,张恩让,等.百合花不同发育期生理变化与衰老关系的研究[J].西北农业大学学报,2000,28(1)：109-112.

［10］林如,薛秋华.唐菖蒲鲜切花瓶插衰老过程中抗氧化酶活性和膜脂过氧化水平初探 [J].福建农林大学学报：自然科学版,2002,31(3)：352-355.

［11］李霞,张玉刚,郑国生,等.芍药切花瓶插期衰老进程及膜脂过氧化研究[J].园艺学报, 2007,34(6)：1491-1496.

［12］盛爱武,郭维明.月季切花采后衰老机理及贮鲜技术研究[J].北方园艺,2000,131(2)：32-35.

［13］孙守家,常宗东,曲红云,等.鲜花采后衰老生理研究进展[J].山东林业科技,2003(6)：50-53.

［14］薛秋华,孙玲,潘东明.百合切花衰老过程中生理变化初报[J].中国农学通报,2005,11 (21)：179-182.

［15］王荣华,王素芳.不同保鲜剂对非洲菊切花保鲜效果的研究[J].江苏林业科技,2006, 33(1)：16-18.

附 录 1

已发表的香雪兰论文清单

［1］孙忆,丁苏芹,史益敏,**唐东芹**＊.15 个小苍兰品种的花粉形态研究[J].植物研究,2019,
39(1)：17‐26.

［2］丁苏芹,孙忆,李玺,**唐东芹**＊,史益敏.小苍兰品种花色表型数量分类研究[J].北方园
艺.2019,(04)：85‐91.

［3］丁苏芹,晏姿,李玺,**唐东芹**＊.香雪兰球茎发育的内源激素变化规律研究[J].中国农业
科技导报.2019,21(9)：51‐57.

［4］Xi Li, Zi Yan, Muhammad Khalid, Yi Sun, Yimin Shi, **Dongqin Tang**＊, Controlled-
release compound fertilizers improve the growth and flowering of potted *Freesia
hybrida* [J]. Biocatalysis and Agricultural Biotechnology, 2019,17：480‐485.

［5］郁晶晶,**唐东芹**＊,李欣.香雪兰花瓣的花色苷组成[J].广西植物,网络首发时间：2019‐
10‐8.

［6］孙忆,李玺,丁苏芹,史益敏,**唐东芹**＊.小苍兰开花特性与繁育系统研究[J].园艺学报,
2018,45(2)：299‐308.

［7］晏姿,吴月琴,孙忆,**唐东芹**＊.外源茉莉酸甲酯对香雪兰生长发育的影响[J].上海交通
大学学报(农业科学版),2018,36(3)：61‐66.

［8］晏姿,吴月琴,孙忆,**唐东芹**＊.香雪兰基质栽培试验研究[J].中国农业科技导报.2018,
20(8)：149‐154.

［9］**Dong-Qin Tang**＊, Yi Sun, Xi Li, Zi Yan, Yi-Min Shi. *De novo* sequencing of the
Freesia hybrida petal transcriptome to discover putative anthocyanin biosynthetic genes

and develop EST-SSR markers [J]. Acta Physiologiae Plantarum. 2018,40：168.

[10] 徐怡倩,袁媛,陶秀花,杨娟,史益敏,**唐东芹***.小苍兰花瓣花色苷组分研究[J].植物研究,2016,36(2)：184 - 189.

[11] 晏姿,赵洪,贺功振,史益敏,**唐东芹***.水杨酸对小苍兰生长及开花的影响[J].南方农业学报,2016,47(10)：1725 - 1729.

[12] 刘亚杰,常苹,**唐东芹***.香雪兰切花瓶插过程中内源激素含量变化的研究[J].植物研究,2015,35(2)：218 - 224.

[13] 刘亚杰,常苹,谢喻汐,夏海瑞,**唐东芹***.新型生长调节剂 Topflor 对盆栽小苍兰生长和开花的影响[J].上海交通大学学报(农业科学版),2014,32(1)：67 - 73,88.

[14] 刘亚杰,常苹,**唐东芹***.外源糖对香雪兰切花活性氧平衡的影响[J].北方园艺,2014(09)：140 - 147.

[15] Yuan Yuan, Hongmei Qian, Yue Wang, Yimin Shi*, **Dongqin Tang***. Hormonal regulation of *Freesia* cutflowers and *FhACS1*[J]. Scientia Horticulturae. 2012,143：75 - 81.

[16] 唐东芹,秦文英.小苍兰新品种'上农红台阁'[J].园艺学报,2012,39(10)：2097 - 2098.

[17] Yuan Yuan, Hongmei Qian, Yidong Yu, Fangqing Lian **Dongqin Tang***. Thermotolerance and antioxidant response induced by heat acclimation in *Freesia* seedlings [J]. Acta Physiologiae Plantarum. 2011,33：1001 - 1009.

[18] 袁媛,余忆冬,连芳青,**唐东芹***.小苍兰切花瓶插生理研究[J].园艺学报.2011,38(3)：579 - 586.

[19] 袁媛,王月,**唐东芹***,连芳青.小苍兰 ACC 合成酶基因 *FhACS1* 的克隆与序列分析[J].植物研究.2011,31(4)：422 - 428.

[20] 袁媛,连芳青,**唐东芹***.小苍兰 ACC 合成酶基因 *FhACS1* 在花中的时空表达特征[J].园艺学报,2011,38(9)：1761 - 1769.

[21] 袁媛,**唐东芹***,史益敏.小苍兰幼苗对高温胁迫的生理响应[J].上海交通大学学报(农业科学版),2011,29(5)：30 - 36.

[22] 舒祯,**唐东芹***.小苍兰的研究现状与进展[J].江苏农业科学,2010,3：192 - 195.

[23] Zhen Shu, Yimin Shi, Hongmei Qian, Yiwei Tao, **Dongqin Tang***. Distinct Respiration and Physiological Changes during Flower Development and Senescence of Two *Freesia* Cultivars [J]. HortScience. 2010,45(7)：1088 - 1092.

[24] 舒祯,偶晓捷,**唐东芹***.PP333 对盆栽小苍兰生长发育的影响[J].上海农业学报.2009,25(2)：41 - 44.

[25] 钱虹妹,张华林,高强,杨晖,**唐东芹***.小苍兰'上农金黄后'球茎组织培养的初步研究[J].上海交通大学学报(农业科学版),2006,24(5)：485 - 488.

[26] **唐东芹***,秦文英,林源祥.切花小苍兰栽培技术[J].中国花卉园艺,2005,14：39 - 41.

附录 2

彩 图

附图 1 供试香雪兰品种分类

Fig. 1 Classification of *Freesia hybrida* cultivars

Ⅰ：'White River'、'Versailles'、'上农乳香'；

Ⅱ：'上农黄金'、'Summer Beach'、'上农金皇后'、'Gold River'；

Ⅲ：'上农橙红'、'Mandarine'、'上农红台阁'、'上农大红'、'Red River'、'Red Passion'、'上农绯桃'；

Ⅳ：'上农紫玫瑰'、'上农淡雪青'、'上农紫雪青'、'Ancona'、'Castor'、'Pink Passion'

附图 2　供试 24 个香雪兰种质

Fig. 2　The 24 tested germplasms of *Freesia hybrida*

附图 3　香雪兰'Gold River'群体与花序

Fig. 3　The population and inflorescence of *Freesia hybrida* 'Gold River'

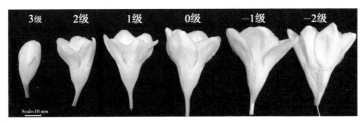

A

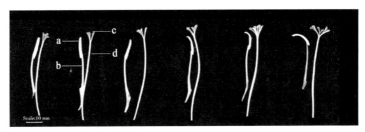

B

附图 4　香雪兰花部器官发育进程

A：香雪兰花朵发育阶段；B：香雪兰雌雄蕊发育阶段

a. 花药；b. 花丝；c. 柱头；d. 花柱

Fig. 4　Floral organ development process of *freesia*

A：Flower developmental stage of freesia；B：Pistil and stamen development stage of *freesia*

a. Anther；b. Filament；c. Stigma；d. Style

附图 5　香雪兰花粉活力测定

a：活力高的花粉；b：活力低的花粉；c：无活力的花粉

Fig. 5　Determination of freesia pollen vitality

a：High activity pollen；b：Low activity pollen；c：Inactive pollen

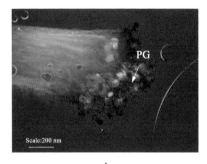

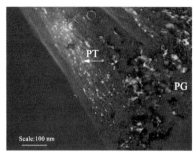

A   B

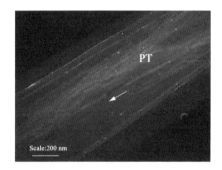

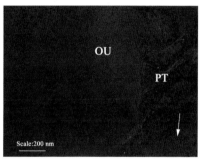

C   D

附图 6　香雪兰自交花粉萌发、花粉管生长及受精过程

PG：花粉粒；PT：花粉管；OU：胚珠

Fig. 6　Pollen germination，growth and fertilization in self-pollination of Freesia

PG：Pollen grains；PT：Pollen tube；OU：Ovule

A   B   C

附图 7　香雪兰果实及种子形态

A. 授粉 20 d 后的果实；B.蒴果开裂；C.香雪兰的种子

Fig. 7　Fruit and seed morphology of freesia

A. The fruit after 20 days of pollination; B. Dehiscent capsule; C. Seed of Freesia

附图 8　香雪兰杂交亲本的花色表型

Fig. 8　Flower phenotype of *freesia* parents for crossing breeding

附图9　部分杂交组合后代表型

Fig. 9　Phenotype of some individual hybrids of freesia

附图10　香雪兰'上农金皇后'（上）和'上农红台阁'（下）的花朵不同发育阶段

Fig. 10　The flower developmental stages of *F. hybrida* 'Shangnong Jinhuanghou' (up) and 'Shangnong Hongtaige' (below)

注:1—绿蕾期;2—显色蕾;3—初开期;4—盛开期;5—衰老期。

Notes:1—small, green bud; 2—tepal at full color and ready to open; 3—half open floret; 4—fully open floret; 5—wilted floret.

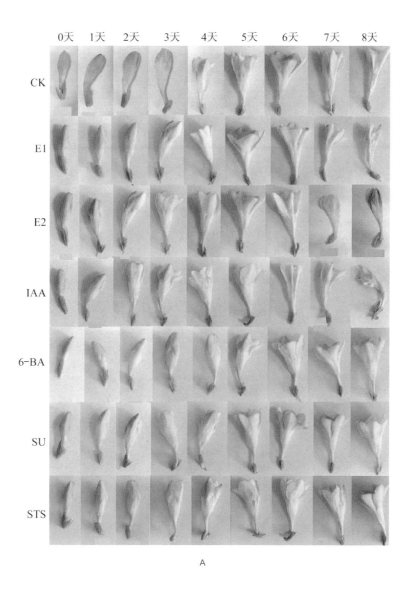

A

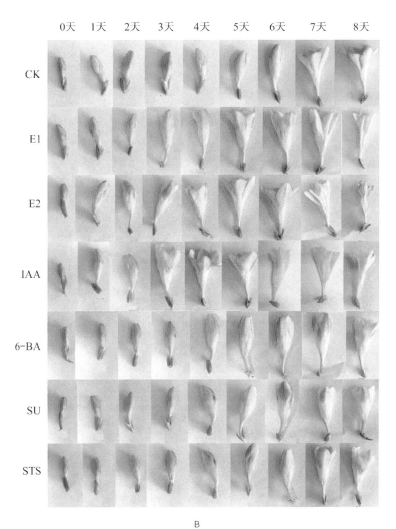

0天　1天　2天　3天　4天　5天　6天　7天　8天

CK

E1

E2

IAA

6-BA

SU

STS

B

附图 11　不同化学物质处理 1 天及随后瓶插每天第 3 朵 (A) 和第 6 朵 (B) 小花的表型

Fig. 11　Phenotype of the 3 rd floret (A) and the 6 th floret (B) in each day of vase life after treated by different chemical substances for 1 d